全国高等教育自学考试指定教材

工程地质及土力学

（含：工程地质及土力学自学考试大纲）

（2023 年版）

全国高等教育自学考试指导委员会　组编

主　编　廖红建　党发宁

副主编　李杭州　黎　莹

北京大学出版社

PEKING UNIVERSITY PRESS

图书在版编目（CIP）数据

工程地质及土力学 / 廖红建，党发宁主编 . —北京：北京大学出版社，2023.10
全国高等教育自学考试指定教材
ISBN 978-7-301-34495-8

Ⅰ . ①工… Ⅱ . ①廖… ②党… Ⅲ . ①工程地质 – 高等教育 – 自学考试 – 教材②土力学 – 高等教育 – 自学考试 – 教材 Ⅳ . ① P642 ② TU43

中国国家版本馆 CIP 数据核字（2023）第 179356 号

书　　　名	工程地质及土力学
	GONGCHENG DIZHI JI TULIXUE
著作责任者	廖红建　党发宁　主编
策 划 编 辑	吴　迪　赵思儒
责 任 编 辑	吴　迪　卢　东
数 字 编 辑	金常伟
标 准 书 号	ISBN 978-7-301-34495-8
出 版 发 行	北京大学出版社
地　　　址	北京市海淀区成府路 205 号　100871
网　　　址	http://www.pup.cn　新浪微博：@北京大学出版社
电 子 邮 箱	编辑部 pup6@pup.cn　总编室 zpup@pup.cn
电　　　话	邮购部 010-62752015　发行部 010-62750672　编辑部 010-62750667
印 刷 者	北京鑫海金澳胶印有限公司
经 销 者	新华书店
	787 毫米 ×1092 毫米　16 开本　19 印张　456 千字
	2023 年 10 月第 1 版　2023 年 10 月第 1 次印刷
定　　　价	57.00 元

组 编 前 言

21 世纪是一个变幻难测的世纪，是一个催人奋进的时代。科学技术飞速发展，知识更替日新月异。希望、困惑、机遇、挑战，随时随地都有可能出现在每一个社会成员的生活之中。抓住机遇、寻求发展、迎接挑战、适应变化的制胜法宝就是学习——依靠自己学习、终身学习。

作为我国高等教育组成部分的自学考试，其职责就是在高等教育这个水平上倡导自学、鼓励自学、帮助自学、推动自学，为每一个自学者铺就成才之路。组织编写供读者学习的教材就是履行这个职责的重要环节。毫无疑问，这种教材应当适合自学，应当有利于学习者掌握和了解新知识、新信息，有利于学习者增强创新意识，培养实践能力，形成自学能力，也有利于学习者学以致用，解决实际工作中所遇到的问题。具有如此特点的书，我们虽然沿用了"教材"这个概念，但它与那种仅供教师讲、学生听，教师不讲、学生不懂，以"教"为中心的教科书相比，已经在内容安排、编写体例、行文风格等方面都大不相同了。希望读者对此有所了解，以便从一开始就树立起依靠自己学习的坚定信念，不断探索适合自己的学习方法，充分利用自己已有的知识基础和实际工作经验，最大限度地发挥自己的潜能，达到学习的目标。

欢迎读者提出意见和建议。

祝每一位读者自学成功。

全国高等教育自学考试指导委员会

2022 年 8 月

目　录

全国高等教育自学考试

工程地质及土力学
自学考试大纲

全国高等教育自学考试指导委员会　制定

大纲前言

为了适应社会主义现代化建设事业的需要，鼓励自学成才，我国在 20 世纪 80 年代初建立了高等教育自学考试制度。高等教育自学考试是个人自学、社会助学和国家考试相结合的一种高等教育形式。应考者通过规定的专业考试课程并经思想品德鉴定达到毕业要求的，可获得毕业证书；国家承认学历并按照规定享有与普通高等学校毕业生同等的有关待遇。经过 40 多年的发展，高等教育自学考试为国家培养造就了大批专门人才。

课程自学考试大纲是规范自学者学习范围、要求和考试标准的文件。它是按照专业考试计划的要求，具体指导个人自学、社会助学、国家考试及编写教材的依据。

随着经济社会的快速发展，新的法律法规不断出台，科技成果不断涌现，原大纲中有些内容过时、知识陈旧。为更新教育观念，深化教学内容方式、考试制度、质量评价制度改革，使自学考试更好地提高人才培养的质量，各专业委员会按照专业考试计划的要求，对原课程自学考试大纲组织了修订或重编。

修订后的大纲，在层次上，本科参照一般普通高校本科水平，专科参照一般普通高校专科或高职院校的水平；在内容上，及时反映学科的发展变化，增补了自然科学和社会科学近年来研究的成果，对明显陈旧的内容进行了删减，以更好地指导应考者学习使用。

全国高等教育自学考试指导委员会

2023 年 5 月

I 课程性质与课程目标

一、课程性质和特点

"工程地质及土力学"是高等教育自学考试（以下简称"自学考试"）中土木工程（专升本）、水利水电工程（专升本）等专业的一门专业基础课程，是从事土木工程及相关专业工作所要具备的基础能力的必学课程，在本专业中具有重要的地位和作用。该课程的设置结合自学考试的特点，以个人自主学习为主导，以社会教育培训机构的教学为辅助，通过开放式高等教育形式，培养自学应考者学习和掌握与土木工程有关的工程地质和土力学的基本知识、基本理论与技术方法，并提高其应用能力。

"工程地质及土力学"课程的特点为：它是一门重要的基础应用型课程，是一门工程实用性科学，专门研究与人类工程活动相关的工程地质状况、建筑物的地基性状、岩土体的工程特性，并应用于分析解决地基及基础的设计与施工和与岩土材料有关的工程问题，是土木工程学科的一个重要组成部分。它以勘察试验和工程实践的结果为依据，理论分析为指导，工程应用为灵魂，解决工程实际问题为目的。自学应考者应充分认识本课程在土木工程中的重要性和实用意义，在自学过程中自觉掌握其基本知识、基本理论和有关技术方法等，提高分析和解决工程问题的能力。

二、课程目标

本课程设置的目标是鼓励考生较全面系统地、有重点地掌握工程地质和土力学的基本知识、基本理论和基本技术方法，会分析解决地基及基础设计与施工中的一般（常规）工程问题，以便毕业后能够顺利地承担土木工程地基及基础设计与施工方面的工作。

工程地质部分要求掌握建筑物地基的基本物质——岩石和土的形成特点、种类，结构和构造特性、第四纪沉积物的分类及特征以及影响建筑物地基和环境的工程地质灾害等自然地质现象；掌握工程勘察的任务、方法以及测试手段，具有能够进行实际场地工程勘察和分析的能力。

土力学部分为本课程的基本理论和基本技术方法部分，要求较深入地掌握土的基本物理力学性质、土的工程分类；土的渗透性、地基土体中的应力、土的压缩性、土体固结与沉降；土的抗剪强度和地基承载力、土坡稳定性、土压力与挡土结构等，掌握其基本概念、基本原理、计算方法和测试技术，具有分析和解决工程问题的能力。

通过基本概念、基本原理和基本技能方法的学习，自学应考者能够将理论与应用相结合，并在土木工程领域的实际勘察、设计、施工中发挥作用。

三、与相关课程的联系与区别

本课程的先修课程为工程力学（土建）、工程测量和土力学及地基基础等课程。

考虑到自学应考者中有未学过土力学及地基基础课程，以及为了土力学教材内容的系统性和连贯性，本课程包含了工程地质及土力学的相关内容，如岩石与地质构造、地下水与不良地质现象、岩土工程勘察及现场测试技术，土的物理性质及渗透性、地基土体中的应力、地基沉降计算、土的抗剪强度与地基承载力、土压力与土坡稳定等。虽然有些内容在土力学及地基基础课程中学过，但在本大纲中要求有所不同。因此，自学应考者在自学本课程时，一方面加深了之前课程学习的内容，另一方面使相关学科的自学应考者能够全面系统地掌握工程地质及土力学的基本内容。自学应考者必须掌握本教材相关的课程内容，才能满足大纲的考核要求。

四、课程的重点和难点

本课程工程地质部分的重点为：掌握三大类岩石的成因及特征、岩石风化类型及特征、岩层的产状及要素、主要的地质构造。掌握第四纪沉积物的分类及特征，地表水的侵蚀类型及形态特征，地下水的存在形式及基本类型；岩溶发育条件及形态特征、滑坡、崩塌及泥石流地质灾害的特征及防治措施；区域性土的主要类型及其工程特性。了解岩土工程勘察的目的、重要性，熟悉岩土工程勘察各阶段的工作和任务，掌握常用的勘探方法，了解岩土工程勘察报告的编制和使用。

工程地质部分的难点为：理解和掌握典型造岩矿物的形态特征，并能够在实际的岩石中对其进行辨认；理解岩层产状、褶皱、断层的基本概念，并能够在自然界中对其进行辨认；掌握三大类岩石的成因及代表性岩石，并能够分辨具体的岩石类型。应用地表水的侵蚀解释牛轭湖形成原因；理解和掌握滑坡、崩塌及泥石流的基本概念及形态特征，并能够在实际中辨认各种地质灾害；理解地震的基本概念，并能够判别地震的强度；区域性土的工程特性。熟悉岩土工程勘察各阶段的工作，掌握常用的勘探方法，了解岩土工程勘察报告的编制和使用。

本课程土力学部分的重点为：能够进行土的物理性质指标的计算；了解粒径级配曲线的特征及工程意义；能够应用塑性指数、液性指数对黏性土进行分类和软硬状态判定；掌握土的渗透速度、渗透系数和水力梯度的概念，掌握达西定律及渗透系数测定方法；了解动水压力和临界水力梯度。掌握饱和土的有效应力原理，能够进行基底压力和地基土体中的附加应力计算。应用压缩系数、压缩指数能够计算土的沉降量。了解太沙基饱和土的单向固结理论，了解应用固结度的简化解答计算地基的固结度，了解计算排水距离改变时达到相同固结度所需的时间，了解上表面受连续均布荷载时地基固结度计算。掌握莫尔—库仑抗剪强度表示方法和土体极限平衡条件，了解影响强度指标的因素，学会测定抗剪强度指标的试验方法；掌握砂土和黏性土的抗剪强度基本性质；了解地基破坏阶段与破坏模式，掌握地基临塑荷载、有限塑性区深度荷载的计算方法，掌握地基极限承载力的计算方法，会用规范方法确定地基承载力。掌握朗肯土压力基本假设，及其静止土压力、主动土压力和被动土压力的计算；了解库仑土压力的基本假定及原理；了解重力式挡土墙的稳定验算；掌握土坡稳定的影响因素，了解土坡的稳定分析方法。

　　土力学部分的难点为：熟练掌握土的物理状态指标的三相换算，掌握临界水力梯度、渗透系数的计算，了解渗透破坏的主要类型及防治措施。能够用有效应力大小判断地基是否破坏，能够用角点叠加法求解地基中的附加应力。掌握太沙基饱和土的单向固结理论，了解其固结过程、固结度、固结时间的求解，固结计算时各力学参数的量纲换算。掌握土体极限平衡状态的判断和破坏面上应力的计算；理解地基临塑荷载、有限塑性区深度荷载和极限承载力的计算公式。掌握无黏性土和黏性土的朗肯主动土压力和被动土压力沿墙背的分布强度、合力及作用点位置的计算。

II 考核目标

本大纲在考核目标中，按照识记、领会、应用三个层次规定其应达到的能力层次要求。三个能力层次是递升的关系，后者必须建立在前者的基础上。各能力层次的含义如下。

识记（Ⅰ）：要求考生能够识别和记忆本课程中有关工程地质及土力学的主要内容（如基本概念、定义、基本原理、定律、基本公式、重要结论、方法及特征、工程特性、测试技术等基本知识、基本理论和技术方法等），并能够根据考核的不同要求，做出正确的表述、选择和判断。

领会（Ⅱ）：要求考生能够领悟和理解本课程中有关工程地质及土力学的内涵及外延，理解基本概念、基本定律、基本理论的确切含义和适用条件；理解相关基本知识、工程特性和计算方法的区别和联系，并能根据考核的不同要求对工程地质和土力学中的问题做出正确的判断、解释和说明。

应用（Ⅲ）：要求考生能够根据已知的工程地质和土力学基本知识和适用条件，以及基本理论和基本技术方法，进行理论与应用的联系。对工程地质现象进行分析和评价，对地基的应力和沉降计算进行分析应用，对土压力、土坡稳定和挡土结构的学习，来解决地基及基础设计与施工中的一般（常见）工程问题。

Ⅲ　课程内容与考核要求

第1章　岩石与地质构造

一、学习目的与要求

通过本章的学习，掌握地球内部的结构、主要的造岩矿物、岩石的分类、主要的地质构造以及第四纪沉积物的分类及特征；了解地质年代的定义及单位、地貌类型及地貌单元；在自然界中能够识别基本的岩石、地质构造及地貌。

二、课程内容

1. 地球与地壳
2. 造岩矿物
3. 岩石成因与工程性质
4. 岩石的风化作用
5. 岩层与地质构造

三、考核知识点与考核要求

1. 地球与地壳

识记：地球的内部结构。

领会：年代地层单位与地质年代单位的对应关系。

2. 造岩矿物

识记：造岩矿物的含义。

领会：元素、矿物和岩石的联系与区别。

应用：岩石矿物成分的辨认。

3. 岩石成因与工程性质

识记：岩浆岩、沉积岩和变质岩的成因、特征及构造。

领会：岩石与岩体的联系与区别。

应用：分辨三大类岩石。

4.岩石的风化作用

识记：岩石风化的类型。

领会：物理风化、化学风化和生物风化的成因。

应用：岩石风化的工程评价及工程影响。

5.岩层与地质构造

识记：岩层产状及岩层产状三要素，节理、劈理和片理的概念，断层的几何要素及分类。

领会：节理的类型，岩层的接触关系。

应用：岩层产状的测量，各类断层的辨别。

四、本章重点、难点

本章重点内容为：三大类岩石的成因及特征、岩石风化类型及特征、岩层的产状及要素、主要的地质构造（褶皱和断层）。

本章学习难点为：理解和掌握典型造岩矿物的形态特征，并能够在实际的岩石中对其进行辨认；理解岩层产状、褶皱、断层的基本概念，并能够在自然界中对其进行辨认；掌握三大类岩石的成因及代表性岩石，并能够分辨具体的岩石类型。

第 2 章　第四纪沉积物及不良地质现象

一、学习目的与要求

通过本章的学习，掌握地下水的存在形式及基本类型，掌握岩溶、滑坡、崩塌及泥石流等地质灾害的成因、特征及防治措施，掌握地震的成因及类型；了解地地表水地质作用及地震强度的划分依据；在自然界中能够识别各种地质灾害。了解区域性土，主要有软土、冻土、黄土和膨胀土等的分布及基本特性、工程特性，在工程中会判断区域性土。

二、课程内容

1.第四纪沉积物及地貌

2.水的地质作用

3.岩溶

4.滑坡与崩塌

5.泥石流

6.地震

7.区域性土

三、考核知识点与考核要求

1. 第四纪沉积物及地貌

识记：第四纪、第四纪沉积物、地貌的基本概念，第四纪沉积物的成因，第四纪沉积物的分类。

应用：第四纪沉积物类型辨别。

2. 水的地质作用

识记：地表水的侵蚀类型，地下水存在形式。

领会：地表水的侵蚀形态特征，地下水的基本类型。

3. 岩溶

识记：岩溶发育条件及形态特征。

领会：岩溶地质灾害的治理措施。

4. 滑坡与崩塌

识记：滑坡的形态要素、斜坡稳定性影响因素，滑坡的防治措施。

领会：崩塌的基本概念及防治措施。

应用：滑坡和崩塌的识别。

5. 泥石流

识记：泥石流的形成条件。

领会：泥石流的防治措施。

应用：能够识别典型的泥石流沟谷。

6. 地震

识记：地震的基本概念，地震的成因及类型。

领会：震级和烈度的联系与区别。

7. 区域性土

识记：区域性土的类型。

领会：几种基本区域性土的特征。

应用：在工程中对区域性土的判断。

四、本章重点、难点

本章重点内容为：第四纪沉积物的分类及特征，地表水的侵蚀类型及形态特征，地下水的存在形式及基本类型；岩溶发育条件及形态特征、滑坡、崩塌及泥石流地质灾害的特征及防治措施；区域性土的主要类型及其工程特性。

本章学习难点为：应用地表水的侵蚀解释牛轭湖形成原因；理解和掌握滑坡、崩塌及泥石流的基本概念及形态特征，并能够在实际中辨认各种地质灾害；理解地震的基本概念，并能够判别地震的强度；区域性土的工程特性。

第3章 岩土工程勘察和测试技术

一、学习目的与要求

通过本章的学习，掌握岩土工程勘察的目的、重要性和任务，熟悉岩土工程勘察各阶段的工作，掌握常用的勘探方法，学会编制和使用岩土工程勘察报告。

二、课程内容

1. 岩土工程勘察重要性
2. 岩土工程勘察阶段
3. 岩土工程勘察技术与方法
4. 岩土工程勘察报告书的编写内容

三、考核知识点与考核要求

1. 岩土工程勘察重要性

识记：岩土工程勘察的任务。

领会：岩土工程勘察的重要性。

2. 岩土工程勘察阶段

识记：岩土工程勘察各阶段的任务、内容。

领会：不同勘察阶段的关系。

3. 岩土工程勘察技术与方法

识记：常用的勘探方法。

领会：静力触探和动力触探的区别。

应用：静力载荷试验的应用。

4. 岩土工程勘察报告书的编写内容

识记：勘察报告书的要求。

领会：勘察报告书的格式和主要内容。

四、本章重点、难点

本章重点内容为：了解岩土工程勘察的目的、重要性，熟悉岩土工程勘察各阶段的工作和任务，掌握常用的勘探方法，了解岩土工程勘察报告的编制和使用。

本章学习难点为：熟悉岩土工程勘察各阶段的工作，掌握常用的勘探方法，了解岩土工程勘察报告的编制和使用。

第4章 土的物理性质及渗透性

一、学习目的与要求

本章内容是学习土力学所必须具备的最基本的知识，是学习土力学其他内容的基础。通过本章的学习，理解土的固相、液相、气相三相组成和土的三种主要结构基本概念，以及粒径级配曲线的特征及工程意义；掌握土的物理性质基本指标和换算指标的定义，并会进行指标间的换算；掌握无黏性土和黏性土的工程状态划分指标及孔隙比、相对密实度、液限、塑限、液性指数、塑性指数的基本概念；理解土的渗透性和达西定律，掌握渗透系数、水力梯度、渗透速度的基本概念，理解渗透系数测定方法、渗透破坏的主要类型及防治措施；能通过规范确定地基土的工程分类。自学应考者应在具备上述知识的基础上，进行土力学相关内容的深入学习。

二、课程内容

1. 土的三相组成与结构
2. 土的三相物理性质指标及换算
3. 土的物理状态
4. 土的渗透性
5. 渗流的工程问题
6. 地基土的工程分类

三、考核知识点与考核要求

1. 土的三相组成与结构

识记：土的三相组成，土的结构，粒径、粒度和粒组的概念。

领会：粒径级配曲线的特征及工程意义。

应用：判定土的粒径级配状况。

2. 土的三相物理性质指标及换算

识记：土的基本指标及换算指标的定义。

领会：常用三相物理性质指标间的换算公式。

应用：计算土的物理性质指标。

3. 土的物理状态

识记：土的相对密实度、塑限、液限的概念。

领会：土的塑性指数、液性指数，无黏性土密实度的指标。

应用：根据塑性指数、液性指数对黏性土进行分类和软硬状态判定。

4. 土的渗透性

识记：土的渗透性、渗透速度、渗透系数和水力梯度的概念。

领会：达西定律及其适用范围。

应用：渗透系数测定方法的适用性。

5. 渗流的工程问题

识记：动水压力、临界水力梯度的概念。

领会：动水压力计算式、临界水力梯度计算式。

应用：临界水力梯度判断流砂现象。

6. 地基土的工程分类

识记：土的主要类型。

领会：砂土、粉土、黏性土的分类方法。

应用：根据规范能够进行土的工程分类。

四、本章重点、难点

本章重点内容为：土的物理性质指标的计算；粒径级配曲线的特征及工程意义；塑性指数、液性指数对黏性土进行分类和软硬状态判定；土的渗透速度、渗透系数和水力梯度的概念，达西定律的原理及渗透系数测定方法；动水压力和临界水力梯度。

本章学习难点为：熟练掌握土的物理状态指标的三相换算，临界水力梯度、渗透系数的计算，渗透破坏的主要类型及防治措施。

第5章　地基土体中的应力

一、学习目的与要求

通过本章的学习，理解土体中的有效应力、孔隙水压力、自重应力以及附加应力的概念，学习静水及渗流作用下的有效应力原理，掌握地基土体的自重应力与基底压力的计算方法，以矩形基础和条形基础为例熟练掌握地基附加应力的计算方法，为进行地基沉降分析及地基基础设计打下基础。

二、课程内容

1. 饱和土体的有效应力原理

2. 地基土中的自重应力

3. 基底土压力

4. 地基土中的附加应力计算

三、考核知识点与考核要求

1. 饱和土体的有效应力原理

识记：总应力、有效应力、孔隙水压力的概念。

领会：有效应力原理。

应用：向下和向上渗流时土中的总应力、有效应力、孔隙水压力。

2. 地基土中的自重应力

识记：自重应力的概念。

领会：土层中自重应力分布。

应用：任一深度处自重应力计算。

3. 基底土压力

识记：基底压力的概念及分布形式，上部结构荷载、基础自重、基础平均重度的概念。

领会：基础底面的抵抗矩、荷载偏心距，基底附加压力的计算。

应用：中心荷载作用下、偏心荷载作用下的基底压力简化计算。

4. 地基土中的附加应力计算

识记：地基的附加应力、附加应力等值线的概念。竖向均匀分布荷载、三角形分布荷载、水平均布荷载时矩形基础 L 值。大面积均布荷载时地基附加应力分布。土层界面应力扩散、应力集中。

领会：竖向集中荷载作用下布西涅斯克解答。水平向集中荷载作用下西罗第解答。条形基础在竖向均布荷载、三角形荷载作用下地基中附加应力等值线。

应用：应用叠加原理计算矩形基础任意角点下的附加应力。

四、本章重点、难点

本章重点内容为：掌握饱和土的有效应力原理，能够进行基底压力和地基土体中的附加应力计算。

本章学习难点为：能够用有效应力大小判断地基是否发生破坏，能够用角点叠加法求解地基中的附加应力。

第6章　地基沉降计算

一、学习目的与要求

通过本章的学习，理解土的压缩特性和固结状态，土的压缩指标及其测定方法，掌握地基沉降量计算的分层总和法、正常固结土和超固结土地基的最终沉降量计算方法，熟练掌握地基的单向渗透固结沉降计算方法。本章沉降计算部分为全课本的重点内容。

二、课程内容

1. 土的压缩特性

2. 地基沉降量计算方法

3. 土的固结状态及对应的沉降计算

4. 饱和土的太沙基一维固结理论

三、考核知识点与考核要求

1. 土的压缩特性

识记：土体压缩过程，土的固结、主固结、次固结、最终沉降量。固结压缩试验，侧限压缩试验，固结仪。压缩系数、压缩指数。侧压力系数、压缩模量、变形模量、体积压缩系数。

领会：压缩曲线、卸载曲线、再压曲线，弹性变形、塑性变形。

应用：土体压缩性大小判断。

2. 地基沉降量计算方法

识记：分层总和法具体步骤。沉降计算深度、压缩层分层厚度。

领会：初始应力、压缩应力、最终应力。

应用：用最终孔隙比、压缩系数、压缩指数计算土层最终沉降量。分层总和法。

3. 土的固结状态及对应的沉降计算

识记：先期固结压力，卡萨格兰德法。正常固结土、超固结土、欠固结土。

领会：超固结比。

应用：正常固结土、超固结土、欠固结土的最终沉降量。

4. 饱和土的太沙基一维固结理论

识记：固结系数、时间因数、固结度的概念，地基压缩应力分布工况。

领会：饱和土固结过程中孔隙水压力与有效应力关系。饱和土太沙基一维固结基本假定，渗透固结方程。饱和土的固结模型。

应用：固结过程中土层内孔隙水压力、有效应力计算。饱和土地基固结度计算，固结过程沉降量计算，固结时间计算。排水路径与固结时间关系。

四、本章重点、难点

本章重点内容为：应用压缩系数、压缩指数能够计算土的沉降量。了解太沙基饱和土的单向固结理论，了解应用固结度的简化解答计算地基的固结度，了解计算排水距离改变时达到相同固结度所需的时间，了解上表面受连续均布荷载时地基固结度计算。

本章学习难点为：掌握太沙基饱和土的单向固结理论，了解其固结过程、固结度、固结时间的求解，固结计算时各力学参数的量纲换算。

第7章 土的抗剪强度与地基承载力

一、学习目的与要求

通过本章的学习，掌握黏性土和无黏性土的莫尔—库仑抗剪强度表示方法，推导土的极限平衡条件；理解土的抗剪强度指标的影响因素，学会测定抗剪强度指标的试验方法；掌握砂土和黏性土的抗剪强度基本性质；理解地基破坏阶段与破坏模式，掌握地基临塑荷载、有限塑性区深度荷载的计算方法，掌握地基极限承载力的计算方法，会用规范方法确定地基承载力。

二、课程内容

1. 莫尔—库仑抗剪强度理论
2. 土的抗剪强度指标及测试
3. 土的抗剪强度性质
4. 浅基础地基承载力
5. 按规范确定地基承载力

三、考核知识点与考核要求

1. 莫尔—库仑抗剪强度理论

识记：抗剪强度的基本概念，库仑定律的表达式。

领会：无黏性土和黏性土的库仑定律，土的极限平衡条件的推导。

2. 土的抗剪强度指标及测试

识记：土的抗剪强度指标黏聚力、内摩擦角的概念。

领会：影响土的抗剪强度指标的因素、抗剪强度指标的试验测定方法。

应用：直接剪切试验确定强度指标，土的极限平衡状态的判断。

3. 土的抗剪强度性质

识记：应变硬化、应变软化的概念。

领会：黏性土和砂土的应力–应变关系呈现应变硬化型、应变软化型。

应用：不同排水条件下黏性土在抗剪强度确定。

4. 浅基础地基承载力

识记：地基承载力的概念，地基的破坏形式，临塑荷载、有限塑性区深度荷载、极限承载力的概念，太沙基极限承载力计算公式的适用条件。

领会：地基破坏形式与土体变形之间的关系，临塑荷载和有限塑性区深度荷载区别、联系以及公式中参数的含义，太沙基极限承载力的计算公式的含义。

应用：土的极限承载力确定。

5. 按规范确定地基承载力

领会：承载力设计值在工程中的应用。

四、本章重点、难点

本章重点内容为：掌握莫尔—库仑抗剪强度表示方法和土体极限平衡条件，了解影响强度指标的因素，学会测定抗剪强度指标的试验方法；掌握砂土和黏性土的抗剪强度基本性质；了解地基破坏阶段与破坏模式，掌握地基临塑荷载、有限塑性区深度荷载的计算方法，掌握地基极限承载力的计算方法，会用规范方法确定地基承载力。

本章学习难点为：掌握土体极限平衡状态的判断和破坏面上应力的计算；理解地基临塑荷载、有限塑性区深度荷载和极限承载力的计算公式。

第8章 土压力与土坡稳定

一、学习目的与要求

本章内容是土力学基本知识的运用，也是土力学在实际岩土支护中遇到的工程问题。通过本章的学习，理解静止土压力、主动土压力和被动土压力的基本概念，比较不同类型土压力的大小，掌握静止土压力的计算；比较朗肯土压力理论和库仑土压力理论的基本假定和适用条件，掌握无黏性土和黏性土的朗肯主动土压力和被动土压力的计算，以及土压力沿墙背的分布强度、合力及作用点位置；理解普通重力式挡土墙的设计步骤和验算内容，进行重力式挡土墙的稳定验算；理解土坡稳定的影响因素，掌握瑞典条分法和毕肖普法的基本假定和极限平衡原理，稳定数法的适用条件。自学应考者在学习中要注意各种计算方法的基本假定、适用条件和计算原理。

二、课程内容

1. 挡土墙及土压力的类型
2. 朗肯土压力理论
3. 库仑土压力理论
4. 普通重力式挡土墙的设计
5. 土的边坡稳定分析

三、考核知识点与考核要求

1. 挡土墙及土压力的类型

识记：静止土压力系数、静止土压力、主动土压力和被动土压力的概念。

领会：土压力与挡土墙位移的关系。三种土压力间的大小关系。

应用：计算静止土压力沿墙背的分布强度、合力及作用点位置。

2. 朗肯土压力理论

识记：朗肯土压力理论的基本假定。主动土压力系数、被动土压力系数的计算式。

领会：无黏性土和黏性土的朗肯主动土压力分布特征。无黏性土和黏性土的朗肯被动土压力分布特征。

应用：计算无黏性土和黏性土的朗肯主动土压力分布、合力及作用点。计算无黏性土和黏性土的朗肯被动土压力分布、合力及作用点。

3. 库仑土压力理论

识记：库仑土压力理论的基本假定。

领会：库仑土压力理论的应用条件和实用性。

应用：朗肯土压力理论和库仑土压力理论的比较。

4. 普通重力式挡土墙的设计

识记：重力式挡土墙稳定性验算内容。

领会：重力式挡土墙的设计步骤。

应用：重力式挡土墙的稳定验算。

5. 土的边坡稳定分析

识记：边坡、自然休止角、稳定安全系数的概念。瑞典条分法基本假定。

领会：影响边坡稳定的主要因素。瑞典条分法的极限平衡原理。

应用：稳定数法的适用条件及计算。有无渗流时无黏性土边坡的稳定性计算。瑞典条分法和毕肖普法的区别。

四、本章重点、难点

本章重点内容为：掌握朗肯土压力基本假设，及其静止土压力、主动土压力和被动土压力的计算；了解库仑土压力的基本假定及原理；了解重力式挡土墙的稳定验算；掌握土坡稳定的影响因素，了解土坡的稳定分析方法。

本章学习难点为：掌握无黏性土和黏性土的朗肯主动土压力和被动土压力沿墙背的分布强度、合力及作用点位置的计算。

Ⅳ　关于大纲的说明与考核实施要求

一、自学考试大纲的目的和作用

　　课程自学考试大纲是根据专业自学考试计划的要求，结合自学考试的特点而确定。其目的是对个人自学、社会助学和课程考试命题进行指导和规定。

　　课程自学考试大纲明确了课程学习的内容以及深度和广度，规定了课程自学考试的范围和标准。因此，它是编写自学考试教材和辅导书的依据，是社会助学组织进行自学辅导的依据，是自学者学习教材、掌握课程知识范围和程度的依据，也是进行自学考试命题的依据。

二、课程自学考试大纲与教材的关系

　　课程自学考试大纲是进行学习和考核的依据，教材是学习掌握课程知识的基本内容和范围，教材的内容是大纲所规定的课程知识和内容的扩展与发挥。课程内容在教材中可以体现一定的深度或难度，但在大纲中对考核的要求一定要适当。

　　大纲与教材所体现的课程内容应基本一致；大纲里面的课程内容和考核知识点，教材里一般也要有。反过来教材里有的内容，大纲里就不一定体现。（注：如果教材是推荐选用的，其中有的内容与大纲要求不一致的地方，应以大纲规定为准。）

三、关于自学教材

　　《工程地质及土力学》，全国高等教育自学考试指导委员会组编，廖红建、党发宁主编，北京大学出版社出版，2023 年版。

四、关于自学要求和自学方法的指导

　　本大纲的课程基本要求是依据专业考试计划和专业培养目标而确定的。课程基本要求还明确了课程的基本内容，以及对基本内容掌握的程度。基本要求中的知识点构成了课程内容的主体部分。因此，课程基本内容掌握程度、课程考核知识点是高等教育自学考试考核的主要内容。

　　为有效地指导个人自学和社会助学，本大纲已指明了课程的重点和难点，在章节的基本要求中一般也指明了章节内容的重点和难点。

　　本课程共 3 学分（不包括试验内容的学分）。

　　本课程的学习是以个人自主学习为主导，以社会教育培训机构的教学为辅助，学习对象有的在职业余自学。因此，自学应考者在学习过程中会存在一定困难和迷茫。下面结合本课程的特点和教学体会，提出几点学习方法，以便更好地自学本课程，达到考核目标。

（1）仔细阅读本课程教材的目录，理解本课程有两大部分内容：工程地质和土力学。这两部分内容是相互独立而又相互交叉的学科，两者都属于工程应用科学，研究的对象是岩石和土；研究的目的是解决建造在岩土上的工程问题。

（2）在了解课程教材的大框架下，认真阅读自学考试大纲，仔细解读各章学习的要求、内容特点、重点、难点和考核目标，理顺思路，循序渐进。先从第1章到第3章学习工程地质的内容，再学习第4章到第8章土力学部分的内容。

（3）在每一章的学习中，要仔细阅读本章学习要求、建议学时，准备好学习笔记和作业本，按识记、领会、应用的三个层次，逐一理解基本概念、基本定义、基本原理、岩土工程性状、分析计算原理与方法和工程应用效果等。认真思考、理解和总结，记录学习笔记，在作业本上认真完成思考题和习题，可为复习时打下扎实的基础。

（4）工程地质和土力学是一门应用型专业基础课，是运用地质学及岩土工程的基础知识，解决工程中的问题，要用到有关的力学知识和工程知识，涉及的知识面较广，研究和解决问题的途径或方法是勘察、试验、理论分析和工程实践。因此，要求自学应考者充分理解本学科的这一特点，理论联系实际。在学习教材内容的基础上，自学应考者应结合实际工程多走走，多看看，参观一些正在施工的建筑物的基础工程或岩土工程现场，增强感性认识，以便加深理解。

（5）自学过程中要会总结每一章的学习特点，有些概念较多，有些要结合有关的试验加深理解，有的要循序渐进地进行计算，因此自学时要结合每一章的特点进行学习，采取相应的学习方法。例如：进行沉降计算时，要先会基底压力计算，还要掌握地基中的附加应力计算方法；进行土的压缩性和抗剪强度特性学习时，要结合室内压缩试验和剪切试验来加深理解。因此，在本课程的学习过程中自学应考者还应结合有关课程的室内土工试验和矿物岩石的实习进行理解，如：造岩矿物标本辨识实习；岩浆岩、沉积岩和变质岩岩样标本辨识实习；土的压缩试验；土的直接剪切试验和三轴试验录像演示等。

（6）由于本课程研究的对象复杂，在自学过程中还会遇到一些有关联的相近的名词术语、参数指标，计算公式也较多，容易引起混淆。在自学时要特别注意理解，弄清它们的相互联系和区别及其应用条件。例如：渗透力、静水压力、渗透系数；总应力、有效应力、孔隙水应力；基底压力、基底附加压力；压缩系数、压缩指数；压缩模量、弹性模量、变形模量；黏聚力、内摩擦角；极限承载力、容许承载力、承载力标准值与设计值等。如不注意区分其物理概念，很容易在应用中出现错误。

五、应考指导

1. 如何学习

好的计划和组织是学习成功的法宝。如果你正在接受培训学习，一定要紧跟课程并完成作业，为了在考试中做出满意的回答，你必须对所学课程的学习内容有很好的理解。阅读教材时，可做学习笔记，注意重点内容要用彩笔标注。

2. 如何考试

卷面整洁非常重要。书写工整，段落与间距合理，卷面赏心悦目有助于教师评分，教师只能给他能看懂的内容打分。回答所提出的问题，要回答所问的问题，而不是回答你自己乐意回答的问题。避免超过问题的范围。

3. 如何处理紧张情绪

正确处理对失败的惧怕，要正面思考。如果可能，可以请教已经通过该科目考试的人，问他们一些问题。做深呼吸放松，这有助于头脑清醒，缓解紧张情绪。考试前合理膳食，保持旺盛精力，保持冷静。

4. 如何克服心理障碍

这是一个普遍问题。若在考试中出现这种情况，要尽量保持平静，深呼吸，理清思路，回忆课程内容，一旦有了思路就快速记下来。合理分配答题时间，按自己的步骤进行答卷。先易后难，增强信心。

六、对社会助学的要求

高等教育自学考试是以个人自主学习为主导，以社会教育培训机构的教学为辅助，通过国家权威机构对学习者的学习成果进行认证。因此，自学应考者通过自学、助学、考试，达到考核目标。自学考试的这一特征，决定了教材在自学考试实施过程中的基础性地位和作用，它是学习者自主学习的主要学习材料，也是各类社会助学组织开展教学活动的重要参考。社会助学者在助学过程中，应根据专业培养目标和要求，按照课程考试大纲和教材规定的基本学时建议和要求、重点和难点方面、学习和考核范围进行辅导。注意本课程的特点，帮助自学者由浅入深，正确处理基础知识、理论分析和工程应用的关系，将识记、领会与应用三个层次联系起来。在助学活动中，着重培养自学应考者扎实的基础知识和理论分析能力，提高工程应用水平和解决实际工程问题的能力。要防止自学中的各种偏向，全面系统地学习教材中规定掌握的全部考核内容和考核知识点，既要重视重点也不能忽视一般，才能达到考核的目标。本课程是一门实用性科学，专业性强，在助学活动中要注意理论联系实际，通过现场参观和试验的感性认识来加强理解和掌握相关知识，以期对自学应考者进行切实有效的辅导。

七、对考核内容的说明

（1）本课程要求考生学习和掌握的知识点内容都作为考核的内容。课程中各章的内容均由若干知识点组成，在自学考试中成为考核知识点。因此，课程自学考试大纲中所规定的考试内容是以分解为考核知识点的方式给出的。由于各知识点在课程中的地位、作用以及知识自身的特点不同，自学考试将各知识点分别按三个认知层次确定其考核要求。

（2）课程分为工程地质、土力学两个部分，考试试卷中所占的比例大约分别为：工程地质占 30%、土力学占 70%。

八、关于考试命题的若干规定

（1）本课程的考试方式为笔试，闭卷，考试时间为 150 分钟。考试时允许携带无存储功能的简易计算器，涂写部分、画图部分必须使用 2B 铅笔，书写部分必须使用黑色字迹签字笔。

（2）本大纲各章所规定的基本要求、知识点及知识点下的知识细目，都属于考核的内容。考试命题既要覆盖到章，又要避免面面俱到。要突出课程的重点、章节重点，加大重点内容的覆盖度。

（3）本课程的考试命题，应根据本大纲所规定的考核内容和考核目标确定考试范围和考试要求，不得随意扩大或缩小范围，提高或降低考核的要求。命题应着重考核自学者对基本概念、基本知识和基本理论是否了解或掌握，对基本方法是否会应用或熟练。不应出与基本要求不符的偏题或怪题。

（4）本课程在试卷中对不同能力层次要求的分数比例大致为：识记占 30%，领会占 30%，应用占 40%。

（5）要合理安排试题的难易程度，试题的难度可分为：易、较易、较难和难四个等级。每份试卷中不同难度的分数比例一般为：2：3：3：2。

必须注意试题的难易程度与能力层次有一定的联系，但两者不是等同的概念。在各个能力层次中对于不同的考生都存在着不同的难度，切勿混淆。

（6）本课程中考试试卷的题型一般有填空题、单项选择题、名词解释题、简答题和计算题。题型的具体形式，参见本大纲附录。必须指出：这仅为题型举例，不是真实的考卷。

附录　题型举例

一、填空题

1. 岩层产状的三要素有走向、_____、倾角。

2. 根据沉积类型可以将第四纪沉积物分为残积物、_____、洪积物、冲积物等。

3. 渗透系数的测定可分为常水头法和_____两大类试验。

4. 饱和土的有效应力原理表达式为_____。

5. 矩形基础承受竖向均布荷载作用时，基础底面任意角点下的竖向附加应力计算的表达式为_____。

6. 根据超固结比OCR确定土的不同固结状态，可分为正常固结土、_____和欠固结土。

7. 三轴试验依土样的固结和排水条件可分为不固结不排水剪、_____和固结排水剪三种试验方法。

8. 地基的破坏有整体剪切破坏、_____、冲切破坏三种基本形式。

9. 根据受力后墙体的位移条件，墙背上的土压力分为静止土压力、主动土压力、_____。

10. 对于均质无黏性土边坡，当理论上安全系数为1时的坡角等于_____，也称自然休止角。

二、单项选择题

1. 典型的泥石流流域，从上游到下游一般可分为三个区段，下列哪个不属于该区段？（　　　）

A. 堆积区　　　　B. 汇水区　　　　C. 流通区　　　　D. 形成区

2. 通常用粒径级配曲线表示土粒大小及级配，土的粒径级配曲线越平缓，则表示（　　　）。

A. 土粒大小均匀，级配良好　　　　B. 土粒大小不均匀，级配不良

C. 土粒大小不均匀，级配良好　　　　D. 土粒大小均匀，级配不良

3. 某原状土的液限为58%，塑限为18%，天然含水量为42%，则该土的塑性指数为（　　　）。

A. 24　　　　B. 40%　　　　C. 40　　　　D. 24%

4. 已知土中某点应力 σ_1=400kPa，σ_3=100kPa，则其莫尔应力圆的圆心坐标为（　　　）。

A.（0，250）　　B.（250，0）　　C.（250，500）　　D.（500，0）

5.朗肯土压力理论的适用条件是挡土墙的（　　　）。

A.墙背俯斜，填土表面水平　　　　B.墙背竖直，填土表面倾斜

C.墙背光滑，填土表面水平　　　　D.墙背粗糙，填土表面水平

三、名词解释题

1. 断层

2. 震级

3. 水力梯度

4. 压缩系数

5. 基底压力

四、简答题

1. 褶曲的基本形式有哪两类？在工程中，如何区分两类褶曲？

2. 岩土工程勘察分为哪几个阶段？

3. 朗肯土压力理论基本假定是什么？

4. 影响边坡稳定的因素主要有哪些？

5. 从土体中的有效应力角度简述土体中存在向下渗流和向上渗流那种工况危害更大？

五、计算题

1. 进行一常水头渗透试验，试样的截面积 A=120cm³，试样的厚度 L=30cm，水头差 ΔH=50cm，经时间 t=10秒由量筒测得流经试样的水量 Q=150cm³，试求试样的渗流系数 k 为多少？

2. 已知地基中某点的应力状态为：最大主应力 σ_1=420kPa，最小主应力 σ_3=180kPa，测得该点的孔隙水压力 u=80kPa。已知地基土的有效黏聚力 c'=5kPa，有效内摩擦角 φ'=28°，试判断该点是否发生破坏？

3. 有一均布荷载 p=200kPa，荷载面积为 4m×3m，如附图 I.1 所示，求荷载面积以外 G 点下 z=1m 处的附加应力。（L/B=2，z/B=0.5，K_c=0.2384；L/B=2，z/B=1，K_c=0.1999）。

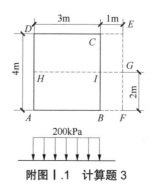

附图 I.1　计算题 3

4. 有一土层厚 6m，单面透水，施加荷载增量 Δp=200kPa，已知初始孔隙比 e_1=1.0，压缩系数 $a_v = 0.5\text{MPa}^{-1}$，固结系数 $C_v = 0.3\text{cm}^2/\text{h}$。试求：（1）土层的最终沉降量及对应的孔隙比；（2）若荷载施加一年后，土层孔隙比为 0.95，求此时的沉降量和固结度。

5. 有一挡土墙高 10m，墙背竖直光滑，墙后填面水平，填砂土，墙后地下水位在地表下 6m 处。已知砂土的湿重度 γ=18kN/m³，内摩擦角 φ=30°，地下水位以下的饱和重度 γ_{sat}=19kN/m³，试求：（1）作用在墙背上的主动土压力的合力 E_a、水压力的合力 E_w；（2）总压力和作用点的位置。

参 考 答 案

一、填空题

1. 倾向　　2. 坡积物　　3. 变水头法　　4. $\sigma = \sigma' + u$

5. $\sigma_{zc} = K_c p$　6. 超固结土　7. 固结不排水剪　8. 局部剪切破坏

9. 被动土压力　10. 无黏性土的内摩擦角

二、单项选择题

1. B　　　　2. A　　　　3. C　　　　4. B　　　　5. C

三、名词解释题

1. 答：岩块沿着断裂面有明显位移的断裂构造。

2. 答：表征地震强弱程度的一个物理量。

3. 答：沿着水流方向单位长度上的水头差。

4. 答：表示孔隙比随着压力的增大而缩小的情况，是表示土压缩性大小的重要力学指标。

5. 答：建筑物的外加荷载和基础自重在基础底面对下方地基土体所形成的压力。

四、简答题

1. 答：褶曲的基本形式为背斜和向斜。

从外形上看，背斜是岩层向上突出的弯曲，两翼岩层从中心向外倾斜；向斜是岩层向下突出的弯曲，两翼岩层自两侧向中心倾斜。背斜和向斜可以根据组成褶曲核部和两翼岩层的新老关系进行区分，褶曲的核部为老岩层两翼为新岩层的部分就是背斜；相反，褶曲的核部是新岩层两翼为老岩层的部分就是向斜。

2. 答：一般将岩土工程勘察阶段划分为可行性研究勘察阶段、初步勘察阶段、详细勘察阶段及技术设计与施工勘察阶段。

3. 答：基本假定有：（1）墙是刚性的，不考虑墙身变形；（2）墙背填土表面是水平的，且无限延伸；（3）墙背是铅直的、光滑的，墙后土体达到极限平衡状态时的两组破裂面不受墙身的影响。

4. 答：影响边坡稳定的主要因素如下。

① 边坡坡角 β，一般边坡坡角 β 越小、边坡越缓，边坡越安全，但在基坑开挖中越不经济；若 β 太大，边坡越陡，则经济但不安全。

② 坡高 H，在其他条件相同的情况下，坡高 H 越大越不安全。

③ 土的性质（重度 γ 和抗剪强度指标 φ、c 值），若重度 γ 越大，土坡内切应力增加，越不安全；若 φ、c 值越大，则土坡抗剪强度越大，边坡越安全。但有时由于地震、降雨、地下水位上升等原因，使 φ、c 值降低或产生孔隙水压力，可能使原来稳定的边坡失稳而滑动，对土坡稳定性带来不利影响。

④ 雨水的渗入和地下水的渗透力，雨水的浸入使土湿化，且水在岩、土的薄弱夹层处起到润滑作用，若有水流下渗，极易在薄弱夹层处产生滑动；边坡中有地下水渗透时，渗透力与滑动方向相反则安全，而两者方向相同则不安全。大量的实践也已证明，滑坡和边坡坍塌经常发生在雨季或暴雨之后。

⑤ 震动作用的影响，如土坡附近因打桩、强夯等施工，以及工程爆破，车辆行驶等引起的震动，地震力的作用等引起边坡土的液化或触变，也会使土的强度降低。特别是饱和、松散的粉、细砂极易因震动而液化。

⑥ 人类活动和生态环境的影响，如：人为地在坡顶堆载或开挖坡体下部，河流冲淘坡脚，以及气候等自然条件的变化，使土时干时湿，收缩膨胀，冻结融化，从而土体变松软强度降低。

5. 答：向上渗流时，渗流方向自下而上通过土层，动水压力的作用方向与重力方向相反，土层中的有效应力减少，孔隙水压力增加，对工程危害变大；向下渗流时，渗流方向自上而下，动水压力的作用方向与土体的重力方向一致，土层中的有效应力增大，而孔隙水压力减少，使土颗粒压得更紧，对工程有利。

五、计算题

1. 解：渗透系数

$$k = \frac{QL}{Aht} = \frac{150 \times 30}{120 \times 50 \times 10} = 0.075 \, (\text{cm/s})$$

2. 解：$\sigma'_1 = 340 \text{kPa}$，$\sigma'_3 = 100 \text{kPa}$

当地基土体处在极限平衡状态时，若 $\sigma'_3 = 100 \text{kPa}$，则极限平衡状态下的最大主应力为：

$$
\begin{aligned}
\sigma'_{1f} &= \sigma'_3 \tan^2\left(45 + \frac{\varphi'}{2}\right) + 2c' \tan\left(45 + \frac{\varphi'}{2}\right) \\
&= 100 \times \tan^2\left(45 + \frac{28}{2}\right) + 2 \times 5 \times \tan\left(45 + \frac{28}{2}\right) \\
&= 293.63 \, (\text{kPa})
\end{aligned}
$$

$\because \sigma_1' = 340\text{kPa} > \sigma_{1f}'$，该点已发生破坏。

3. 解：$\sigma_{zc} = K_c p$

$$K_c = 2(K_{GHAF} - K_{GIBF}) = 2 \times (0.2384 - 0.1999) = 0.077$$

$$\sigma_{zc} = 0.077 \times 200 = 15.4(\text{kPa})$$

4. 解：（1）土层的最终沉降量：

$$S = \frac{\alpha_v}{1+e_1}\Delta p H_1$$

$$= \frac{0.5}{1+1} \times 200 \times 10^{-3} \times 6000 = 300(\text{mm})$$

此时，对应的孔隙比：$\alpha_v = \dfrac{e_1 - e_2}{\Delta p} \Rightarrow e_2 = e_1 - \alpha_v \Delta p = 0.9$

（2）一年后的沉降量为：$S_t = \dfrac{e_1 - e_2}{1+e_1}H_1 = \dfrac{1-0.95}{1+1} \times 6000 = 150(\text{mm})$

固结度：$U_t = \dfrac{S_t}{S} = 50\%$

5. 解：

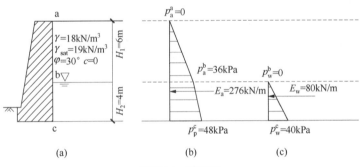

附图 II.1 计算题 5

墙上各点土压力计算为

$$p_a^a = 0$$

$$p_a^b = K_a \gamma H_1 = \tan^2\left(45° - \frac{30°}{2}\right) \times 18 \times 6 = 36(\text{kPa})$$

$$p_a^c = K_a \gamma H_1 + K_a \gamma' H_1 = \tan^2\left(45° - \frac{30°}{2}\right) \times (18 \times 6 + 9 \times 4) = 48(\text{kPa})$$

根据压力分布图可求得每延米墙长的土压力合力为：

$$E_a = \frac{1}{2} \times 36 \times 6 + \frac{1}{2} \times (36 + 48) \times 4 = 276(\text{kN/m})$$

由计算结果绘得水压力分布图，如附图 II.1（b）所示。

墙上各点的水压力计算为：

$$p_w^b = 0$$

$$p_w^c = \gamma_w H_2 = 10 \times 4 = 40(\text{kPa})$$

由计算结果绘得水压力分布图，如附图Ⅱ.1（c）所示。

根据压力分布图可求得每延米墙长的水压力合力为：$E_w = \dfrac{1}{2} \times 40 \times 4 = 80(\text{kN/m})$

总压力：$E = E_a + E_w = 356(\text{kN/m})$

合力作用点位置（距离墙底）为：

$$y = \frac{\dfrac{1}{2} \times 36 \times 6 \times \left(4 + \dfrac{6}{3}\right) + 36 \times 4 \times 2 + \dfrac{1}{2}(48 - 36) \times 4 \times \dfrac{4}{3} + \dfrac{1}{2} \times 4 \times 40 \times \dfrac{4}{3}}{356}$$

$$= 3.02(\text{m})$$

大纲后记

　　《工程地质及土力学自学考试大纲》是根据《高等教育自学考试专业基本规范（2021 年）》的要求，由全国高等教育自学考试指导委员会土木水利矿业环境类专业委员会组织制定的。

　　全国高等教育自学考试指导委员会土木水利矿业环境类专业委员会对本大纲组织审稿，根据审稿会意见由编者做了修改，最后由土木水利矿业环境类专业委员会定稿。

　　本大纲由西安交通大学廖红建教授、西安理工大学党发宁教授担任主编，西安交通大学李杭州副教授、西安交通大学城市学院黎莹副教授担任副主编，清华大学建筑设计院有限公司宁苑工程师参加编写；参加审稿并提出修改意见的有西安建筑科技大学王铁行教授、广州大学童华炜教授和长安大学胡志平教授。

　　对参与本大纲编写和审稿的各位专家表示感谢。

全国高等教育自学考试指导委员会

土木水利矿业环境类专业委员会

2023 年 5 月

全国高等教育自学考试指定教材

工程地质及土力学

全国高等教育自学考试指导委员会　组编

编者的话

本书是根据全国高等教育自学考试指导委员会最新制定的《工程地质及土力学自学考试大纲》编写的自学考试指定教材。本次编写在 2014 年版的基础上，根据高等学历继续教育教材建设的有关要求和新颁布的《高等教育自学考试专业基本规范》规定的培养目标和要求，结合土木工程、水利水电工程等专业的培养目标，进一步在纸质教材的基础上结合课程配套数字资源进行编写。

本书适应新时代需求，通过信息技术帮助自学应考者的自学和辅学，力求把知识的传授与能力的培养结合起来。按照自学考试培养应用型、职业型人才为主的精神，编写时在符合本门学科的基本要求的同时，使教材内容强调基础性、讲求实用性、注重实践性，同时兼顾社会需要的目标要求。为了培养自学应考者系统地掌握与土建工程有关的工程地质及土力学的基本知识、基本理论和技术方法，达到普通高等教育系列一般本科院校的水平，在编写过程中，针对课程的特点，突出基本原理和基本方法运用，强化工程实践能力、工程设计能力与工程应用能力，采用了国家及有关行业的最新技术规范与规程。

本书系统介绍了工程地质及土力学的基本概念、理论和计算方法。全书共分 8 章，内容包括：第 1 章岩石与地质构造，第 2 章第四纪沉积物及不良地质现象，第 3 章岩土工程勘察和测试技术，第 4 章土的物理性质及渗透性，第 5 章地基土体中的应力，第 6 章地基沉降计算，第 7 章土的抗剪强度与地基承载力，第 8 章土压力与土坡稳定。章前有知识结构图；章后有习题，包括单项选择题、填空题、名词解释题、简答题和计算题，与考试题型相对应。另外，本书还配有 30 多个知识点和例题讲解视频及 200 余道拓展习题（附参考答案）等数字资源，便于读者理解和巩固知识。

本书由西安交通大学廖红建教授、西安理工大学党发宁教授担任主编，西安交通大学李杭州副教授、西安交通大学城市学院黎莹副教授担任副主编，清华大学建筑设计研究院有限公司宁苑工程师参加编写。具体编写分工如下：绪论、第 4 章，廖红建；第 1 章，黎莹；第 2 章，黎莹、宁苑；第 3 章，李杭州；第 5 章、第 6 章，党发宁；第 7 章，李杭州、宁苑；第 8 章，廖红建、宁苑。每章均制作了配套数字资源。贵州交通职业技术学院马宗源副教授提供了很多帮助，在此表示衷心感谢。

本书由西安建筑科技大学王铁行教授担任主审，广州大学童华炜教授和长安大学胡志平教授参加审稿，提出了许多宝贵的建议，在此表示衷心感谢。

限于编者的水平，书中难免有不妥之处，恳请广大读者批评指正。

资源索引

编　者

2023 年 5 月

绪　　论

一、课程的重要性和学习意义

　　工程地质和土力学这两门工程实用学科，都是专门研究组成建筑物地基的岩体及土体的形成、存在及其工程性状的学科。应用于分析与地基和基础的设计与施工有关的岩土工程领域，是建筑科学的重要组成部分之一。但是两者的学科内涵有所不同，其研究方法的特点和意义也不同，两者可以互为利用。

　　工程地质是地质学的一个重要分支，是一门实践性很强的学科；它是运用基础学科中地质学的基本理论，通过调查、研究，解决与各类工程有关的地质问题的一门学科。各类工程都建造在地球的表面，建筑物或构筑物的全部荷载是由其下面的地层来承担的，我们把受建筑物或构筑物影响的那一部分地层称为地基，把建筑物或构筑物向地基传递荷载的下部结构称为基础。因此，学习工程地质是进行地基和基础的设计与施工的先决条件，是学好土力学、基础工程等课程的基础，也是结构设计和施工等学科领域的基础。

　　土力学是工程力学的一个分支，是以土为研究对象的学科。土是岩石风化以后，产生崩解、破碎、变质，又经过各种自然力搬运，在新的环境下堆积或沉降下来的颗粒状松散物质。土力学是以工程地质学和力学的知识为基础，运用力学原理和土工试验技术，来研究与工程建设有关的土和土体在荷载、水、温度等外界因素作用下的应力、应变、强度和稳定性等特性的一门学科，是一门实践性很强的工程技术科学。在工程建设中，常会遇到各种有关土的工程问题，包括建筑物地基、路堤、边坡和各种土工构筑物，以及以土作为建筑材料、建筑环境等，都需要应用土力学的理论和方法去解决。同时，为各类建设工程的稳定和安全提供科学的对策，包括土体加固和地基处理等。

　　近年来，随着科学技术和信息技术的不断发展，以及重大基础工程建设的不断涌现，如超高层建筑、超长隧道、地下管廊系统、大型水电工程等的兴建，岩土工程研究领域有了很大的发展。计算机、互联网技术的应用，使复杂的分析计算得以实现，使岩土工程原位测试技术有了长足的进步，在理论分析和成果应用等方面积累了丰富的经验。

　　我国国土幅员辽阔，地质条件复杂，各类岩土性质差异很大。某些特殊土或区域性土类（如软土、湿陷性黄土、膨胀土、红黏土和多年冻土等）还具有不同于一般土类的特殊性质。因此必须研究其工程特性以便采取相应的工程措施。由于自然原因或人类的工程活动引起的岩土工程问题很多，涉及的范围很广，如人们在地壳表层所进行的各种工程活动：土木工程，桥隧工程，水利、水运工程，铁路、公路工程，采矿工程，机场工程，农业工程，能源工程，管线工程，地下工程，人防工程，近海工程，地震工程，环境工程，等等。这些工程建设的方式、规模、类型，以及规划、设计和施工都与建筑场地的地质环境和土的力学特性密切相关。因此，岩土工程和工程地质及土力学的关系极为密切，必须认识和掌握岩土介质和水的物理、化学、力学等各种特性，及其变化条件和规律。

二、课程的特点和工程背景

工程地质的研究对象是复杂的地质体，因此其研究方法是定性分析和定量分析的综合，是地质分析法与力学分析法、工程类比法与实验法等的密切结合。工程地质要把科学、技术、工程结合起来，除了定性描述和反映之外，还要把宏观研究和微观机理结合起来，对工程建设中的诸多问题要进行预测和防治，这样才能提高人类在改造自然中的主动性，减少或避免地质灾害给国家和人民造成损失。目前，除观察、测绘、勘测、现场试验和室内试样试验等常规的实验测试方法外，随着科学技术的发展，越来越多地运用先进的航空遥感技术、地球物理勘探、模型试验等方法进行测绘、勘探和测试，把数学、力学的理论和方法用于工程地质研究，此外，计算机的应用使复杂的计算得以顺利实现。

土力学是把土作为建筑物地基、建筑材料或建筑物周围介质（环境）来研究的一门学科，主要研究土的工程性质及土在荷载作用下的应力、变形和强度的问题，为工程设计与施工提供力学指标、评价方法及分析计算原理，是土木、水利工程等专业的技术基础课。

土的利用可以追溯至古代，当时人们就懂得利用土进行工程建设。如我国西安市半坡村新石器时代遗址考古发现，当时人们已经能够利用土台阶及石基础解决简陋房屋的地基基础的稳定性问题。以后如秦代用压实法修筑驰道，隋代用木桩、唐代用灰土基础造塔等。我国东汉时的郑玄在注释战国时的《考工记》时，就认知到了作用力和变形之间的弹性定律，这比胡克（Hooke）定律要早 1500 多年，但直到 18 世纪，基本还处于感性认识阶段。欧洲产业革命时期，随着大型建筑物、铁路、公路的兴建和科学的发展，建立了零星的土力学理论。如 1773 年法国的库仑（C. A. Coulomb）通过试验研究提出了砂土的抗剪强度公式和设计挡土墙的土压力滑楔理论；1857 年英国的朗肯（W. J. Rankine）又从不同的途径提出了土压力理论。这两种土压力理论至今仍被广泛应用。1869 年卡尔洛维奇（Карлович）发表了世界上第一本地基与基础著作。1885 年布西涅斯克（J. Boussinesq）根据弹性理论求出了在集中力作用下地基中的三维应力解析解。1900 年莫尔（Mohr）提出了土的强度理论。20 世纪初，人们在工程实践中积累了大量的经验和资料，对土的强度、变形和渗透性质进行了理论探讨，土力学逐渐形成了一门独立学科。20 世纪 20 年代普朗特（Prandtl）发表了地基承载力理论。这一时期在边坡理论方面也有很大发展，费伦纽斯（W. Fellenius）完善了边坡圆弧滑动法。经过一个多世纪从事土木工程的专家及学者的实践和理论研究，1925 年美国的太沙基（K. Terzaghi）归纳出版了第一本土力学专著，1929 年又与其他学者共同编写了《工程地质学》。从此，土力学、工程地质、地基与基础各作为一门独立学科不断地取得发展。1936 年在美国召开第一届国际土力学与基础工程会议，到 2022 年已开过了 20 次，世界各地学者通过会议交流对本学科的研究经验。随着生产的发展和科学的进步，更为土力学开辟了新的研究途径。土的基本特性、有效应力原理、固结理论、变形理论、土体稳定问题、动力特性、土流变学等在土力学中应用及进一步完善，是这一阶段研究的中心问题。1954年索科洛夫斯基（B. B. Соколовский）发表了专著《松散介质静力学》，斯肯普特（A. W. Skempton）在有效应力原理方面，毕肖普（A. W. Bishop）、简布（Janbu）在边坡理论方面都做出了贡献。我国学者黄文熙在土的强度和变形及本构关系方面，陈宗基在黏土微观结构和土流变学方面，钱家欢在土流变学和土工抗震方面，沈珠江在软土本构关系方面，也都做出了贡献。2000年，沈珠江出版《理论土力学》专著。

　　早在两千多年以前，我国劳动人民就运用长期积累的工程地质和土力学知识成功地修建了多项工程。如公元前485年凿通的、连接淮河与长江的邗沟段大运河，公元前256年修建的规模宏伟、工程艰巨的四川都江堰工程。特别是像都江堰这样工程量巨大、工程结构复杂、有多项联系的水利工程，如果没有一定水平的工程地质等知识，是不可能修建成功的。此外如隋代修建的赵州桥，宋代修建的洛阳桥，都经历了长期使用考验，至今尚保持完整良好。

　　近年来，引汉济渭秦岭输水隧洞全线贯通，人类历史上首次从底部横穿秦岭，攻克"世界罕见的难"。秦岭地质条件极为复杂，从底部横穿，难度可谓空前绝后。作为引汉济渭工程的关键控制性工程，秦岭输水隧洞全长98.3千米，埋深1300～2012米，整个输水隧洞穿越了3条区域性大断裂、4条次一级断层和33条一般断层，涉及岩性20余种。施工过程中还面临着高温高湿、长距离、大埋深、高频强岩爆、突涌水等一系列技术难题。凿秦岭，引清流。作为国家重点水利工程的引汉济渭工程建成后，长江最大支流——汉江之水将北上穿过秦岭，与黄河最大支流——渭河"牵手"，解关中之"渴"，浸润三秦大地。这标志着我国的工程地质及岩土工程技术达到了更高的水平。

　　工程地质及土力学与土木工程建设有着密切的联系。地上、地下建筑物和构筑物，公路铁路、桥梁隧道、水利电力工程、矿山油田、海洋工程等，都与建设工程所在场地的工程地质条件和土体的力学性质密切相关。而已有的工程地质条件和土性在工程运行期间还会产生一些新的变化和发展，构成威胁工程安全的隐患。

　　由于工程地质条件和地基土的构成复杂多变，不同类型的土木工程对工程地质和地基土的要求又不尽相同，所以土体的工程问题是多种多样的。地基的岩土组成、厚度、物理力学性质、承载力、产状分布、均匀程度等是保证地基稳定性的基本条件，而组成地基的岩土体存在于地质环境中，建筑场地的地形、地质条件及地下水等往往会影响地基承载力和地基稳定性。因此，地基失稳是土木工程中常常遇到的工程问题。著名的工程案例有加拿大特朗斯康（Transcona）谷仓的地基失稳，如图0.1所示，以及意大利比萨斜塔的地基不均匀沉降，如图0.2所示。

　　加拿大特朗斯康谷仓建成于1913年，长59.44m，高31m，宽23.47m。由于勘探不足，造成采用的设计荷载远超过地基土抗剪强度，而且加荷速度过快，因而地基发生强度破坏而整体失稳。由于谷仓整体刚度较高，地基破坏后筒仓仍保持完整。地基破坏后，西侧下陷7.32m，东侧抬高1.52m，倾斜达26°53′。后用388个50t的千斤顶纠正，但位置仍较原先下降4m。

　　意大利比萨斜塔建于1173年至1370年，中间因塔倾斜而两次停工。建成后全塔共

8 层，高 55m。目前塔南北两端沉降差达 1.80m，塔顶离中心线已达 5.27m，倾斜 5.5°。原因分析：施工过程中塔基底南侧粉砂外挤造成基础倾斜、荷载偏心，导致塔向南倾；地基塑性变形、蠕变以及地下水位下降等原因使倾斜加剧。处理方法：环形基坑卸荷并对基坑周围土体注浆加固；加固塔身以防止斜塔散架。

20 世纪 80 年代，江苏省苏州市虎丘塔经现场调查，因地基不均匀沉降造成全塔向东北方向严重倾斜，塔顶离中心线达 2.31m。原因分析：虎丘塔地基填土层西南薄，东北厚，下为呈可塑至软塑状态的粉质黏土，也是西南薄，东北厚，底部为风化岩石和基岩，大量雨水下渗，加剧了地基不均匀沉降。处理方法：塔四周建造桩排式地下连续墙后进行钻孔注浆和树根桩加固塔基。

图 0.1　加拿大特朗斯康谷仓地基失稳

图 0.2　意大利比萨斜塔地基不均匀沉降

要确保建筑物地基稳定和满足建筑物使用要求，地基承载力必须满足强度和变形两个基本条件：①具有足够的地基强度，保证地基受荷载后不因地基破坏而失稳；②地基产生不超过建筑物对其要求的容许变形值。因此，良好的地基一般具有较高的强度和较低的压缩性。另外，在铁路、公路等工程建筑中还会遇到路基失稳问题；岩溶、土洞等不良地质作用也会影响地基的稳定性。

边坡失稳是各种地质因素综合作用的结果：坡体的岩性、地质构造特征是影响边坡稳定的物质基础；地应力、风化、暴雨、地震、地下水等对软弱结构面产生的作用；地形地貌和气候条件是影响边坡稳定的重要因素。自然界的天然边坡是长期经受地表地质作用而达到相对平衡的产物。由于人类工程建设活动，如基坑开挖、填筑路堤等形成的人工边坡可能存在边坡失稳的情况，因此边坡稳定对防止工程灾害发生十分重要。

由于土是一种自然地质的历史产物，是一种特殊的变形体，它既服从连续介质力学的一般规律，又有其特殊的应力－应变关系和特殊的强度、变形规律，因此，土力学形成了不同于一般固体力学的分析方法和计算方法。它主要采用勘探与试验、原位观测、理论分析与工程实践相结合的方法，紧密联系实际，解决工程问题。

三、主要内容和学习要求

具体内容和学习要求参见考试大纲。

第1章

岩石与地质构造

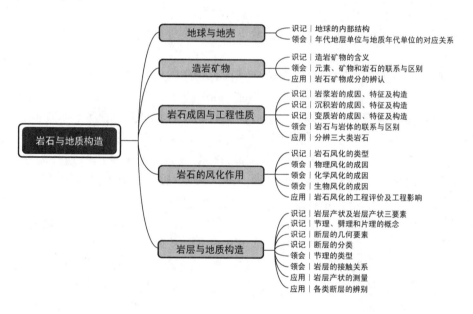

1.1 地球与地壳

1.1.1 地球内部结构

地球是一个不完全规则的椭球体，其赤道半径（6378.2km）比两极半径（6356.8km）要大，大致呈梨形，南极稍凹，北极稍凸。地球内部具有一定的结构，根据地球内部物质的状态和物理性质可分为若干个圈层。地球内部圈层是指地球表面以下直到地球中心的各个圈层。目前世界上最深的钻井记录为12km（只占地球半径的约1/530），所以我们还不能用直接观测的方法来研究地球内部结构。目前主要利用地震波沿传播方向的变化，即地球物理方法来研究地球内部结构情况。地震波分为纵波（P波）和横波（S波）。纵波可以通过固体和流体，速度较快；横波只能通过固体，速度较慢。同时，地震波的传播速度随着所通过介质的刚度和密度的变化而改变，因此可以使用地震波来透视地球内部结构。如果地球从表及里由均一物质组成，则地震波速度在任何深度及任何方向都应该相同。根据地球内部地震波传播曲线分析，可以看出地震波传播速度随地球深度而发生变化，并且有些地方还发生突然变化，可见地球内部物质并不是均一的，而且存在许多个界面。地震波在地下若干深度处，传播速度发生急剧变化的面，称为不连续面。

根据地震波的传播数据，可以绘出地球内部地震波传播速度曲线图［图 1.1（a）］。从图 1.1（a）中可以明显看出两个不连续面：一个位于地表以下33km处，在此不连续面以下纵波和横波速度均急剧增加，这个不连续面称为莫霍洛维奇不连续面，简称莫霍界面或莫氏面；另一个位于地表以下2900km处，在此处纵波速度突然降低，而横波则完全消失，这个不连续面称为古登堡界面。这两个界面将地球内部划分为三个圈层：地壳、地幔和地核，如图 1.1（b）和图 1.1（c）所示。此外，从地表到莫霍界面间为地壳，地壳按照化学成分含量可以分为上下两层：上层为硅铝层，下层为硅镁层。根据地震波的特性，从莫霍界面到古登堡界面之间可分为上地幔和下地幔。在上地幔上部存在一个软流层，岩石处于高温熔融状态，是岩浆的发源地之一。软流层以上，全部由岩石组成，称为岩石圈，即地壳和软流层以上的上地幔顶部合称为岩石圈。在古登堡界面以下，根据地震波传播的特性，以地下5000km为界，分为内地核和外地核，其中外地核为液体，内地核为固体。

地壳是地球表面的一层薄壳，平均厚度约17km，但各处厚度不一。地壳主要分为大陆型地壳（简称陆壳）和大洋型地壳（简称洋壳）：陆壳厚度较大，莫霍界面的位置越深则地壳越厚；洋壳厚度较小，其表层为海洋沉积层所覆盖。陆壳的厚度范围为 10～70km，平均厚度约35km；洋壳的厚度范围为 5～10km，平均厚度约6km。一般来说，高山及高原的地壳最厚，例如我国青藏高原的地壳最厚可达70km。

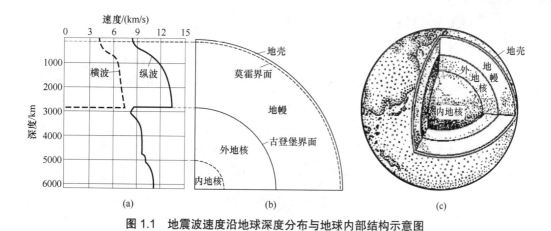

图 1.1　地震波速度沿地球深度分布与地球内部结构示意图

1.1.2　地质年代

地球的年龄大约为 46 亿年，和月球年龄大致相同。地球历史演化的时间序列称为地质年代，其包括两种：相对地质年代和绝对地质年代（也称同位素地质年代）。根据地球发展历史过程中生物演化和岩层形成的顺序，将地球历史划分为若干阶段，称为相对地质年代。在地球发展过程中，地表沉积了许多地层，在地层中常保存下来当时生存过的生物遗体和遗迹，称为化石。保存在地层中的化石，由简单到复杂，由低级到高级，表现出清楚的不可逆性和阶段性。生物的发展过程不是均一的或等速的，而是缓慢的量变、急速的突变或大量绝灭现象交替出现，而且在同一时期内，生物的总体面貌具有全球的或至少是大区的一致性。因此，根据地层顺序和古生物种类可以把地层划分为若干大小不同的单位，这种划分地层的方法称为生物地层学法。根据生物地层学法所划分的地层单位，称为年代地层单位，最大的年代地层单位叫宇，宇分为界，界又分为系，每个系又分为 2～3 个统。

地质年代单位又称地质时间单位，是地质时期中的时间划分单位。其主要根据生物演化的不可逆性和阶段性，按级别大小分为宙、代、纪、世、期、时等阶段。年代地层单位与地质年代单位相对应，形成一个宇的时间叫宙，形成一个界的时间叫代，形成一个系的时间叫纪，形成一个统的时间叫世。

自放射性元素的发现和同位素概念提出以来，根据放射性同位素衰裂变测年龄的技术得到广泛应用，从而为测定矿物或岩石的年龄提供了比较精确的方法。用这种方法测出的年龄称为同位素地质年代，也称绝对地质年代。同位素地质年代测定的基本原理和方法是：当岩浆冷凝、矿物结晶时，放射性元素以某种形式进入矿物或岩石中，在封闭体系中放射性元素（母体）将按一定速度蜕变出同位素（子体），并继续衰变和积累；如果矿物或岩石中母体的衰变常数已经被准确测定出来，衰变最终子体产物是稳定的，只要准确地测定矿物和岩石中母体和子体的含量，即可根据放射性衰变定律计算出矿物或岩石的年龄。其中最常用的是根据放射性同位素本身衰变过程而定的方法，即以母体同位素衰减或子体同位素增长作为时间的函数而进行测定。尽管不同放射性元素的半衰期有长有短，但采用不同放射性元素所测定的年龄仍然相同。我们把表示地史时期的相对地质年代和相应同位素地质年代的表，称为地质年代表，也称地质时代表。1913 年英国地质学家霍姆斯（A. Holmes）提出第一个带有同位素地质年代数据的地质年代表，此后各国学者也陆续提出了不同的地质年代表。为了科研和工程应用上的方便，应用上述方法，对全世界地层进行对比研究，综合考虑地层形成顺序、生物演化的阶段、构造运动及古地理特征等因素，把地壳形成至今这个漫长的地质历史（自然历史）划分为若干大小段落（阶段），分别确定名称，并以表格形式表达出来，这就是地质年代表，见表 1-1。该表中既包括了同位素地质年代，又包括了相对地质年代。

表 1-1　地质年代表

地质时代			距今年龄值 /Ma	生物演化
宙	代	纪		
显生宙 PH	新生代 Cz	第四纪 Q	2.60	人类出现
		新近纪 N	23.3	近代哺乳动物出现
		古近纪 E	65.0	
	中生代 Mz	白垩纪 K	137	被子植物出现
		侏罗纪 J	205	鸟类、哺乳动物出现
		三叠纪 T	250	
	古生代	晚古生代 Pz₂	二叠纪 P	295	裸子植物、爬行动物出现
			石炭纪 C	354	两栖动物出现
			泥盆纪 D	410	节蹶植物、鱼类出现
		早古生代 Pz₁	志留纪 S	438	裸蕨植物出现
			奥陶纪 O	490	无颌类动物出现
			寒武纪 C	543	硬壳动物出现
元古宙 PT	新元古代 Pt₃	震旦纪 Z	680	裸露动物出现
			1000	
	中元古代 Pt₂		1800	真核细胞生物出现
	古元古代 Pt₁		2500	
太古宙 AR	新太古宙 Ar₃		2800	晚期生命出现，叠层石出现
	中太古宙 Ar₂		3200	
	古元古宙 Ar₁		3600	
冥古宙 HD			4600	

1.2 造岩矿物

地壳中的矿物是由各种化学元素在地质作用下不断化合最终形成的物质。地壳的矿物组成可分为三个层次：元素、矿物和岩石。这三者之间既有联系又有区别，元素形成矿物，矿物组成岩石，岩石构成地壳。矿物的含义主要包括：（1）矿物是在各种地质作用及自然条件下形成的自然产物，比如岩浆活动、风化作用或者湖泊海洋的作用都可形成矿物；（2）矿物具有相对固定和均一的化学成分及物理性质；（3）矿物并不是孤立存在的，而是按照一定的规律结合形成的。构成岩石主要成分的矿物称为造岩矿物，总体占地壳重量的 99%。

绝大部分矿物具有晶体结构，只有一小部分矿物属于胶体矿物。例如食盐具有相对固定的化学成分，即氯化钠（NaCl）。矿物具有相对均一的物理性质，如透明、立方形晶体、溶于水、味咸等。如果某些化合物是由人工制造或合成的，并且在自然界也存在，则可称之为人工矿物或合成矿物，如人造金刚石、人造红宝石、人造水晶石等。近年来，随着科学技术的发展，矿物的种类和范围也扩大了，包括地球内层及宇宙空间所形成的自然产物，如组成陨石、月球岩石和其他天体的矿物，称为陨石矿物或宇宙矿物。矿物是人类生产资料和生活资料的重要来源之一，是构成地壳岩石的物质基础。自然界里的矿物很多，大约有三千种，但最常见的只有五六十种，而构成岩石主要成分的只有二三十种。

1.2.1 矿物的基本特性

绝大部分矿物都是晶质体，即由化学元素的离子、离子团或原子按一定规则重复排列而成的固体。矿物的结晶过程实质上就是在一定介质、温度及压力等条件下，矿物的质点（离子等）有规律排列的过程。质点的规则排列使晶体内部具有一定的晶体构造，称为晶体格架。这种晶体格架相当于一定质点在三维空间所形成的无数相等的多面体、紧密相邻和互相平行排列的空间格子构造。例如食盐的晶体格架按正六面体（立方体）规律排列（图 1.2）。

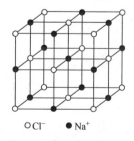

○ Cl⁻ ● Na⁺

图 1.2 食盐的晶体格架

在适当的环境里，若晶质体具有足够的生长空间，则晶质体会发育出由多个平面所组成的多面体外形，将这些多面体外形中的平面称为晶面。这种具有良好几何外形的晶质体，称为晶体。图1.3为常见的矿物单晶类型。但是，大多数晶质体矿物由于缺少生长空间，许多晶体在同时生长，结果互相干扰，不能形成良好的几何外形。凡内部质点呈不规则排列的物体都是非晶质体，如天然沥青、火山玻璃等。这样的矿物在任何条件下都不能表现为规则的几何外形。

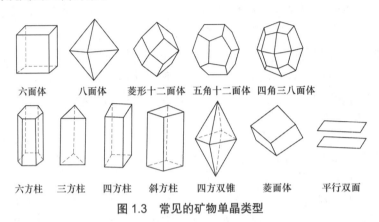

六面体　　八面体　　菱形十二面体　五角十二面体　四角三八面体

六方柱　三方柱　四方柱　斜方柱　四方双锥　菱面体　平行双面

图1.3　常见的矿物单晶类型

1.2.2 矿物的化学成分

按照矿物的化学成分分类，大致可将矿物分为单质矿物、化合物及含水化合物三种。单质矿物基本上是由一种自然元素组成的，如金、石墨、金刚石等。自然界里的单质矿物数量不多，绝大多数矿物都是化合物，如岩盐（NaCl）、石英（SiO_2）及硬石膏（$CaSO_4$）等。含水化合物一般指含有 H_2O 和 OH^-、H^+、H_3O^+ 离子的化合物。含水化合物中的水又可分为吸附水和结构水两类。吸附水是渗入矿物或矿物集合体中的普通水，呈 H_2O 分子状态，含量不固定，不参加晶格构造。这种水可以是气态的，也可以是液态的，或者包围矿物的颗粒形成薄膜水，或者填充在矿物裂隙及矿物粉末孔隙中形成毛细管水，或者以微弱的联结力依附在胶体粒子表面上，形成胶体水。在常压下，当温度达到一定程度时，吸附水就可从矿物中逸出。结构水是参加矿物晶格构造的水，其中一类叫结晶水，这种水以 H_2O 分子形式并按一定比例和其他成分组成矿物晶格，如石膏（$CaSO_4 \cdot 2H_2O$）含2个结晶水。结晶水在一定热力条件下可以脱水，脱水后矿物晶格结构也受到破坏，矿物的物理性质也会发生改变。如石膏加热至 $100 \sim 120$℃时水分开始逸出，变为性质不同的熟石膏。

地壳中绝大多数矿物属于晶体矿物，但是还有少部分矿物属于胶体矿物。一种物质的微粒分散到另一种物质中的不均匀的分散体系称为胶体。胶体矿物在形态上一般呈鲕状、肾状、葡萄状、结核状、钟乳状及皮壳状等，表面常有裂纹和皱纹，这是由胶体矿物失水引起的。在结构上，胶体可以是非晶质的、隐晶质的或显晶质的，这取决于胶体的晶化程度。胶体往往含有较多的水，并且成分不太固定，这是由于胶体的吸附作用和离子交换所引起的。

1.2.3　黏土矿物

黏土矿物是一种复合的铝 – 硅酸盐晶体，颗粒呈片状，由硅片和铝片构成的晶胞组叠而成。硅片的基本单元是硅 – 氧四面体。它是由一个居中的硅离子和四个角点的氧离子构成的，如图 1.4（a）所示。六个硅 – 氧四面体组成一个硅片，如图 1.4（b）所示。每个氧离子被相邻的两个硅离子所共有，其简化示意图如图 1.4（c）所示。铝片的基本单元是铝 – 氢氧根八面体，是由一个铝离子和六个氢氧根离子构成，如图 1.5（a）所示。四个八面体组成一个铝片，如图 1.5（b）所示。每个氢氧根离子都被相邻的两个铝离子所共有，其简化图如图 1.5（c）所示。

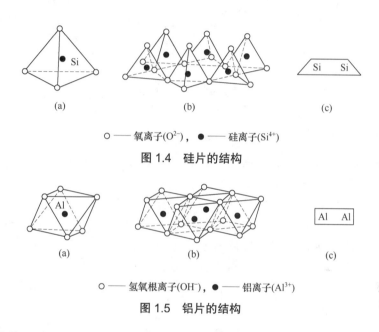

(a)　　　　　　　(b)　　　　　　　(c)

○ —— 氧离子(O^{2-})，● —— 硅离子(Si^{4+})

图 1.4　硅片的结构

(a)　　　　　　　(b)　　　　　　　(c)

○ —— 氢氧根离子(OH^-)，● —— 铝离子(Al^{3+})

图 1.5　铝片的结构

黏土矿物按硅片和铝片的组叠形式可分为蒙脱石、高岭石和伊利石三种类型。蒙脱石（$Al_2O_3 \cdot 4SiO_2 \cdot nH_2O$）的晶层结构由两个硅片夹一个铝片组成，如图 1.6（a）所示。蒙脱石晶格之间是氧离子和氧离子的联结，联结力较弱，水分容易进入晶格之间。蒙脱石的主要特征是颗粒细微，具有显著的吸水膨胀及失水收缩特性，即亲水能力强。高岭石（$Al_2O_3 \cdot 2SiO_2 \cdot 2H_2O$）的晶层结构由一个硅片和一个铝片上下组叠而成，如图 1.6（b）所示。这种结构的最大特点是晶层之间通过氧离子和氢氧离子相互联结，称为氢键联结。氢键的联结力较强，使水分子难以进入晶格。高岭石的主要特征是颗粒较粗，不易吸水膨胀及失水收缩，即亲水能力差。伊利石（$K_2O \cdot 3Al_2O_3 \cdot 6SiO_2 \cdot 4H_2O$），常由白云母、钾长石风化而成，并产于泥质岩中，或由其他矿物蚀变而成。伊利石的晶体结构与蒙脱石相似，由两层硅片夹一层铝片组成，如图 1.6（c）所示。伊利石晶格之间由钾离子联结，且联结强度强于蒙脱石而弱于高岭石，其特征也介于两者之间。

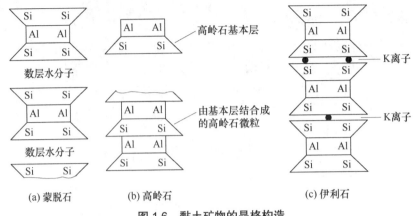

(a) 蒙脱石   (b) 高岭石   (c) 伊利石

图 1.6　黏土矿物的晶格构造

1.3　岩石成因与工程性质

　　岩石是在各种地质作用下，按一定方式结合而成的矿物集合体，它是构成地壳及地幔的主要物质。少数岩石主要由一种矿物组成，多数岩石由几种矿物组成。如大理岩主要由方解石组成，而花岗岩由石英、长石、黑云母等矿物组成。岩石是地球发展的产物，但是除地球上的岩石以外，陨石及月球岩类也是岩石。岩石是地质作用的产物，又是地质作用的对象，所以岩石既是研究各种地质构造和地貌的物质基础，也是探索地球发展历史和规律的最重要的客观依据。岩石中含有各种矿产资源，一定的矿产都与一定的岩石相联系，有些岩石本身就是重要矿产。由此可见，研究岩石具有重要的理论和实际意义。根据岩石成因，可将岩石分为三大类：岩浆岩、沉积岩和变质岩。

1.3.1　岩浆岩

1. 岩浆岩的成因

　　岩浆岩又称火成岩，是由岩浆喷出地表或侵入地壳冷却凝固所形成的岩石，有明显的矿物晶体颗粒或气孔，约占地壳总体积的 65%、总质量的 95%。岩浆形成于地壳深处或上地幔中，它主要由两部分组成：一部分以硅酸盐熔浆为主体；另一部分是挥发组分，主要是水蒸汽和其他气态物质。岩浆的化学成分以氧化物为主，主要为 SiO_2、Al_2O_3、MgO、FeO、Fe_2O_3、CaO、Na_2O、K_2O、H_2O 等，其中 SiO_2 的含量最大。岩浆中 SiO_2 的含量不仅会影响岩浆的性质，还会影响岩浆岩的成分。根据岩浆中 SiO_2 的相对含量，可以把岩浆分为酸性岩浆（>66%）、中性岩浆（52% ～ 66%）、基性岩浆（45% ～ 52%）和超基性岩浆（<45%）。越是酸性的岩浆，黏性大、温度低、不易流动；越是基性的岩浆，黏性小、温度高、容易流动。这些不同成分的岩浆冷凝后可分别形成酸性岩、中性岩、基性岩和超基性岩。

岩浆是富含挥发组分的高温黏稠的硅酸盐熔浆流体，它是形成各种岩浆岩和岩浆矿床的母体。岩浆可以顺着某些地壳软弱地带或地壳裂隙运移和聚集，侵入地壳或喷出地表，最后冷凝为岩石。我们把岩浆的发生、运移、聚集、变化及冷凝成岩的全部过程，称为岩浆作用。岩浆作用主要有两种方式（图1.7）。一种是岩浆上升到一定位置，由于上覆岩层的外压力大于岩浆的内压力，迫使岩浆停留在地壳之中冷凝而结晶，这种岩浆活动称为侵入作用。岩浆在地下深处冷凝而成的岩石称为深成岩，在浅处冷凝而成的岩石称为浅成岩，二者统称侵入岩。另一种是岩浆冲破上覆岩层喷出地表，这种活动称为喷出作用或火山活动。喷出地表的岩浆在地表冷凝而成的岩石，称为喷出岩（又称火山岩）。

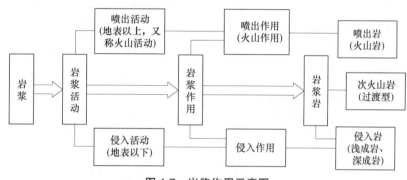

图 1.7　岩浆作用示意图

2. 岩浆岩的构造

岩浆在地表或地下不同深度冷凝时，因温度、压力等条件不同，所形成的岩石也具有不同的形貌特征，主要表现为岩石的构造。岩石的构造是指组成岩石的矿物集合体的形状、大小、排列和空间分布等所反映出来的岩石的构成特征。

岩浆岩的构造类型主要有以下几种。（1）块状构造，岩石中矿物排列无一定方向，不具任何特殊形象的均匀块体，是岩浆岩（如花岗岩）中最常见的一种构造。（2）流纹构造，因岩浆流动导致由不同颜色、不同成分的隐晶质、玻璃质或拉长气孔等定向排列所形成的流纹状构造，常见于中酸性喷出岩（如流纹岩）中。（3）流动构造，岩浆在流动过程中所形成的构造。（4）气孔构造，熔浆喷出地表，压力骤减，大量气体从中迅速逸出而形成的圆形、椭圆形或管状孔洞，称气孔构造。（5）杏仁构造，岩浆岩中的气孔被矿物质（方解石、石英、玛瑙、玉髓等）所填充，形似杏仁。上述岩石的结构和构造，不仅可以用来判断岩石形成的环境和条件，而且也是岩浆岩分类和命名的一项重要依据。

3. 岩浆岩的分类

岩浆岩的种类很多，目前已知有一千多种。岩浆岩分类的依据一方面是按照岩石的化学及矿物成分分类，另一方面是按照岩石的产状、结构和构造分类。按产状和构造，以及 SiO_2 的含量可将岩浆岩划分为若干类型，见表1-2。

表 1-2 主要岩浆岩分类

颜　色		浅色（浅灰、浅红、肉红色）→深色（深灰、深绿、黑色）			
岩类（SiO₂ 含量）		酸性（>66%）	中性（52%～66%）	基性（45%～52%）	超基性（<45%）
主要矿物		含正长石		含斜长石	不含长石
次要矿物		石英 云母 角闪石	角闪石 黑云母 辉石	角闪石 辉石 橄榄石	辉石 角闪石 橄榄石	辉石 橄榄石
成因	结构	构造			
浸入岩	深成岩 等粒	块状	花岗岩	正长岩	闪长岩	辉长岩	橄榄岩、辉岩
浸入岩	浅成岩 斑粒	块状	花岗斑岩	正长斑岩	玢岩	辉绿岩	少见
喷出岩	岩流 斑状、隐晶质	流纹、气孔状或杏仁状	流纹岩	粗面岩	安山岩	玄武岩	少见
喷出岩	岩钟 玻璃质	流纹、气孔状或杏仁状	火山玻璃、黑曜岩、浮岩等			少见

1.3.2　沉积岩

1. 沉积岩的形成过程

与岩浆岩和变质岩相比，沉积岩的形成过程更容易被直接观察到，主要划分成三个阶段：原始物质的生成阶段、原始物质向沉积物的转变阶段、沉积物的固结和持续演化阶段。原始物质的生成与它的来源有关，沉积岩的主要来源是母岩风化，其次是火山喷发。母岩在遭受物理、化学和生物风化时，可为沉积岩提供三大类物质：碎屑物质、溶解物质和不溶残余物质。碎屑物质是从母岩中机械分离出来的岩石或单个晶体的碎块，又称陆源碎屑，按大小顺序可进一步划分为砾、砂、粉砂和泥。溶解物质是由母岩释放出来的各种离解离子和胶体离子，是化学或生物化学作用的结果。碎屑物质和不溶残余物质如果仍留在风化面上就称为残积物。火山爆发生成的原始物质通常指火山碎屑，有时也指水下爆发（尤其是喷气）直接进入水体的溶解离子。火山碎屑常常混在母岩风化产物中成为沉积岩的次要成分，若为主要成分，则属于火山碎屑岩（岩浆岩）。

原始物质一旦出现在地球表面就进入了第二个阶段——原始物质向沉积物的转变阶段。碎屑物质和不溶残余物质的搬运力主要来自水的流动，也可来自风、冰川和被搬运物自身的重力，搬运途中的碰撞和摩擦会改变它们的原始形状和大小，也会伴随发生各种化学变化，所以随搬运距离或搬运时间的增长，它们与原始物质之间的差别会愈来愈大。当搬运力小到一定程度时，它们会以机械方式沉积或静止下来。无论搬运路途多么曲折，搬运过程多么复杂，被搬运物质最终还是会沉积下来。由沉积不久的物质构成的疏松多孔并且富含水分的地表堆积体就称为沉积物。所以第二阶段也可表述为原始物质通过沉积作用在地表重新分配组合、形成沉积物的阶段。在自然规律的支配下，沉积物总是会按自己的成分、结构和构造，以一定的体积和外部形态在沉积盆地中占据最适合自己的位置；尽管它还比较疏松，但已经具备了一个相对稳定的三维格架，沉积岩正是借助这个格架才得以完成它的最后形成过程。

随着时间的推移，较早形成的沉积物将被逐渐埋入地下，并逐渐固结成为致密坚硬的沉积岩，这个阶段称为沉积物的固结和持续演化阶段。完成这一过程所需埋深和时间与沉积物的成分和埋藏地的地温梯度有关，深度在一米到一百米，时间在一千年到一百万年。固结成的岩石随埋深的进一步加大及温压的进一步提高还会进一步变化，大约在地下几千米的深度渐渐向变质岩过渡，也可能被构造运动抬升到浅部接受地下水的淋溶或接纳新的沉淀矿物，或到达地表经风化成为新一代母岩。这就是沉积物固结和持续演化阶段可能涉及的主要过程。地壳表层几乎完全被沉积岩所覆盖，大陆部分有75%的面积为出露沉积岩，而在大洋底部则几乎全为新老沉积层所覆盖。沉积岩层中蕴藏着煤、石油、铁、锰、盐等矿产资源，特别是盐类矿产和可燃有机能源矿产几乎全部蕴藏在沉积层中。

2. 沉积岩的特征

沉积岩是在外力作用下形成的一种次生岩石，无论是从化学成分、矿物成分，还是从岩石结构和构造来看，其都具有区别于其他类型岩石的特征。形成沉积岩的材料主要来源于各种岩浆岩的碎屑物质、溶解物质及再生矿物，因此沉积岩的化学成分与岩浆岩基本相似，都以 SiO_2、Al_2O_3 等为主。沉积岩的矿物成分有160多种，但最常见的只有一二十种，其中包括碎屑矿物（如石英、钾长石、钠长石、白云母等）、黏土矿物（如高岭石、铝土等）以及化学和生物成因矿物（如方解石、白云石、铁锰氧化物、石膏、磷酸盐矿物、有机质等）。

沉积岩的结构是指沉积岩组成物质的形状、大小和结晶程度。其又可分为碎屑结构、泥质结构、化学结构和生物结构，这些结构是把沉积岩划分为碎屑岩类、黏土岩类、化学岩和生物化学岩类的重要依据。母岩风化和剥蚀的碎屑物质，经搬运、沉积和胶结作用而成的岩石叫碎屑岩。碎屑结构通常由两部分物质组成，即碎屑物质和胶结物质。根据碎屑颗粒直径的大小还可以将碎屑结构分为角砾状结构、砾状结构、砂质结构、粉砂质结构和泥质结构，见表1-3。泥质结构是指由极细小的黏土质点所组成的、比较致密均一和质地较软的结构。有时见有鲕状及豆状结构，是在沉积过程中黏土质点围绕核心凝聚而成的同心圈层结构。各种溶解物质或胶体物质沉淀而成的沉积岩常具有化学结构。生物结构为岩石中的生物遗体（如珊瑚、软体动物的外壳等）或生物碎片形成的各种结构。

表 1-3　碎屑结构粒径分类表

碎屑颗粒直径 /mm	碎屑名称	胶结的岩石	碎屑结构
>2	角砾（带棱角）	角砾岩	角砾状结构
2 ～ 0.5	砾砂	砾岩	砾状结构
	粗砂	粗砂岩	砂质结构
0.5 ～ 0.25	中砂	中砂岩	
0.25 ～ 0.10	细砂	细砂岩	
0.10 ～ 0.05	微细砂		
0.05 ～ 0.01	细粉砂	粉砂岩	粉砂质结构
0.01 ～ 0.005	粗粉砂		
<0.005	黏土	黏土岩（泥质岩）	泥质结构

3. 沉积岩的构造

沉积岩在沉积过程中，或沉积岩形成后在各种作用的影响下，使其各种物质成分形成特有的空间分布和排列方式，称为沉积岩的构造。沉积岩的构造主要有以下几种。

（1）层理构造。

沉积岩在沉积过程中，由于气候、季节等周期性变化，必然引起搬运介质（如水的流向、水量的大小等）的变化，从而使搬运物质的数量、成分、颗粒大小、有机质成分的多少等也发生变化，甚至出现一定时间的沉积间断，这样就会使沉积物在垂直方向由于成分、颜色、结构的不同而形成层状构造，称为层理构造。根据层理的形态，可分为水平层理、波状层理和斜层理。

（2）层面构造。

在沉积岩层面上常保留有自然作用产生的一些痕迹，称为层面构造。其不仅标志着岩层的某些特性，而更重要的是记录了岩层沉积时的地理环境。

（3）结核。

在沉积岩中常含有与围岩成分有明显区别的某些矿物质团块，称为结核。其形状有球状、椭球状、透镜体状、不规则状等。其内部构造有同心圆状、放射状等。其大小不一，从数厘米到数十厘米甚至数米。

（4）生物遗迹构造。

在沉积岩中（特别在古生代以来的沉积岩中），常常保存着大量的生物化石，这是沉积岩区别于其他岩类的重要特征之一。根据化石不仅可以确定沉积岩的形成年代，研究生物的演化规律，而且还可以了解和恢复沉积当时的地理环境。

4. 沉积岩的分类

沉积岩按成因及组成成分可以分为碎屑岩类、化学岩和生物化学岩类两类。沉积岩的分类及名称见表 1-4。

表 1-4　沉积岩的分类及名称

岩类		沉积物质来源	沉积作用	岩石名称
碎屑岩类	沉积碎屑岩亚类	母岩机械破碎碎屑	机械沉积为主	砾岩及角砾岩 砂岩 粉砂岩
		母岩化学分解过程中形成的新生矿物（黏土矿物为主）	机械沉积和胶体沉积	泥岩 页岩 黏土
	火山碎屑岩亚类	火山喷发碎屑	机械沉积为主	火山集块岩 火山角砾岩 凝灰岩
化学岩和生物化学岩类		母岩化学分解过程中形成的可溶物质、胶体物质、生物化学作用产物和生物遗体	化学沉淀和生物遗体堆积	铝、铁、锰质岩 硅、磷质岩 碳酸盐岩 蒸发盐岩 可燃有机岩

（1）碎屑岩类。

根据碎屑物质的来源，又分为沉积碎屑岩和火山碎屑岩两个亚类。沉积碎屑岩亚类是由母岩风化和剥蚀作用的碎屑物质所形成的岩石，又称陆源碎屑岩。除小部分在原地沉积外，大部分都经过搬运、沉积等过程。根据组成碎屑岩的碎屑颗粒大小，本类岩石又可分为：砾岩类——碎屑直径 >2mm，砂岩类——碎屑直径为 0.05～2mm，粉砂岩类——碎屑直径为 0.005～0.05mm，黏土岩类——碎屑直径 <0.005mm。

上述各碎屑岩类的相应粒级，碎屑含量必须占碎屑总量的 50% 以上，如砾岩中大于 2mm 的砾石碎屑含量应占 50% 以上；如果其中含有 25%～50% 的砂，则可称为砂质砾岩；如果其中含有 5%～25% 的砂，则可称为含砂砾岩。火山碎屑岩主要是火山喷发碎屑由空中坠落就地沉积或经一定距离的流水冲刷搬运沉积而成的。从物质来源看，其与火山活动有关，但从成岩过程来看又从属沉积岩的形成规律。有些火山碎屑岩的组成以各种火山碎屑为主；还有些火山碎屑岩中夹有很多熔岩，同时火山碎屑为熔岩所胶结；另外有一些是由火山碎屑和正常碎屑（砾、砂、粉砂、泥等）混合堆积而成，其中夹有砂、页岩等，并常含有化石。由此可见，火山碎屑岩与熔岩之间，火山碎屑岩与正常碎屑岩之间，包含许多过渡岩石，根据火山碎屑粒度大体可以分为火山集块岩、火山角砾岩及凝灰岩三种。上述各类火山碎屑岩，多形成于火山口附近或其周围的有水盆地中。在地层剖面中火山碎屑岩可以反映地史发展过程中的火山活动情况和古地理环境。

（2）化学岩和生物化学岩类。

岩石风化产物和剥蚀产物中的溶解物质和胶体物质通过化学作用方式沉积而成的岩石属于化学岩。通过生物化学作用及生物生理活动使某种物质聚集而成的岩石属于生物化学岩。这类岩石大多是在海、湖盆地中形成的，有一小部分是在地下水的作用下形成的。其成分相对单一，具有结晶粒状结构、隐晶质结构、鲕状结构、豆状结构或具有生物结构、生物碎屑结构等。其中有许多岩石本身就是有重要意义的沉积矿产，如石盐、钾石盐、石膏、芒硝、石灰石、白云石、铁矿、锰矿、铝土、磷矿、硅藻土等。

1.3.3 变质岩

1. 变质作用

变质作用是岩石基本保持在固体状态下的一种转变过程。与岩浆作用、沉积作用相比，变质作用机制更加复杂，主要包括变质结晶、变形和变质分异三类。岩石变质主要受物理条件和化学条件两种因素的影响。物理条件主要指温度和压力，化学条件主要指从岩浆中析出的气体和溶液。这些条件主要来源于构造运动、岩浆活动和地下热流，因此，变质作用属于内力作用的范畴。

（1）温度。

热力的标志是温度，温度是变质作用最积极的因素。地壳的构造运动、岩浆活动及岩石的构造变形都会使岩石温度升高。地壳的构造运动使岩层沉到地下深处并受到地热的影响；岩浆活动导致岩浆侵入围岩使得岩石受到岩浆热能的影响；岩石的构造变形并发生断裂使得岩石受到机械摩擦热的影响。虽然上述各种原因所引起的温度变化幅度和影响范畴不尽相同，但它们可以导致岩石发生如下的变化。一是发生重结晶作用。在温度及其他因素影响下，必然会使岩石中矿物晶体内质点的活力增强，导致质点重新排列，使晶粒变粗，这种作用称重结晶作用。例如，石灰岩可以重结晶成为大理岩，重结晶前后岩石的化学成分和矿物成分基本不变。二是产生新的矿物。由于岩石受热，可以促进矿物成分间的化学反应，重新组合结晶，形成新的矿物。实际上这也是一种重结晶作用。例如，高岭石和其他黏土矿物在高温影响下可形成红柱石和石英，其化学反应式为

$$H_4Al_2Si_2O_9（高岭石）\rightarrow Al_2SiO_5（红柱石）+ SiO_2（石英）+ 2H_2O$$

（2）压力。

变质作用的压力一般在 1.0GPa 之内。地壳中的岩石可以受到两种压力的作用。一种是静压力，又叫围压，具有均向性。例如，当岩石处于地下时，就要受到上覆和周围岩石的压力，岩石所处部位越深，其所受静压力也越大。在静压力作用下，岩石中的矿物往往重结晶成体积减小而密度增大的新矿物，以适应新的存在环境。另一种是侧向压力，或称应力。例如，当岩石受到挤压、断裂活动或岩浆侵入时，一方面可使它变形或破碎；另一方面也可使它重结晶，并使岩石中的片状或柱状矿物在垂直于应力的方向上生长、拉长或压扁，形成明显的定向排列，从而使岩石具有各种片理构造。

（3）化学条件。

当岩石所处的化学条件发生变化时，同样也可引起岩石的变质。例如，岩石处于地下深部或被岩浆侵入时，常常受到从岩浆析出的水汽、各种挥发性组分以及热水溶液的

作用，产生一系列化学反应，形成新的变质矿物。如白云岩或菱镁矿等在热水作用下形成滑石，其化学反应式为

$$3MgCO_3（菱镁矿）+4SiO_3+H_2O（热水）\rightarrow Mg_3[Si_4O_{10}][OH_2]（滑石）+3CO_2$$

上述各种变质因素，常常共同起作用。例如，重结晶作用不仅是在一定温度下而且是在一定压力下进行的。不同的岩石在相同条件下，可以有不同的变质结果。例如，在同样热力条件下，石灰岩变成大理岩，砂岩变成石英岩。另外，相同的岩石，在不同的条件下，也可以有不同的变质结果。例如，同是石灰岩，在单纯的温度影响下产生大理岩化现象，即方解石由细粒重结晶成粗粒；若在岩浆侵入接触条件下，便会产生交代作用，形成许多新的变质矿物。

2. 变质岩的特征

变质岩主要有两点特征：一是岩石重结晶明显；二是岩石具有一定的结构和构造，特别是在一定压力下矿物重结晶形成的片理构造。变质岩和岩浆岩相比，二者虽都为结晶结构，但变质岩具有典型的变质矿物及片理构造。变质岩和沉积岩的区别更加明显，沉积岩具有层理构造且常含有生物化石，而变质岩则没有这些特征。同时，在沉积岩中除去化学岩和生物化学岩外，一般不具有结晶粒状结构，而变质岩则大部分是重结晶的岩石，只是结晶程度有所不同。

（1）变质岩的矿物。

大部分变质岩都是重结晶的岩石，所以一般都能辨认其矿物成分。其中一部分矿物在其他岩石中也存在，如石英、长石、云母、角闪石、辉石、磁铁矿、方解石、白云石等。这些矿物或是从变质前的岩石中保留下来的，或是在变质过程中新产生的。另一部分矿物是在变质过程中产生的，如石榴石、蓝闪石、绢云母、绿泥石、红柱石、阳起石、透闪石、滑石、硅灰石、蛇纹石、石墨等。这些矿物是在特定环境下形成的稳定矿物，可以作为鉴别变质岩的标志矿物。

（2）变质岩的结构。

变质岩一般具有三种典型的结构，分别为变晶结构、碎裂结构及变余结构。变质岩是由原岩重结晶而成的岩石，具有结晶质结构，这种结构统称为变晶结构。变质岩的变晶结构和岩浆岩的结晶结构，从成因和形态来看，都有所不同。前者基本上是在固态条件下，由各种矿物几乎同时重结晶而成的，且矿物排列常具有明显的定向性。后者是在熔融的岩浆逐渐冷却过程中，由各种矿物按一定顺序结晶而成的，且岩浆岩中除部分矿物表现为流线、流层构造外，一般呈现非定向排列。碎裂结构又称压碎结构。岩石在应力作用下，其中矿物颗粒破碎，形成外形不规则的带棱角的碎屑，碎屑边缘常呈锯齿状，并常有裂隙及扭曲变形等现象。它是动力变质岩常有的一种结构。变余结构指变质岩中残留的原来岩石的结构，如变余斑状结构、变余砾状结构等。根据变质岩的变余结构能够查找出变质之前的原岩。

（3）变质岩的构造。

相对于变质岩的结构，变质岩也具有三种典型的构造，分别为片理构造、块状构造

及变余构造。片理构造是岩石中矿物定向排列所显示的构造，是变质岩中最常见、最有特征性的构造。块状构造是岩石中矿物颗粒无定向排列所表现的均一构造，大理岩、石英岩等岩石都具有此构造。变余构造，又称残留构造，是变质作用后保留下来的原岩构造。特别是在浅变质岩中可以见到变余层理构造、变余气孔构造、变余杏仁构造、变余波痕构造等。

3. 变质作用及形成的变质岩

（1）动力变质作用及形成的岩石。

岩层由于受到构造运动所产生的强烈地应力作用，使得岩石及其组成矿物发生变形、破碎，并常伴随一定程度的重结晶作用，这种变质作用称动力变质作用。其变质因素以机械能及其转变的热能为主，常沿断裂带呈条带分布，形成断层角砾岩、碎裂岩、糜棱岩等，而这些岩石又是判断断裂带的重要标志。断层角砾岩又称压碎角砾岩、构造角砾岩，是岩石因构造作用发生破碎所形成的角砾状岩石，角砾大小不等且具有棱角，岩性与断层两侧岩石相同，并被成分相同的微细碎屑及水溶液中的物质所胶结。碎裂岩是由岩石受强烈地应力作用产生的粒度较小的岩石碎屑或矿物碎屑所形成的岩石。有时生成新生的矿物如绢云母、绿泥石等，有时在岩石碎屑中残留一些较大的矿物碎块，形如斑晶，称为碎斑结构。糜棱岩是岩石遭受强烈挤压形成的粒度较小的矿物碎屑（一般小于 0.5mm）所形成的岩石，多见于花岗岩、石英砂岩等坚硬岩石的断裂构造带。

（2）接触变质作用及形成的岩石。

岩浆活动在侵入体和围岩的接触带产生变质的现象，称为接触变质作用。通常形成于地壳浅部的低压（压力为 10～300MPa）、高温条件下（温度为 300～800℃）。这种变质作用在围岩中一般只波及一定范围：距离侵入体越近，变质程度越高；距离侵入体越远，变质程度越低，并逐渐过渡到不变的岩石。接触变质作用一般形成石英岩、角岩、大理岩及矽卡岩等。

（3）区域变质作用及形成的岩石。

区域变质作用泛指在广大面积内所发生的变质作用，变质范围可达数万平方千米。前寒武纪的古老地块几乎都是由变质岩构成的，如许多褶皱山脉（天山、祁连山、昆仑山、秦岭等）均有和其走向一致的变质岩带分布。由此可见，区域变质作用往往和地壳活动、构造运动和岩浆活动等密切相关。在同一个区域变质作用地区，其所出露岩石常有不同的矿物组合和一定的分布规律，从而反映形成变质的不同温度和压力等条件。因此，区域变质作用的物理条件具有很宽的范围，一般压力为 200～1000MPa、温度为 150～900℃，高温高压、中温中压、高温低压、低温高压以及其他各种情况，而且可以具有不同的地温梯度。区域变质带常见的岩石有石英岩、大理岩、板岩、千枚岩、片岩、片麻岩等。

（4）区域混合岩化作用及形成的岩石。

区域混合岩化作用简称混合岩化作用，是区域变质作用的进一步发展，是使变质岩向混合岩浆转化并形成混合岩的一种作用。混合岩化作用的成因主要有两种。一是重熔作用，即在区域变质作用的基础上，因地壳内部热流的作用使岩石温度继续升高，在不需要外来物质的参与下就可使一部分固态岩石发生选择性的重熔。二是再生作用，即在混合岩化过程中，需要外来物质的参与。一般认为有由地下深部上升的热液，其中富含钾、钠、硅和水等化学活动性和渗透能力强的物质，通过热液的渗透与已变质的岩石发生反应使其中某些物质熔化。由再生作用形成的岩浆，称为再生岩浆。再生岩浆与已变质的岩石发生混合岩化作用，形成各种混合岩。区域混合岩化作用主要形成混合岩和混合花岗岩两种变质岩。

1.3.4 岩石的主要物理力学性质

由于各种岩石的矿物成分、结构构造和成岩条件不同，这些因素对岩石的物理力学性质产生很大的影响。

1. 岩石的密度

单位体积岩石（包括岩石孔隙体积）的质量，称为岩石的密度。根据含水情况不同，岩石的密度可分为天然密度 γ（或湿密度）、饱和密度 γ_s 及干密度 γ_d，未说明含水情况时均是指湿密度。岩石天然密度用下式计算

$$\gamma = \frac{W}{V} \qquad (1-1)$$

式中　γ ——岩石的天然密度（g/cm³）；
　　　W ——岩石的质量（g）；
　　　V ——岩石的体积（cm³）。

岩石的饱和密度是指岩石中的孔隙都被水充填后单位体积的质量。岩石的饱和密度用下式计算

$$\gamma_s = \frac{W_s + V_v \gamma_w}{V} \qquad (1-2)$$

式中　γ_s ——岩石的饱和密度（g/cm³）；
　　　W_s ——岩石中固体的质量（g）；
　　　V_v ——岩石中孔隙的体积（cm³）；
　　　γ_w ——岩石中水的密度（g/cm³）。

岩石的干密度是指岩石中的孔隙里的水全部被蒸发后，其单位体积的质量。岩石的干密度用下式计算

$$\gamma_d = \frac{W_s}{V} \qquad (1-3)$$

岩石的密度取决于组成岩石的矿物成分、孔隙大小及含水的多少，岩石的密度在一定程度上反映了岩石的力学性质。岩石的密度越大，其性质越好。

2. 岩石的比重及孔隙性

岩石的比重是指岩石的干比重除以岩石实体体积（不包括孔隙），再与4℃时水的密度相比，即

$$G = \frac{W_s}{V_s \gamma_w} \tag{1-4}$$

式中　G——岩石的比重；

　　　V_s——岩石固体的体积（cm³）。

岩石的孔隙性是反映岩石中裂隙发育程度的指标，衡量岩石孔隙性的物理参数主要有岩石的孔隙率 n 及岩石的孔隙比 e 两种。岩石的孔隙率 n 是指孔隙的体积 V_v 与岩石体积 V 的比值，其公式为

$$n = \frac{V_v}{V} \tag{1-5}$$

岩石的孔隙比 e 是指孔隙的体积 V_v 与固体的体积 V_s 的比值，其公式为

$$e = \frac{V_v}{V_s} = \frac{n}{1-n} \tag{1-6}$$

3. 岩石的水理性质

（1）岩石的含水量。

岩石的含水量 w 是指岩石孔隙中水的质量 W_w 与固体的质量 W_s 之比的百分数，其公式为

$$w = \frac{W_w}{W_s} \times 100\% \tag{1-7}$$

根据岩石含水状态的不同，可将岩石含水量分为天然状态下的含水量和饱和状态下的含水量等。岩石的含水量对软岩来说是一个比较重要的参数。组成软岩的矿物成分中往往含有较多的黏土矿物，而这些黏土矿物遇水软化后将对岩石的变形、强度有很大的影响。

（2）岩石的吸水率。

岩石的吸水率 w_1 是指岩石吸入水的质量与岩石固体的质量之比的百分数，其公式为

$$w_1 = \frac{\gamma_s - \gamma}{\gamma_d} \times 100\% \tag{1-8}$$

岩石的吸水率可通过岩石饱和密度试验测定，是一个简洁反映岩石内孔隙多少的指标。与岩石的含水量一样，岩石的吸水率对软岩是一个比较重要的参数。

（3）岩石的软化性。

岩石浸水后刚度和强度发生不同程度降低的现象称为岩石的软化性。岩石的软

化性常用软化系数 η 来进行描述，它是指和饱和状态下岩石的单轴抗压强度 R_s 与干燥状态下岩石的单轴抗压强度 R_d 的比值。软化系数是衡量岩石抗风化能力的一个指标。

$$\eta = \frac{R_s}{R_d} \tag{1-9}$$

软化系数是一个小于或等于 1 的参数，其值越小，表示水对岩石物理性质的影响越大。

4. 岩石的力学性质

岩石在外力作用下表现出来的各种力学特性称为岩石的力学性质，其主要分为变形特性及强度特性两种。岩石的变形特性是指在外力作用下，岩石内部应力与自身变形之间的关系；岩石的强度特性是指岩石抵抗外力作用产生破坏的能力。一般情况下，岩石的变形特性和强度特性具有一定的相关性。由于岩石自身的组成及结构非常复杂，导致岩石具有复杂的变形特性和强度特性。岩石在变形过程中，应力和应变关系可能是线性的，也可能是非线性的；可能呈塑性破坏，也可能呈脆性破坏。在实际工程中，一般将岩石的变形过程简化为线性（弹性）的。

（1）岩石的弹性模量和泊松比。

岩石的弹性变形过程可以使用胡克定律来描述，其中包含弹性模量 E 和泊松比 υ 两个弹性变形参数。单向拉伸或压缩条件下，弹性模量可以写为岩石的应力和应变之比

$$E = \frac{\sigma}{\varepsilon} \tag{1-10}$$

式中　E ——岩石的弹性模量（Pa，kPa 或 MPa）；
　　　σ ——岩石的应力（Pa，kPa 或 MPa）；
　　　ε ——岩石的应变。

岩石的泊松比 υ 为单向拉伸或压缩条件下，轴向应变与侧向应变之比

$$\upsilon = \frac{\varepsilon_2}{\varepsilon_1} \tag{1-11}$$

式中　υ ——岩石的泊松比；
　　　ε_1 ——岩石的轴向应变；
　　　ε_2 ——岩石的侧向应变。

泊松比越大，表示岩石发生轴向变形过程中的侧向变形也越大。由于岩石具有非线性的变形特性，所以弹性模量和泊松比只在岩石初始弹性状态下才保持常数。自然界主要岩石的物理性质见表 1-5。

表 1-5　自然界主要岩石的物理性质

岩石名称		比重	密度（g/cm³）	孔隙率（%）	吸水率（%）
岩浆岩	花岗岩	2.50～2.84	2.30～2.80	0.04～3.53	0.20～1.70
	花岗闪长岩	2.65～3.30	2.65	1.50～1.80	1.50～1.80
	闪长岩	2.60～3.10	2.52～2.96	0.25～3.00	0.18～0.40
	流纹斑岩	2.62～2.65	2.58～2.51	0.90～2.30	0.14～0.35
	闪长玢岩	2.66～2.84	2.49～2.78	2.10～5.10	0.40～1.00
	辉绿岩	2.60～3.10	2.53～2.97	0.40～6.38	0.20～1.00
	玄武岩	2.50～3.10	2.53～3.10	0.35～3.00	0.39～0.80
	霏细岩	2.66～2.84	2.62～2.78	1.59～2.23	0.18～0.35
沉积岩	硅质砾岩	2.64～2.77	2.42～2.70	0.40～4.10	0.16～4.40
	石英砂岩	2.64～2.77	2.42～2.77	1.04～9.30	0.14～4.10
	泥质胶结砂岩	2.60～2.70	2.20～2.60	5.00～20.00	1.00～9.00
	致密石灰岩	2.70～2.80	2.60～2.77	1.00～3.50	0.20～3.00
	白云质灰岩	2.75	2.70～2.75	1.64～3.22	0.50～0.66
	泥质灰岩	2.70～2.75	2.45～2.65	1.00～3.00	2.00～4.00
变质岩	片麻岩（新鲜）	2.69～2.82	2.65～2.79	0.70～2.20	0.10～0.70
	石英、角闪石片岩	2.72～3.02	2.68～2.92	0.70～3.00	0.10～0.30
	云母、绿泥石片岩	2.75～2.83	2.69～2.76	0.80～2.10	0.10～0.60
	硅质板岩	2.74～2.81	2.71～2.75	0.30～3.80	0.70
	石英岩	2.70～2.75	2.65～2.75	0.50～2.80	0.10～0.40
	白云岩	2.78	2.70	0.30～25.00	0.40～1.40

（2）岩石的强度参数。

岩石的强度是指在外力作用下岩石抵抗破坏的能力。岩石的强度与外力的作用形式有关，主要包含抗压强度、抗拉强度及抗剪强度三种。

岩石的抗压强度是岩石试件在单轴压力作用下抵抗破坏的极限能力或极限强度。岩石的抗压强度在数值上等于破坏时的最大压应力。岩石的抗压强度一般在实验室内使用压力机进行加压测定。岩石的抗压强度按下式计算

$$R_c = \frac{P}{A} \qquad (1\text{-}12)$$

式中　R_c——岩石单轴抗压强度（Pa，kPa 或 MPa）；

　　　P——岩石试件破坏时的荷载（Pa，kPa 或 MPa）；

　　　A——岩石试件的横截面积（m²）。

按照岩石的单轴抗压强度可以将岩石分为三类：硬质岩（单轴抗压强度＞80MPa）、

中等坚硬岩（单轴抗压强度为 30～80MPa）和软岩（单轴抗压强度＜30MPa）。表 1-6 列出了某些岩石的抗压强度参考值。大量试验证明，影响岩石的抗压强度的因素可分为两方面：一方面是岩石本身的因素，如矿物成分，结晶程度颗粒大小，颗粒联接及胶结情况，密度，裂隙的特性和方向、风化程度和含水情况等；另一方面是试验方法上的因素或人为因素，如试件形状、尺寸、大小，试件加工情况和加荷速率等。

表 1-6　某些岩石的抗压强度参考值

岩石种类	抗压强度（MPa）	岩石种类	抗压强度（MPa）
粗玄岩	196～343	花岗岩	98～245
石英片岩	69～178	石灰岩	29～245
辉长岩	177～294	流纹斑岩	98～245
云母片岩	59～127	砂岩	19.6～196
闪长岩	177～294	大理岩	98～245
凝灰岩	59～167	泥灰岩	12～98
玄武岩	147～294	板岩	98～196
千枚岩	49～196	页岩	9.8～98
石英岩	147～294	白云岩	78～245
片麻岩	49～196	煤	4.9～49

岩石的抗拉强度是指岩石试件在单轴拉力作用下抵抗破坏的极限能力或极限强度。岩石的抗拉强度等于破坏时的最大拉应力，并且岩石的抗拉强度比其抗压强度要低得多。在单轴拉伸情况下，岩石的抗拉强度可写为

$$R_t = \frac{P_t}{A} \tag{1-13}$$

式中　R_t——岩石的抗拉强度（Pa，kPa 或 MPa）；

　　　P_t——岩石试件破坏时的最大拉力（Pa，kPa 或 MPa）；

　　　A——岩石试件的横截面积（m²）。

某些岩石的抗拉强度参考值见表 1-7。

表 1-7　某些岩石的抗拉强度参考值

岩石种类	抗拉强度（MPa）	岩石种类	抗拉强度（MPa）
辉绿岩	7.85～11.77	石英岩	6.86～8.83
粗砂岩	3.9～4.9	石灰岩	2.9～4.9
细砂岩	7.85～11.77	玄武岩	6.86～7.85
流纹岩	3.9～6.86	斑状花岗岩	2.9～4.9
铁质砂岩	6.86～8.83	中砂岩	4.9～6.86
大理岩	3.9～5.88	页岩	1.96～3.9
花岗岩	3.9～9.81	白垩	0.9

岩石的抗剪强度是岩石抵抗剪切破坏的极限能力，是岩石力学中重要的指标之一。岩石的抗剪强度一般可由直剪试验和三轴压缩剪切试验测定。由于岩石自身的组成及结构比较复杂，其剪切破坏形式也多样。完整的岩石试样受剪切破坏时沿一定剪切面断裂，其剪切强度可以写为

$$\tau_f = \sigma \tan\varphi + c \tag{1-14}$$

式中　　σ——岩石破坏面上的法向应力；

φ，c——岩石抗剪强度参数，分别为内摩擦角和凝聚力。

某些岩石的内摩擦角和凝聚力参考值见表1-8。

表1-8　某些岩石的内摩擦角和凝聚力参考值

岩石种类	内摩擦角（°）	凝聚力（MPa）	岩石种类	内摩擦角（°）	凝聚力（MPa）
辉绿岩	55～60	24.5～58.8	砂　岩	35～50	7.85～39.2
大理岩	35～50	14.8～28.4	流纹岩	45～60	9.8～49
石英岩	50～60	19.6～58.8	片麻岩	30～50	2.9～4.9
石灰岩	35～50	9.8～49	玄武岩	48～55	19.6～58.8
辉长岩	50～55	9.8～49	片　岩	25～65	0.98～19.6
白云岩	35～50	19.6～49	安山岩	45～50	9.8～39
闪长岩	50～55	9.8～49	页　岩	15～30	2.9～19.6
砾　岩	35～50	7.85～49	板　岩	45～60	1.96～19.6
花岗岩	45～60	13.7～49			

1.3.5　岩体及其工程性质

目前，岩石和岩体已有了严格的区分。我们通常所说的岩石是指在自然条件下由矿物或岩屑经地质作用形成的天然物质。但是在地壳中，除了含有完整的岩石块体外还含有各种节理、裂隙及孔隙等；此外，地层中还含有各种地质界面，如褶皱、断层、不整合接触等。所以，在实际工程中将在一定工程范围内的包含岩石块体及节理、断层等结构面的自然地质体称为岩体。从岩体的定义可知，岩体的概念是与工程联系起来的。岩体内部存在的各种节理、裂隙称为结构面，即具有极低或没有抗拉强度的不连续面；被结构面切割成的岩块称为结构体。结构面与结构体组成的岩体称为结构单元，或称为不连续岩体或节理岩体。结构面是岩体中的软弱面，由于结构面的存在，将会大幅降低岩体的强度。许多工程实践表明，在某些岩石地下洞室、岩基或岩质边坡工程中发生的大规模岩体变形破坏，不是由于岩石强度不够，而是由于岩体的整体强度不够，岩体中的结构面大大削弱了岩体的整体强度。由此可见，岩石与岩体既有联系又有区别。

岩石质量指标（rock quality designation，RQD），是用来表示岩体良好度的一种方法。岩石质量指标是根据修正的岩心采取率来决定的。所谓修正的岩心采取率就是将钻孔中直接获取的岩心总长度，扣除破碎岩心和软弱夹泥的长度，再与钻孔总长之比。岩石的质量等级划分见表 1-9。

表 1-9　岩石的质量等级划分

等级	岩石的质量描述	岩石质量指标（%）
Ⅰ	极好的	90～100
Ⅱ	好的	75～90
Ⅲ	不足的	50～75
Ⅳ	劣的	25～50
Ⅴ	极劣的	0～25

1. 结构面

结构面不是几何学上的面，而是具有一定张开度的裂缝，或被一定物质填充的具有一定厚度的层或带。按成因可将结构面分为：原生结构面（沉积或成岩过程中产生的层面、夹层、冷凝节理等）、构造结构面（构造作用下形成的断层、节理等）、变质结构面（变质作用下所产生的片理、片麻理等）、次生结构面（在外营力作用下形成的风化裂隙、卸荷裂隙等）。按规模（主要是长度）可将结构面分为五级：几十千米至上百千米、十几千米、几千米、几米至几十米、几厘米。按性质可将结构面分为：硬性（刚性）结构面和软弱结构面。按物质组成和微观结构形态可将结构面分为：原生软弱夹层、断层和层间错动破碎带、软弱泥化带（或夹层）三种类型。

当工程岩体中存在软弱结构面时，除了要研究其几何形态、结合状况、空间分布和填充物质等方面，还要特别注意对其物质组成、厚度、微观结构、在地下水作用下工程地质性质（潜蚀、软化）的变化趋势、受力条件和所处的工程部位，以及力学性质指标等进行专门的试验研究，并针对其对岩体稳定性的影响做出定量的分析评价，提出工程处理措施。

2. 结构体

岩体中结构体的形状和大小是多种多样的，根据其外形特征可大致分为：柱状、块状、板状、楔形、菱形和锥形六种基本形态。当岩体强烈变形破碎时，也可形成片状、碎块状、鳞片状等形式的结构体。随着结构面的分级，结构体也可相应分级。由于不同级别、不同性质、不同产状以及不同发育程度的结构面的组合，结构体的几何形态和单体大小也不同。按结构面和结构体组合形式，尤其是结构面性状，可将岩体划分为如下结构类型（表 1-10）。

表 1-10　岩体结构类型

岩体结构类型	岩体地质类型	结构体形状	结构面发育情况	岩土工程特征	可能发生的岩土工程问题
整体状结构	巨块状岩浆岩和变质岩，巨厚层沉积岩	巨块状	以层面和原生、构造节理为主，多呈闭合型，间距大于 1.5m，一般为 1～2 组，无危险结构	岩体稳定、可视为均质弹性各向同性体	局部滑动或坍塌，深埋洞室的岩爆
块状结构	厚层状沉积岩，块状岩浆岩和变质岩	块状柱状	有少量贯穿性节理裂隙，结构面间距 0.7～1.5m，一般为 2～3 组，有少量分离体	结构面互相牵制，岩体基本稳定，接近弹性各向同性体	
层状结构	多韵律薄层、中厚层状沉积岩、副变质岩	层状板状	有层理、片理、节理，常有层间错动	变形和强度受层面控制，可视为各向异性弹塑性体，稳定性较差	可沿结构面滑塌，软岩可产生塑性变形
碎裂状结构	构造影响严重的破碎岩层	碎块状	断层、节理、片理、层理发育，结构面间距 0.25～0.50m，一般 3 组以上，有许多分离体	整体强度很低，并受软弱结构面控制，呈弹塑性体，稳定性很差	易发生规模较大的岩体失稳，地下水加剧失稳
散体状结构	断层破碎带，强风化及全风化带	碎屑状	构造和风化裂隙密集，结构面错综复杂，多填充黏性土，形成无序小块和碎屑	完整性遭极大破坏，稳定性极差，接近松散体介质	易发生规模较大的岩体失稳，地下水加剧失稳

1.4　岩石的风化作用

地壳表面的岩石，在太阳辐射、大气、水和生物活动等因素影响下，发生物理和化学变化，使岩体崩解、剥落、破碎以致逐渐分解、变质的作用，被称为风化作用。岩石的风化是一个漫长的地质历史过程，岩石风化的产物被称为土。

1.4.1　岩石风化的类型

根据风化作用的性质及其影响因素，岩石的风化作用可分为物理风化、化学风化及生物风化三种类型。

1. 物理风化

物理风化是地表或接近地表处的岩石和矿物出现机械破碎的过程（含植物根系的劈裂作用以及搬动过程中的破碎、磨圆过程），也称为机械风化作用。这类风化作用仅改变了岩石的连续性和完整性，不改变岩石中的矿物成分。

物理风化的常见成因有岩石释重、温度应力、冰劈作用和盐类结晶作用四种。

（1）岩石释重。

原岩在其形成以后，会承受上覆岩层由于自重产生的静压力，当上覆岩层出现剥蚀作用而卸荷，即岩石释重时，将产生向上或向外的膨胀力，从而形成一系列与地表平行的节理。处于地下深处承受较大静压力的岩石，其潜在的膨胀力是十分惊人的。岩石释重所形成的节理，又为水和空气的作用提供了活动空间，加剧了岩石的风化作用。

（2）温度应力。

温度应力是指物体由于温度升降不能自由伸缩或物体内各部分的温度不同而产生的应力，是物理风化的主要原因之一。白天岩石在阳光照射下，表层首先升温，由于岩石是热的不良导体，热传递很慢，使岩石内外之间出现温差，各部分膨胀不同。当岩石表面膨胀大于内部膨胀时，便形成与表面平行的风化裂隙。晚上由于气温下降，岩石表面迅速降温而收缩，但是白天吸收的太阳辐射热却继续以缓慢速度向岩石内部传递，岩石内部仍在缓慢地升温膨胀。这种表里不一致的膨胀、收缩经长期反复作用，使岩石形成与表面垂直的径向裂隙。久而久之，这些风化裂隙日益扩大、增多，最后导致岩石层层剥落，崩解破坏。花岗岩的球状风化就是这种作用的结果。

温度变化的速度，对物理风化作用的强度起着重要的影响。温度变化速度越快，收缩与膨胀交替越快，岩石破裂越迅速。温度变化的幅度对物理风化作用的强度也起着重要的影响。在昼夜温差变化剧烈的干旱地区，物理风化作用最为强烈，这种由于温度变化而产生的风化作用又称为温差风化作用。

（3）冰劈作用。

一旦岩石中出现了细微裂隙，大气降水就会渗入其中。当岩石温度低于 0℃ 时，存在于岩石裂隙中的液态水（雨水或融雪水），就会变为固态的冰，体积膨胀约为 10%，这对裂隙将产生很大的膨胀力。这个膨胀力可以达到 $1.5 \times 10^4 kPa$，它使原有裂隙进一步扩大，并为更多水分进入岩石内部提供了通道，同时产生更多的、新的裂隙。当温度升高至冰点以上时，冰又融化成水，体积减小，扩大的空隙中又渗入水。年复一年，长期反复冻胀融化，就会使岩石逐渐崩解成碎块。冰劈作用又称为冰冻风化作用。

（4）盐类结晶作用。

在干旱及半干旱地区，广泛地分布着各种可溶盐类。有些盐类具有很大的吸湿性，能从空气中吸收大量的水分而潮解，最后成为溶液。当温度升高，水分蒸发，盐分又结晶析出，体积显著增大，挤压岩石。由于可溶盐类溶液在岩石的孔隙和裂隙中结晶时的撑裂作用，使裂隙逐渐扩大，导致岩石松散破坏。盐类结晶对岩石所起的物理破坏作用，主要取决于可溶盐类的性质（硫酸盐的结晶膨胀最大），同时与岩石孔隙度的大小和构造特征也有很大的关系。

由此可见，物理风化的结果首先是岩石的整体性遭到破坏，随着风化程度的增加，逐渐成为岩石碎屑和松散的矿物颗粒。物理风化形成的土一般被称为无黏性土，也被称为砂土，颗粒较粗。

随着物理风化的推进，土粒逐渐变细，使热力方面的矛盾逐渐缓和，因而物理风化作用随之相对削弱，但同时随着碎屑与大气、水、生物等应力接触的自由表面不断增大，化学风化作用开始逐渐占主导地位。

2. 化学风化

在自然界水和空气的作用下，地表岩石发生化学成分改变，从而导致岩石破坏，称为化学风化作用。水引起的矿物溶解、再溶解、再结晶、水化、水解以及大气引起的氧化、碳酸化、硫酸化等，均会使岩石原有的矿物成分发生改变，并产生新的矿物，这类风化作用都属于化学风化作用。化学风化作用的结果不仅改变了岩石的连续性和完整性，而且改变了岩石原有的矿物成分。岩石通过化学风化形成的土被称为细粒土或者黏性土。

化学风化的常见成因有水的作用和气体的作用。

（1）水的作用。

水的作用可细分为溶解溶蚀作用、水化作用和水解作用。

① 溶解溶蚀作用。

水或水溶液直接溶解岩石中矿物的作用称为溶解作用。溶解作用会使岩石中的易溶物质逐渐溶解而随水流失，难溶的物质则残留原地。岩石由于可溶物质被溶解流失，致使岩石孔隙增加，降低了颗粒之间的联系从而削弱了岩石的坚硬程度，使之更易遭受风化作用而破碎。在自然界中经常见到岩体中发育有很宽的水溶裂缝、沟渠、洞穴等各种空洞，严重时还会造成地表的塌陷，这种现象被称为岩溶现象。石灰岩中形成溶洞就是因为地下水对石灰岩的溶解作用，其化学反应式为

$$CaCO_3+H_2O+CO_2 \rightarrow Ca(HCO_3)_2$$

② 水化作用。

岩石中的某些矿物与水接触后，水分子便能够进入矿物的结晶体或微观结构内部成为结晶水。水分子的进入不仅改变了矿物原有的结构形态并增加了物质成分，也使其具有了某些新的性质，即原矿物在水的作用下变成了新的矿物，这种作用称为水化作用。如硬石膏吸水后形成石膏，其化学反应式为

$$CaSO_4+2H_2O \rightarrow CaSO_4 \cdot 2H_2O$$

水化作用产生了硬度较低的含水矿物，同时由于在水化过程中，水分子进入物质成分中引起了体积膨胀，对岩石具有一定的破坏用。上述硬石膏吸水形成石膏，其体积膨胀了1.5倍，产生的膨胀力会导致岩石破裂。

③ 水解作用。

某些矿物遇水后溶解，出现离解现象，其离解产物和一定量的水分发生物质重组（与水中的 H^+ 和 OH^- 离子发生了化学反应），形成了新的矿物，其结构形态也完全改变，这种作用称为水解作用。如正长石水解为高岭石、石英以及氢氧化钾，其化学反应式为

$$K_2O \cdot Al_2O_3 \cdot 6SiO_2 + 3H_2O \rightarrow Al_2O_3 \cdot 2SiO_2 \cdot 2H_2O + 4SiO_2 + 2KOH$$

（2）气体的作用。

气体对岩石的化学风化作用主要有以下两种。

① 碳酸化作用。

当水中溶有 CO_2 时，水溶液中会有碳酸根离子，其与矿物中的阳离子化合，形成易溶于水的碳酸盐，使水溶液对矿物的离解能力加强，化学风化速度加快，这种作用称为碳酸化作用。硅酸盐矿物经碳酸化作用，其中碱金属变成碳酸盐随水流失，如正长石经碳酸化作用形成碳酸钾、二氧化硅胶体及高岭石，其化学反应式为

$$2KAlSi_3O_8 + 11H_2O \rightarrow Al_2Si_3O_5(OH)_4 + 4SiO_2 \cdot H_2O + 2KCO_3$$

② 氧化作用。

氧化作用是地表极为普遍的一种自然现象。这种作用是岩石中的某些矿物与大气或水中的氧化合形成新的矿物。自然界中，有机化合物、低价氧化物、硫化物最容易遭受氧化作用。在湿润的情况下，氧化作用更为强烈。尤其是低价铁常被氧化成高价铁，如常见的黄铁矿氧化成褐铁矿，同时形成腐蚀性较强的硫酸，腐蚀岩石中的其他矿物，致使岩石破坏，其化学反应式为

$$4FeS_2 + 15O_2 + 11H_2O \rightarrow 2Fe_2O_3 \cdot 3H_2O + 8H_2SO_4$$

3. 生物风化

岩石在动植物及微生物影响下发生的破坏作用称为生物风化作用。生物风化作用有物理的和化学的两种形式。

（1）生物物理风化作用。

生物物理风化作用是指生物的活动对岩石产生机械破坏的作用。例如树木生长过程中的根劈作用。岩石裂缝中除含有一定的水分外，还会填充入一定量的尘土，这样树木就可在其中生存，随着树木的成长，其根系也不断壮大。加之岩石表层裂隙中的水分有限，为了获取树木生长所需的充足的水分，岩石裂隙中的树木根系须更为发达。树木根系的生长壮大必然挤压岩石裂缝，使其扩大、增密，导致岩石产生风化。除树木外，蚂蚁、蚯蚓等穴居动物钻洞挖土，可不停地对岩石产生机械破坏，也会使岩石破碎、土粒变细。

（2）生物化学风化作用。

生物化学风化作用是指生物的新陈代谢及死亡后遗体腐烂分解而产生的物质与岩石发生化学反应，导致岩石破坏的作用。例如植物和细菌在新陈代谢过程中，通过分泌有机酸、碳酸、硝酸和氢氧化铵等溶液腐蚀岩石；动植物遗体腐烂可分解出有机酸和酸性气体（CO_2、H_2S）等，溶于水后可对岩石腐蚀破坏；遗体在还原环境中，可形成含钾盐、

磷盐、氮的化合物和各种碳水化合物的腐殖质。腐殖质的存在可促进岩石物质的分解，对岩石起强烈的破坏作用。

因此，影响岩石风化的因素很多，岩石的矿物成分不同，其风化类型和风化程度必然不同，一般按抗风化的难易程度将矿物划分为稳定性矿物（如石英、白云母等）、较稳定性矿物（如角闪石、辉石等）和不稳定性矿物（如橄榄石、石膏等）。地质构造也是促使岩石风化的重要因素，褶曲核部、断层破碎带附近的岩石风化程度比完整岩石的风化程度严重。此外，气温变化、降水等气候条件的变化也会导致岩石的风化类型和特点有明显差别。在热带温润气候区，化学风化和生物风化更为显著；在寒冷的极地和高山区，以物理风化为主。地形地貌会影响风化作用的速度、深度和风化产物的堆积厚度及分布情况。地形陡峭、切割深度很大的地区，以物理风化为主，岩石表面风化后岩屑不断崩落并被搬走，风化产物较薄；而在地形起伏小、流水缓慢流经的地区，以化学风化为主。如在低洼处有沉积物覆盖的地区，岩石受到覆盖物的保护不易风化。此外，人类活动也会形成各种影响风化的因素，如重金属污染、水体富营养化等。

1.4.2 岩石风化的工程评价

在工程上，岩石风化的情况可通过两个方面来表述：一是岩石的风化程度；二是岩石的风化深度或风化岩层的厚度。

1.岩石的风化程度

岩石风化后，其工程性质将发生不同程度的改变，一般是向不利的方向发展，这种变化的大小取决于风化程度的强弱。风化程度不同，岩石的物理力学性质改变大小也不同；岩石风化程度越严重，其强度损失越大。因此，对岩石风化的情况岩土工程要求不能仅限于对风化现象的一般描述，必须结合下面几种情况来对风化程度进行评价。

（1）岩石矿物成分的变化。

岩石矿物成分的变化直接关系着岩石的风化程度，特别要注意岩石中那些易于风化的各种矿物成分的变化。

（2）岩石矿物颜色的变化。

岩石中矿物成分的变化首先反映在颜色上，未经风化的岩石色泽鲜艳，风化越重，颜色越暗淡。

（3）岩石的破碎程度。

岩石的破碎程度是岩石风化程度分级中最重要的标志之一。岩石风化破碎是由于岩石中产生大量风化裂隙所致，因此要重点观察风化裂隙及裂隙中的次生填充物情况，来判定岩石风化程度的强弱。

（4）岩石的坚硬程度。

岩石风化程度越重，其坚硬程度便越低，整体性越差，力学性质也相应越差。

岩石风化程度的分类，可根据《岩土工程勘察规范（2009 年版）》（GB 50021—2001）规定确定，详见表 1-11。

表 1-11 岩石风化程度的分类

风化程度	野外特征	风化程度参数指标	
		波速比 K_v	风化系数 K_f
未风化	岩质新鲜，偶见风化痕迹	$0.9 \sim 1.0$	$0.9 \sim 1.0$
微风化	结构基本未变，仅节理面有渲染或略有变色，有少量风化裂隙	$0.8 \sim 0.9$	$0.8 \sim 0.9$
中等风化	结构部分破坏，沿节理面有次生矿物，风化裂隙发育，岩体被切割成岩块，用镐难挖，岩芯钻方可钻进	$0.6 \sim 0.8$	$0.4 \sim 0.8$
强风化	结构大部分破坏，矿物成分显著变化，风化裂隙很发育，岩体破碎，用镐可挖，干钻不易钻进	$0.4 \sim 0.6$	<0.4
全风化	结构基本破坏，但尚可辨认，有残余结构强度，用镐可挖，干钻可钻进	$0.2 \sim 0.4$	—
残积土	结构全部破坏，已风化成土状，锹镐易挖掘，干钻易钻进，具可塑性	<0.2	—

注：① 波速比 K_v 为风化岩石与新鲜岩石压缩波速度之比。
② 风化系数 K_f 为风化岩石与新鲜岩石饱和单轴抗压强度之比。
③ 岩石风化程度，除按表列野外特征和定量指标划分外，也可根据当地经验划分。
④ 花岗石类岩石，可采用标准贯入试验划分，$N \geqslant 50$ 为强风化；$30 \leqslant N < 50$ 为全风化；$N < 30$ 为残积土。
⑤ 泥岩和半成岩，可不进行风化程度划分。

2. 岩石的风化深度

由于岩石的风化作用一般是自地表逐渐向岩石内部进行的，因此越靠近地表，风化作用就越强烈，岩石的风化程度也越严重；越靠近岩石内部，岩石的风化程度越轻微，最后过渡到未经风化的新鲜岩石。在相同的外部自然条件下，同样种类的岩石风化层厚度越大，其风化程度也就越严重。风化时期有早有晚，风化形态多种多样，这些对工程处理有影响。

有的岩石风化速度很快，有的岩石风化速度很慢，因岩性、矿物成分、水、环境而各不相同。但是，岩石随趋向内部深浅的这种风化程度变化是逐渐的，且是连续的，所以风化程度的下限也不十分明显。对比较重要的工程建筑物，把地面以下风化极严重、风化严重、风化较重和风化轻微四个带的总和作为岩石的风化深度，而对地基及围岩要求不太高的一般工程建筑物则只包括前三个带，风化轻微带不算在内。

1.4.3 岩石风化的工程影响

岩石受风化作用后，改变了物理化学性质。岩石的抗压和抗剪强度都随风化程度增加而降低，所以岩石风化程度越强的地区，建筑物的地基承载力越低，岩石的边坡越不稳定。风化作用的强弱对工程设计和施工都有直接影响，因此工程建设前必须对岩石风化程度、深度和分布进行调查与评价。

岩石风化调查与评价主要有以下几个方面。

（1）查明风化程度，确定风化层的工程性质，以便考虑建筑物的结构形式和施工的方式。

（2）查明风化层厚度和分布，以便选择最适当的建筑地点，并确定加固地基的有效措施。

（3）查明风化速度和引起风化的主要因素，对那些直接影响工程质量和风化速度快的岩层，必须制定预防风化的措施。

（4）对风化层进行划分，由于次生矿物直接影响地基的稳定性，所以要求对次生矿物进行必要分析。

只有进行了详细的调查与研究后，才能在工程建设中提出合理的防治风化作用的措施。

另外，岩石风化还会对石雕、壁画、岩画等古遗址和古文化产生影响。比如岩石的风化作用使莫高窟、龙门石窟中的雕像出现破损，对敦煌壁画也造成了影响。因此，探索和研究岩石风化的防治措施，可以有效保护文物，传承中华文明。

1.5 岩层与地质构造

1.5.1 岩层的产状及要素

岩层是指由两个平行的或近于平行的界面所限制的岩性相同或近似的层状岩石。岩层的上下界面叫层面，分别称为顶面和底面。岩层的顶面和底面的垂直距离称为岩层的厚度。任何岩层的厚度在横向上都有变化，有的厚度比较稳定，有的则逐渐变薄甚至消失。岩层厚度消失的现象称为尖灭。有的岩层中间厚两边薄并逐渐尖灭，这种现象称为透镜体。岩性基本均一的岩层，中间夹有其他岩性的岩层，称为夹层，如砂岩夹页岩层、砂岩夹煤层等。由两种以上不同岩性的岩层交互组成，称为互层，如砂、页岩互层，页岩、灰岩互层等。夹层和互层反映了构造运动或气候变化所导致的沉积环境的变化。

1. 岩层的产状

岩层的产状

岩层在地壳中的空间方位称为岩层的产状。由于沉积环境和所受构造运动的不同，岩层可以具有不同的产状。根据岩层的产状可将岩层分为水平岩层、倾斜岩层、直立岩层和倒转岩层四种类型。

（1）水平岩层，指在广阔的海底、湖盆、盆地中沉积的岩层，其原始产状大多是水平或近于水平的。在水平岩层地区，如果未受侵蚀或侵蚀不深，在地表往往只能见到最上面较新的岩层；只有在受切割很深的情况下，才能露出下面较老的岩层。

（2）倾斜岩层，指岩层层面与水平面有一定交角（0°～90°）的岩层。有些是原始倾斜岩层，例如在沉积盆地的边缘形成的岩层，某些在山坡山口形成的残积、洪积层，某些风成、冰川形成的岩层，堆积在火山口周围的熔岩及火山碎屑层等。但是，在大多数情况下，是岩层受到构造运动发生变形变位，使之形成倾斜的产状。岩层的产状在一定范围内大体一致，称为单斜岩层。单斜岩层往往是褶皱构造的一部分。

（3）直立岩层，指岩层层面与水平面垂直相交或近于垂直相交的岩层，即直立起来的岩层。在强烈的构造运动挤压下，可形成直立岩层。

（4）倒转岩层，指岩层翻转、老岩层在上而新岩层在下的岩层。这种岩层主要是在强烈挤压下岩层褶皱倒转过来形成的。

2. 岩层产状的要素

岩层产状的要素是指确定岩层产状的三个数值，即岩层的走向、倾向和倾角（图 1.8）。岩层走向线两端延伸的方向称为岩层的走向。岩层的走向具有两个方向，彼此相差 180°，岩层的走向表示岩层在空间的水平延伸方向。岩层的走向线是岩层层面与任一假想水平面的交线，即同一层面上相等高程两点的连线，如图 1.8 中 AB 线。岩层倾斜线在水平面上的投影所指示的方向称为岩层的倾向，其表示岩层向哪个方向倾斜。岩层层面上与走向线垂直并沿斜面向下所引的直线叫倾斜线，如图 1.8 中 OD 线，它表示岩层的最大坡度。岩层面上的倾斜线和它在水平面上投影的夹角称为倾角，倾角的大小表示岩层的倾斜程度。

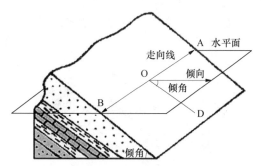

图 1.8　岩层的走向、倾向和倾角示意图

3. 岩层的接触关系

地壳在下降过程中引起地层的沉积，上升过程中导致地层的剥蚀。所以，地壳的运动使得岩层形成各种接触关系。岩层接触关系主要有整合接触和不整合接触两种。当地壳处于相对稳定下降情况时，形成连续沉积的岩层，老岩层在下、新岩层在上，没有出现岩层缺失，这种接触关系称为整合接触［图 1.9（a）］。整合接触的特点是：岩层是互相平行的，时代是连续的，岩性和古生物特征是递变的。整合岩层说明在一定时间内沉积地区的构造运动的方向没有显著的改变，古地理环境也没有突出的变化。

由于构造运动会中断地层的沉积过程，从而形成时代不相连续的岩层，这种接触关系称为不整合接触，而两套岩层中间的不连续面称为不整合面。按照不整合面上下两套岩层之间的产状及其所反映的构造运动过程，不整合接触可分为平行不整合（假整合）接触和角度不整合（斜交不整合）接触。平行不整合接触的特点是不整合面上下两套岩层的产状彼此平行，但不是连续沉积的（即发生过沉积间断），两套岩层的岩性和其中的化石群也有显著的不同［图 1.9（b）］。角度不整合接触的特点是不整合面上下两套岩层成角度相交，上覆岩层覆盖于倾斜岩层侵蚀面之上［图 1.9（c）］，岩层时代是不连续的，岩性和古生物特征是突变的。

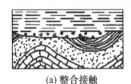

(a) 整合接触　　　　(b) 平行不整合接触　　　　(c) 角度不整合接触

图 1.9　岩层的接触关系

1.5.2　褶皱

　　岩层在构造运动或者地应力作用下，岩层的原始产状会发生改变。其中构造运动使岩层发生倾斜或形成各式各样的弯曲，我们把岩层的弯曲现象称为褶皱。褶皱由构造运动形成，同时也是岩层塑性变形的结果，是地壳中广泛发育的地质构造的基本形态之一。大多数褶皱是在构造运动中的水平运动作用下使岩层受到挤压而形成的，少数褶皱是在构造运动中的升降运动作用下使岩层向上拱起和向下拗曲所形成的。褶皱的规模可以长达几十千米到几百千米，也可以小到放在手中的标本。典型的褶皱地层剖面如图 1.10 所示。

褶皱和褶曲

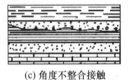

图 1.10　典型的褶皱地层剖面

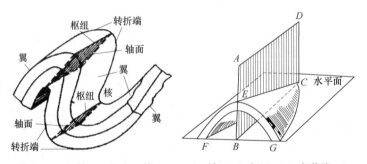

核—FEG，两翼—EF 和 EG，轴面—ABCD，轴—BC，枢纽—EC，倾伏端—C

图 1.11　褶曲形态要素示意图

通常把褶皱构造中的一个弯曲称为褶曲（图 1.11）。褶曲的形态是多种多样的，但基本形式只有背斜和向斜两种（图 1.10）。从外形上看，背斜是岩层向上突出的弯曲，两翼岩层从中心向外倾斜；向斜是岩层向下突出的弯曲，两翼岩层自两侧向中心倾斜。背斜和向斜可以根据组成褶曲核部和两翼岩层的新老关系进行区分，褶曲的核部为老岩层，两翼为新岩层的部分就是背斜；相反，褶曲的核部是新岩层，两翼为老岩层的部分就是向斜。褶曲形态要素主要有核、翼部、转折端、枢纽、轴面和倾伏等。

由于形成褶皱的方式多种多样，一般按褶皱的产状、形态和组合形态分类。按褶皱横剖面产状，结合两侧产状可将褶皱分为直立褶皱、斜立褶皱、倒转褶皱、平卧褶皱和翻卷褶皱，如图 1.12 所示。根据纵向枢纽产状可将褶皱分为水平褶皱、倾伏褶皱。

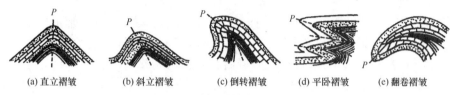

(a) 直立褶皱　　(b) 斜立褶皱　　(c) 倒转褶皱　　(d) 平卧褶皱　　(e) 翻卷褶皱

图 1.12　按褶皱横剖面产状分类

1.5.3　节理、劈理、片理

当岩石受力超过其强度时，岩石的连续完整性会遭到破坏，产生断裂变形。由断裂变形阶段产生的地质构造统称为断裂构造。其中，凡是断裂面两侧岩层沿着断裂面没有或没有发生明显位移的断裂称为节理；反之，沿断裂面发生较大相对位移的断裂称为断层。

1. 节理

节理就是岩石中的裂隙。它切割岩石，破坏岩石的完整性，是影响建筑物稳定的重要因素。岩层由地壳运动引起的剪应力形成的断裂称为剪节理，其一般是闭合的，常呈两组平直相交的 X 形。岩层受力弯曲时，外凸部位由拉应力引起的断裂称为张节理，其裂隙明显，节理面粗糙。此外，由于岩浆冷凝收缩或因基岩风化作用产生的裂隙，统称为非构造节理。

节理分布极为普遍，几乎所有岩层中都有，只是密集程度不同。有些学者把节理以及各种影响岩层完整性的界面都称为不连续面，视岩层为不连续体；并且把包含节理在内的各种破裂面和连接软弱的面称为结构面，夹于结构面间的岩块称为结构体；认为岩块沿结构面易发生滑动，坍落，引起建筑物失稳。可见，节理的重要性已越来越引起人们的注意。

节理的类型很多，可按成因、受力性质、与岩层走向关系分类。

（1）按节理成因分类。

① 原生节理，是在成岩作用过程中形成的节理。例如岩浆冷却凝固成岩时形成的收缩节理，玄武岩中的柱状节理，沉积岩中的干缩节理，等等。

② 次生节理，是岩石形成后，在外力因素作用下形成的节理。例如风化作用、卸

荷作用、工程震动作用等造成的节理。风化节理多分布在岩层的裸露部位或近地表面处，向下延伸不深，无一定的方向性。

③ 构造节理，是由地壳构造运动形成的节理。其分布广泛，延伸较长较深，可切穿不同的岩层，往往成组出现。

（2）按节理受力性质分类。

① 张节理，是由岩层承受的拉应力超过岩石的抗拉强度所形成的节理。节理面垂直拉应力方向。其特点是：节理面多张开，延伸不深不远，节理面粗糙不平，表面无擦痕，如果发生在砾岩中常绕过砾石裂开。褶曲轴部和倾伏端等拉应力集中处，张节理密集。

② 压性节理，是当岩层受到强大的挤压作用时形成的节理。此时，节理面的走向即区域构造线方向，与最大主压应力方向垂直，如平行于褶皱轴面所形成的节理有压性节理。在岩层受到的很高的压力卸去之后，会出现卸荷节理（又称释重裂隙），此时节理面也是和压力方向垂直（也可以将这种卸荷节理称为张力作用的结果）。压性节理面常呈微波状弯曲，在节理面两侧有时存在片状矿物（如云母、绿泥石），这些片状矿物与节理面平行排列。压性节理面呈紧闭状态并密集成群地分布。

③ 剪节理，是由剪应力超过岩石强度时所形成的节理。剪节理一般产生在与作用力大体成45º角的方向上，形成两组近似互相垂直的节理面。其特点是：节理面平直，多闭合，面上常有擦痕，延伸较远，方向稳定，常切断砾岩中的砾石。发育在褶曲岩层中的剪节理常与褶曲轴平行或斜交。

（3）按节理与岩层走向关系分类。

① 走向节理：节理走向与岩层走向大致平行。

② 倾向节理：节理走向与岩层走向大致垂直。

③ 斜交节理：节理走向与岩层走向斜交。

2. 劈理和片理

岩体在构造运动作用下形成的沿着一定方向、大致互相平行、很密集而又细微的裂面，因为沿该面能劈成薄板，所以称为劈理。一般情况下，劈理并不破坏岩体的连续完整性。劈理不像节理那样普遍而广泛地分布，主要在变质岩中发育，也在构造活动比较强烈的其他岩层中存在。

片理是变质岩中特有的构造现象。强烈的变质作用使矿物压扁、拉长并定向排列，重新结晶，由此形成的互相平行、密集排列的薄片状构造形式称为片理。当分层极薄，如纸片、鳞片状时，称为叶理。如果重新结晶的矿物成分呈条带状断续排列，则称为麻理。

1.5.4 断层

岩块沿着断裂面有明显位移的断裂构造称为断层。断层的规模有大有小，深度有深有浅（深可切穿岩石圈或地壳，浅可切穿地表覆盖层），形成的年代有老有新，有的已经不再活动，有的还在继续活动。

1. 断层的几何要素

断层的几何要素包括断层本身的基本组成部分以及与断层空间位置和运动性质有关的几何要素，主要有断层面、断层线、断盘和断距四要素（图 1.13）。

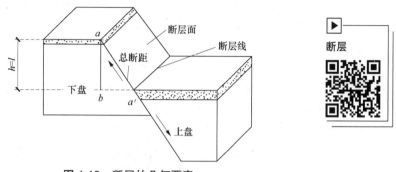

图 1.13　断层的几何要素

（1）断层面。

岩层或岩体断开后，两侧岩体沿着断裂面发生显著位移，这个断裂面称为断层面。它可以是平面，也可以是弯曲或波状起伏的面。它可以是直立的，但大多是倾斜的。断层面的产状和岩层、节理一样，用走向、倾向、倾角来表示。同是一条断层，其产状在不同部位常有很大变化，甚至倾向完全相反。大规模断层往往不是沿着一个简单的面发生位移，而是沿着一系列密集的破裂面或破碎带发生位移，这称为断层带或断层破碎带。

（2）断层线。

断层面与地面的交线称断层线，它表示断层的延伸方向。它可以是一条直线，也可以是一条曲线或波状弯曲的线。断层线的形状取决于断层面的产状和地形起伏条件。当地面平坦时，断层线的形状取决于断层面本身的产状；如果地形起伏很大而断层面是倾斜的，即使断层面是平的，断层线的形状也是弯曲的。特别是在大比例尺地质图上，这种断层线随地形变化而弯曲的现象就更为明显。

（3）断盘。

断层面两侧发生显著位移的岩块称为断盘。如果断层面是倾斜的，位于断层面以上的岩块叫上盘，位于断层面以下的岩块叫下盘。如果断层面是直立的，可根据岩块与断层线的关系命名，如断层线的走向为东西，则可分别称两盘为南盘和北盘。从运动角度看，很难确定断层面两侧岩盘究竟是怎样移动的，也许是一侧上升，另一侧下降；也可能是两侧同向差异上升或两侧同向差异下降。因此，在实际工作中是根据相对位移的关系来判断上升和下降，相对上升的岩块叫上升盘，相对下降的岩块叫下降盘。

（4）断距。

岩层断裂后相对移动的距离称为断距。如图 1-13 所示，a 和 a′ 点断层产生前是同一点，断层发生后 a 点与 a′ 点沿断层面相对移动了一个距离 aa′，这个距离 aa′ 称为总断距或真断距。总断距 aa′ 在水平面上的投影距离 a′b 称为水平断距；在垂直面上的投影距离 ab 称为垂直断距。断层错动后，原来是同一层的层面之间垂直距离称为岩层断距。

2. 断层的分类

根据断层走向与两盘岩层产状的关系，可将断层分为走向断层、倾向断层、斜交断层及顺层断层四种（图 1.14）。走向断层中断层的走向与岩层的走向一致；倾向断层中断层的走向与岩层的走向垂直；斜交断层中断层的走向与岩层的走向斜交；顺层断层中断层与岩层面大致平行。根据断层两盘相对位移的关系可将断层分为正断层、逆断层和平推断层三种。上盘相对下降，下盘相对上升的断层叫正断层 [图 1.15（a）]，一般受地壳水平张力作用或受重力作用而形成，断层面多陡直，倾角多在 45℃ 以上，其可以单独出露，也可以呈多个连续组合形式出露。上盘相对上升，下盘相对下降的断层叫逆断层 [图 1.15（b）]，主要受地壳水平挤压应力形成，常与褶皱伴生。按断层面倾角，可将逆断层划分为逆掩断层（上盘上升）、逆伏断层（下盘下降）、逆冲断层（上盘上升且断层面倾角大于 45℃）和辗掩断层（断层面倾角小于 25℃ 且错距大）。断层两盘主要在水平方向上相对错动的断层叫平移断层或走滑断层 [图 1.15（c）]，当断层走向与岩层走向一致也称走向断层，主要由地壳水平剪切作用形成，断层面常陡立，断层面上可见水平的擦痕。

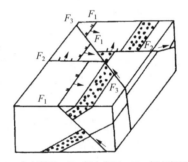

F_1– 走向断层，F_2– 倾向断层，F_3– 斜交断层

图 1.14　断层的分类（一）

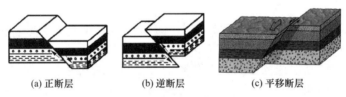

(a) 正断层　　　(b) 逆断层　　　(c) 平移断层

图 1.15　断层的分类（二）

3. 断层的组合类型

断层在自然界多以一定组合形式出现。断层排列从平面上看，有平行状、雁行状、环状和放射状等；从剖面上看，有阶梯状断层、叠瓦状断层、地堑、地垒和环状断层与放射状断层等。

（1）阶梯状断层。

两条以上的倾向相同而又互相平行的正断层，其上盘依次下降，这样的断层组合称为阶梯状断层（图 1.16）。它在地形上常表现为阶梯状下降或阶梯状上升的块状山地。

（2）叠瓦状断层。

两条以上的倾向相同而又互相平行的逆断层，其上盘依次向上推移，形如叠瓦，这样的断层组合称为叠瓦状断层，又称叠瓦状构造。这种断层组合常常和一系列倒转褶皱相伴生，其断层面的倾向和褶曲轴面的倾向大体一致，断层线的走向和褶曲轴的走向大致平行，相当于一系列平行的纵断层。

（3）地堑。

两条或两组大致平行的断层，其中间岩块为共同的下降盘，其两侧为上升盘，这样的断层组合称为地堑（图 1.17）。组成地堑的断层在地表一般表现为正断层，但也有地堑在地下一定深度，正断层被倾向相反的逆断层所代替。地堑在地形上常造成狭长的凹陷地带，如欧洲的莱茵河谷，我国的汾河河谷、渭河河谷等都是有名的地堑构造。

（4）地垒。

两条或两组大致平行的断层，其中间岩块为共同的上升盘，其两侧为下降盘，这样的断层组合称为地垒（图 1.18）。造成地垒的断层一般是正断层，但也可能是逆断层。地垒构造往往形成块状山地。无论是地堑或地垒，其两侧断层可能是一条，也可能是由若干条断层组成的阶梯状断层。地堑和地垒常常共生，两个地堑之间形成一个地垒，两个地垒之间形成一个地堑。

（5）环状断层与放射状断层。

在穹窿构造等地区，常出现在平面上呈环状或放射状的断层，称之为环状断层或放射状断层。断层的产状不同，环形断裂断续相连，而断层的性质一般是以正断层为主。

图 1.16　阶梯状断层示意图　　　图 1.17　地堑示意图　　　图 1.18　地垒示意图

习　题

一、单项选择题

1. 以下哪种因素在岩石变质作用中起最积极作用？（　　　）

A. 温度　　　　　B. 压力　　　　　C. 化学因素　　　　D. 生物因素

2. 以下哪种不是变质岩的典型结构？（　　　）

A. 变晶结构　　　B. 碎裂结构　　　C. 变余结构　　　D. 泥质结构

3. 下面说法不正确的是（　　　）。

A.上盘相对下降，下盘相对上升的断层叫正断层

B.上盘相对上升，下盘相对下降的断层叫逆断层

C.岩层断裂后，其中一部分岩层移动的绝对位移，称为断距

D.两条以上的倾向相同而又互相平行的正断层，其上盘依次下降，这样的断层组合称为阶梯状断层

4.以下哪种不属于沉积岩层理构造形态？（   ）

A.水平层理　　　B.竖直层理

C.波状层理　　　D.斜层理

5.有关岩石的软化性，下列说法不正确的是（   ）。

A.岩石浸水后，刚度和强度发生不同程度的降低的现象称为岩石的软化性

B.岩石的软化性常用软化系数来进行描述

C.软化系数越大，表示水对岩石物理性质的影响越大

D.软化系数是衡量岩石抗风化能力的一个指标

二、填空题

1.地震波传递时出现的两个不连续面，将地球内部划分为地壳、_____和地核三个圈层。

2.黏土矿物按硅片和铝片的组叠形式可分为蒙脱石、_____和伊利石三种类型。

3.按节理成因，可将节理分为原生节理、次生节理和_____三类。

4.岩石的强度主要有_____、抗拉强度和抗剪强度三种。

5.岩石风化作用的类型有物理风化、_____和生物风化三大类。

三、名词解释题

1.地质年代。

2.接触变质作用。

3.岩体。

4.褶皱。

5.地垒

四、简答题

1.简述变质岩的主要特征，并分别说明变质岩与岩浆岩和沉积岩的构造区别。

2.简述影响岩石的抗压强度的因素。

3.什么是断层？请简述断层的几何要素及各要素的定义。

4.简述岩浆岩的构造特点。

5.什么是岩浆作用？请简述岩浆作用的主要方式。

在线答题

拓展习题

第 2 章
第四纪沉积物及不良地质现象

知识结构图

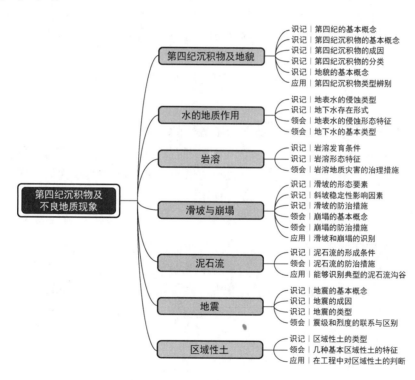

- 第四纪沉积物及地貌
  - 识记 | 第四纪的基本概念
  - 识记 | 第四纪沉积物的基本概念
  - 识记 | 第四纪沉积物的成因
  - 识记 | 第四纪沉积物的分类
  - 识记 | 地貌的基本概念
  - 应用 | 第四纪沉积物类型辨别

- 水的地质作用
  - 识记 | 地表水的侵蚀类型
  - 识记 | 地下水存在形式
  - 领会 | 地表水的侵蚀形态特征
  - 领会 | 地下水的基本类型

第四纪沉积物及不良地质现象

- 岩溶
  - 识记 | 岩溶发育条件
  - 识记 | 岩溶形态特征
  - 领会 | 岩溶地质灾害的治理措施

- 滑坡与崩塌
  - 识记 | 滑坡的形态要素
  - 识记 | 斜坡稳定性影响因素
  - 识记 | 滑坡的防治措施
  - 领会 | 崩塌的基本概念
  - 领会 | 崩塌的防治措施
  - 应用 | 滑坡和崩塌的识别

- 泥石流
  - 识记 | 泥石流的形成条件
  - 领会 | 泥石流的防治措施
  - 应用 | 能够识别典型的泥石流沟谷

- 地震
  - 识记 | 地震的基本概念
  - 识记 | 地震的成因
  - 识记 | 地震的类型
  - 领会 | 震级和烈度的联系与区别

- 区域性土
  - 识记 | 区域性土的类型
  - 领会 | 几种基本区域性土的特征
  - 应用 | 在工程中对区域性土的判断

2.1 第四纪沉积物及地貌

第四纪沉积物

第四纪是地球历史发展的最新阶段，也是生物界发展的最新阶段。具体表现在现代海陆分布及地貌起伏格局已经形成，但新构造运动仍很强烈，气候变化和气候波动仍很频繁，周期性地出现冰川活动，黄土开始在地表大面积堆积，特别是出现了有智慧的人类，成为改造地球的新动力。其中，人类的出现标志着地球的历史进入了一个崭新的时代。

第四纪沉积物是指第四纪时期因地质作用所沉积的物质。第四纪沉积物一般呈松散状态，也可称为"土"，并且常伴有各种动植物的化石。因为第四纪沉积物沉积历史不长，所以还未形成胶结硬化。

第四纪沉积物在大陆上分布极广，除去山体裸露的岩石外，地表几乎都被第四纪沉积物所覆盖。各种建筑物往往就建造在第四纪沉积物上，因此，仔细研究第四纪沉积物的工程性质具有重要意义。研究表明，不同成因类型的第四纪沉积物，其分布规律和工程地质特性不同，常见的沉积类型主要有河流沉积、湖相沉积、风成沉积、冰川沉积、冰水沉积、重力堆积、火山沉积、生物沉积和海相沉积等。根据沉积类型可以将第四纪沉积物分为残积物、坡积物、洪积物、冲积物及风积物等。

1. 残积物

残积物是岩石风化后未经搬运而残留于原地的土。它处于岩石风化壳的上部，是风化壳中的剧风化带，向下则逐渐变为半风化的岩石。它的分布主要受地形的控制，比如在宽广的分水岭上，由于雨水产生地表径流速度小，风化产物易于保留，因此残积物厚度一般较厚。此外在平缓的山坡上也常会有残积物覆盖。

2. 坡积物

坡积物是残积物经水流搬运，顺坡移动堆积而成的土。雨雪或水流等地质作用将高处岩石风化产物缓慢地洗刷剥蚀，它们顺着斜坡向下逐渐移动、沉积在较平缓的山坡上而形成沉积物，其成分与坡上的残积物基本一致。由于地形不同，其厚度变化较大。新近堆积的坡积物，一般土质较为疏松，压缩性较高，常分布在坡腰上或坡脚下，其上部与残积物相接。

3. 洪积物

洪积物是山洪带来的碎屑物质，在山沟的出口处堆积而成的土。由暴雨或大量融雪骤然集聚而成的暂时性山洪急流冲刷地表，挟带着大量碎屑物质堆积于山沟出口或山前倾斜平原而形成洪积物。洪积物常呈现不规则交错的层理构造，如具有夹层、尖灭或透镜体等产状。

4. 冲积物

冲积物是河流流水的地质作用将两岸基岩及其上部覆盖的坡积物、洪积物剥蚀后搬运、沉积在河流坡降平缓地带形成的沉积物。冲积物的特点是呈现明显的层理构造。由于搬运作用显著，碎屑物质由带棱角颗粒（块石、碎石、角砾）经滚磨、碰撞逐渐形成亚圆形或圆形颗粒（漂石、卵石、圆砾），搬运距离越长，则沉积的物质越细。典型的冲积物是形成于河谷内的沉积物，可分为平原河谷冲积物和山区河谷冲积物等类型。

5. 风积物

风积物是由风作为搬运动力，将碎屑物质由风力强的地方搬运到风力弱的地方并沉积下来的土。由风积物形成的土层叫作风积土。我国的黄土就是典型的风积土，主要分布在沙漠边缘的干旱与半干旱气候带。黄土的结构疏松，含水量小，浸水后具有湿陷性。黄土是第四纪最具有特色的沉积物。黄土主要的矿物成分有石英、长石和未分解的角闪石、辉石、黑云母等碎屑，有时还含哺乳动物和蜗牛等的化石。根据黄土性质和动物化石可将黄土地层划分为下更新统午城黄土、中更新统离石黄土和上更新统马兰黄土。中国是世界上黄土发育最好、分布面积最大的地区，黄土总面积约 38 万平方千米，主要分布于甘肃、陕西、山西、河南、河北以及内蒙古等地区。

除了上述几种沉积物外，还有海洋沉积物、湖泊沉积物及冰川沉积物等，它们是分别由海洋、湖泊及冰川等地质作用形成的。表 2-1 列出了常见的几种第四纪沉积物成因。

表 2-1　第四纪沉积物成因分类表

沉积类型	成因	主导地质作用
风化残积	残积	物理和化学风化作用
重力堆积	坠积	较长期的重力作用
	崩塌堆积	短促间发生的重力破坏作用
	滑坡堆积	大型斜坡块体重力破坏作用
	土溜	小型斜坡块体表面的重力破坏作用
大陆流水沉积	坡积	斜坡上雨水、雪水间重力的长期搬运、堆积作用
	洪积	短期内大量地表水流搬运、堆积作用
	冲积	长期的地表水流沿河谷搬运、堆积作用
	三角洲堆积	河水、湖水混合堆积作用
	湖泊堆积	浅水型的静水堆积作用
	沼泽堆积	潴水型的静水堆积作用

沉积类型	成因	主导地质作用
海水堆积	滨海堆积	海浪及岸流的堆积作用
	浅海堆积	浅海相动荡及静水的混合堆积作用
	深海堆积	深海相静水的堆积作用
	三角洲堆积	河水、海水混合堆积作用
地下水堆积	泉水堆积	化学堆积作用及部分机械堆积作用
	洞穴堆积	机械堆积作用及部分化学堆积作用
冰川沉积	冰碛堆积	固体状态冰川的搬运、堆积作用
	冰水堆积	冰川中冰下水的搬运、堆积作用
	冰碛湖堆积	冰川地区的静水堆积作用
风力堆积	风积	风的搬运、堆积作用
	风水堆积	风的搬运、堆积作用后又经流水的搬运、堆积作用

2.1.2 地貌

地貌即地球表面各种形态的总称，也称地形。地表形态多种多样，其成因也不尽相同，是内外营力地质作用对地壳综合作用的结果。内营力地质作用造成了地表的起伏，也塑造了海陆分布的轮廓以及山地、高原、盆地和平原，是地貌构造格架的决定因素。而外营力（流水、风力、太阳辐射能、大气、生物的生长和活动）地质作用对地壳表层物质不断进行风化、剥蚀、搬运和堆积，从而形成了现代地表的各种形态。

根据地貌的形态及成因，可将地貌划分为若干类型。地貌形态类型是指根据地貌形态划分的地貌类型。我国按照陆地地貌形态将地貌划分为平原、丘陵、山地、高原和盆地五大形态类型。地貌成因类型是指根据地貌成因划分的地貌类型。根据外营力的作用方式，通常将地貌划分为流水地貌、湖成地貌、干燥地貌、风成地貌、黄土地貌、喀斯特地貌、冰川地貌、冰缘地貌、海岸地貌、风化与坡地重力地貌等。外营力地貌一般又可以划分为侵蚀的和堆积的两种类型。根据内营力的作用方式，通常将地貌划分为大地构造地貌、褶曲构造地貌、断层构造地貌、火山与熔岩流地貌等。无论是外营力地貌还是内营力地貌，在动力性质划分的基础上，都可以按营力的从属关系和形态规模的大小，做进一步的划分。地貌单元是按照地貌的成因及形态分类的单元。地貌单元的大小因分类的繁简或地貌图比例尺的大小而不同。根据地表形态规模的大小，地貌单元分为大地貌、中地貌、小地貌和微地貌单元。如大陆与洋盆是地球表面最大的地貌单元，流水和风力作用下形成的沙垄和沙波等是较小的地貌单元。常见的地貌单元分类见表2-2。

表 2-2　常见的地貌单元分类表

成因	地貌单元		主导地质作用
构造、剥蚀	山地	高山	构造作用为主，强烈的冰川刨蚀作用
		中山	构造作用为主，强烈的剥蚀切割作用和部分冰川刨蚀作用
		低山	构造作用为主，长期强烈的剥蚀切割作用
	丘陵		中等强度的构造作用，长期剥蚀切割作用
	剥蚀残山		构造作用微弱，长期剥蚀切割作用
	剥蚀准平原		构造作用微弱，长期剥蚀和堆积作用
山麓斜坡堆积	洪积扇		山谷洪流洪积作用
	坡积裙		山坡面流坡积作用
	山前平原		山谷洪流洪积作用为主，夹有山坡面流坡积作用
	山间凹地		周围的山谷洪流洪积作用和山坡面流坡积作用
河流侵蚀堆积	河谷	河床	河流的侵蚀切割作用或冲积作用
		河漫滩	河流的冲积作用
		牛轭湖	河流的冲积作用或转变为沼泽堆积作用
		阶地	河流的侵蚀切割作用或冲积作用
	河间地块		河流的侵蚀作用
河流堆积	冲积平原		河流的冲积作用
	河口三角洲		河流的冲积作用，滨海堆积或湖泊堆积作用
大陆滞水堆积	湖泊平原		湖泊堆积作用
	沼泽地		沼泽堆积作用
大陆构造侵蚀	构造平原		中等构造作用，长期堆积和侵蚀作用
	黄土塬、梁、峁		中等构造作用，长期黄土堆积和侵蚀作用
岩溶（喀斯特）	岩溶盆地		地表水及地下水强烈的溶蚀作用
	峰林地形		地表水强烈的溶蚀作用
	石芽残丘		地表水的溶蚀作用
	溶蚀准平原		地表水的长期溶蚀作用及河流的堆积作用

2.2　水的地质作用

2.2.1　地表水地质作用

水是大自然的重要组成部分，也是孕育生命的源泉。地球表面积的 3/4 都被水覆盖，但绝大多数是海水，地表的淡水仅占地球水总量的 2.5% 左右。地表水是人类文明的发源地，直到今天，大的江河流域依然是人口密度最大的地区。河流的生态资源、环境资源、交通航运、水力发电、农业灌溉及砂矿资源等对人类都具有重要的意义。然而地表水除了给人类带来重大的利益也带来了严重的灾害，如洪水、泥石流等自然灾害每年会造成巨大的损失。

随着工程建设的日益发展，水资源紧缺的矛盾日渐突出，同时，水环境污染也引起人们的极大重视。世界各国都在重视水资源地域分布与人口分布、土地配置、经济发展布局、社会发展要求的协调统一，减少水资源紧缺的矛盾，防止水环境恶化，降低各类污染事故，深入推进环境污染防治。我国坚持精准治污、科学治污、依法治污，持续深入打好蓝天、碧水、净土保卫战，统筹水资源、水环境、水生态治理，推动重要江河湖库生态保护治理，推进社会可持续发展。

地表水可分为面流、洪流和河流三大类。面流和洪流是在降雨或降雨后的一段时间内才有的暂时性流水。面流是雨水、冰雪融水在地表斜坡形成的薄层片状细流，因此又叫片流。当面流增大到一定程度就会自动在斜坡低洼处汇集成线状的较强的洪流。洪流往往是间歇性的，在雨水集中的季节易形成洪流。雨水或由地下涌出地表的水，汇集在地面低洼处，在重力作用下经常地或周期地沿流水本身造成的沟谷流动，从而形成河流。

河流具有相对固定的河道，并有经常性流水。它的水源往往是多方面的，雨水、冰雪融水和地下水甚至湖水都可以成为其水源。例如我国长江的发源地是唐古拉山脉主峰格拉丹冬雪山西南麓的姜根迪如冰川，它的融水汇成了长江的源头，而沿途不断有雨水、地下水、支流以及冲沟的地面流水的补给，最后汇合成长江。河流沿途接纳很多支流，并形成复杂的干支流网络系统，这就是水系。一些河流以海洋为最后的归宿；另一些河流注入内陆湖泊或沼泽，或因渗漏、蒸发而消失于荒漠中，于是分别形成外流河和内陆河。被河水开凿和改造的线状谷地称为河谷，河谷两侧的斜坡称为谷坡，由谷坡所限定的平坦部分称为谷底。谷坡、谷底及河床统称为河谷要素（图 2.1）。河谷形态受河流流经地段的岩性、地形坡度、地质构造及地壳运动等因素影响，其往往可以反映河流发展阶段。河流的地质作用可以分为侵蚀作用、搬运作用和沉积作用。按作用效果分类，河流的侵蚀作用主要分为垂直侵蚀作用、向源侵蚀作用及侧向侵蚀作用。

河流的侵蚀

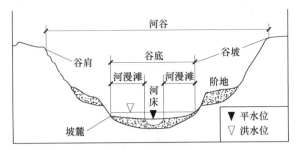

图 2.1 河谷要素

1.河流的垂直侵蚀作用（下蚀作用）

河水在重力作用下沿具有一定坡度的河床流动，即产生一定的动能。河流流速主要受河床坡度、河水水量及河谷宽窄变化等因素的影响。相同水量的河流进入狭窄河段时，河水水流集中且流速增加；而进入宽阔河段时，河水水流分散且流速降低。由于重力作用，河水及其携带的碎屑物质会对河床产生削切作用从而降低河床、加深河谷。河流在水流作用下垂直向下切割岩石并使河谷不断加深的过程称为河流的垂直侵蚀作用，也称下蚀作用。当河流从坚硬完整的岩层流过松软的岩层时，松软的岩层受水流的侵蚀作用容易形成具有一定落差的跌水陡坎，这种河流形态称为瀑布。

2.河流的向源侵蚀作用

河流的侵蚀作用使河床的坡度变大，河流流速加大，从而进一步加强了河流的侵蚀作用。河流对河床的侵蚀由下游逐渐向上游发展的过程称为河流的向源侵蚀作用。河流的向源侵蚀作用，使河谷不断向源头发展，并逐渐加宽河谷到分水岭。侵蚀能力较强的水系可以把另一侧侵蚀能力较弱的水系的上游支流劫夺过来，这种现象叫作河流袭夺。当发生河流袭夺现象时被夺河流的上游或支流会流进另一个水系，因而被夺河流的水量会大为减少，甚至出现干涸的河段。河流袭夺以后形成袭夺河与被夺河。被夺河的下游，因上游改道，源头截断，称为断头河。

3.河流的侧向侵蚀作用

当河流进入弯道时，河水主流线（流速最大点的连线）因惯性而逐渐向凹岸偏移直至河弯的顶部。弯曲河段凹岸的河床受河流横向作用冲刷强烈，水流不断掏空凹岸的岸脚，使河岸失去平衡而发生崩塌。洪水期凹岸附近深槽河床产生回流，发生淤积，洪峰过后洪水淤积的岸脚泥沙又重新遭受冲刷。在凹岸不断崩塌、后退的同时，水流从上游搬运来的泥沙和凹岸崩塌垮落的碎屑物质被带到凸岸进行沉积，结果凸岸不断向前伸长，弯曲河段的曲率半径不断减小，使河弯更加弯曲，这种连续弯曲的河谷称作河曲。河曲的凹岸和凸岸是交替相间出现的。在凹岸后退、凸岸前伸的同时，河曲不断向下游蠕移，河谷越来越宽，河床在宽阔的谷底迂回曲折地摆动，河床形态变得极度弯曲，犹如长蛇在宽阔谷底爬行一般，这种极度弯曲的河床称为蛇曲（图 2.2）。

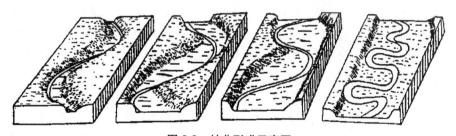

图 2.2　蛇曲形成示意图

蛇曲的出现，代表着河流侧向侵蚀作用已到达晚期，河床只占据谷底的一小部分，河流的长度却不断增加，河床的比降减小，河流动能大大减弱。在极为弯曲蜿蜒的河段，凹岸曲顶及其下方会迅速崩塌后退，使河弯的弯曲度更大，相邻河弯会更加靠近，导致上一个河弯的下游部分与下一个河弯的上游部分非常逼近，形成狭窄的曲颈。由于洪水暴发等原因，水流会冲溃曲颈并径直流入下一河弯，这种现象叫作河流的裁弯取直。河流的裁弯取直会形成一个相对平衡的水域，新河道带来的悬浮质将原来河弯两端不断壅塞，使河谷中出现形如牛轭的湖泊，称为牛轭湖。

2.2.2 地下水地质作用

地下水是指埋藏在地表以下各种形式的重力水，是地球水圈的重要组成部分。地下水分布十分广泛，不仅发育在潮湿地区，在干旱的沙漠、高寒极地等地区也同样存在地下水。分布于地表以下各层圈中的地下水与周围物质进行各种物理和化学作用，从而不断地改造着周围的地质环境，同时也改造地下水本身，这种水与环境介质相互作用的过程称为地下水的地质作用。地下水地质作用的形式和强度与多种因素有关，如环境的温度、压力、水与周围岩土的物理化学性质、地下水的埋藏深度等。在可溶性岩石分布的地区，常可看到发育有各种奇特的洞穴和溶蚀地貌景观，这些主要是地下水溶蚀作用的结果。

1. 地下水的存在形式

地下水以多种形式存在于地表以下的地层当中，可分为结合水（强结合水与弱结合水）、液态水（重力水与毛细水）、气态水和固态水几种类型。

（1）结合水。

结合水是指受松散岩石颗粒表面及坚硬岩石孔隙壁面的静电引力大于水分子自身的重力的那部分水。此部分水束缚于固相表面，不能在自身重力影响下运动。由于固相表面对水分子的吸引力自内向外逐渐减弱，结合水的物理性质也随之发生变化。其中，接近固相表面的结合水称为强结合水，强结合水的外层称为弱结合水。强结合水不能流动，但可转化为气态水而移动；弱结合水分子排列不如强结合水规则和紧密，溶解矿物质的能力较低，并且能够被植物吸收利用。

（2）重力水。

重力水是指距离固相表面较远的那部分水分子，重力对它的影响大于固相表面对它的静电引力，因而能在自身重力作用下运动。重力水中紧靠弱结合水的那部分水，仍然受固相引力的影响，在流动时呈层流状态。远离固相表面的重力水，不受固相引力的影响，只受重力控制，在流速较大时容易转为紊流运动。岩石或土壤孔隙中的重力水能够自由流动，比如井、泉中取用的地下水都属于重力水。

（3）毛细水。

毛细水是指存在于地下水面以上松散岩石或土壤细小孔隙中的水。这部分水由于毛细力的作用，从地下水面沿着细小孔隙上升到一定高度形成了毛细水带，并随着地下水面的升降而上下移动。

（4）气态水与固态水。

气态水可以随空气流动而流动，即使空气不流动，它也能从水汽压力大的地方向水汽压力小的地方移动。气态水在一定的温度、压力条件下，可与液态水相互转化，两者之间保持动态平衡。当地层中的温度低于 0℃时，孔隙中的液态水转为固态水，在我国北方冬季常形成冻土。在我国东北和青藏高原，一部分地层中贮存的地下水多年保持固态，成为多年冻土。

2. 地下水的基本类型

依据地下水的埋藏条件与含水介质类型，通常将地下水划分为不同类型：按埋藏条件分为包气带水、潜水及承压水；按含水介质类型分为孔隙水、裂隙水及岩溶水。地下水的分类见表 2-3。

表 2-3　地下水分类表

按埋藏条件分类	按含水介质类型分类		
	孔隙水 （松散沉积物孔隙中的水）	裂隙水 （坚硬基岩裂隙中的水）	岩溶水 （岩溶空隙中的水）
包气带水	包气带中局部隔水层上部的重力水	裸露于地表的岩层浅部裂隙中季节性存在的重力水	裸露岩溶化岩层浅部的岩溶通道中季节性存在的重力水
潜水	各类松散沉积物浅部的水	裸露于地表的坚硬基岩裂隙中的水	裸露于地表的岩溶化岩层中的水
承压水	山间盆地及平原松散沉积物深部的水	组成构造盆地、向斜构造的各类裂隙岩层中的水	组成构造盆地、向斜构造的溶化岩层中的水

1）按埋藏条件划分

（1）包气带水。

在地表以下一定深度，岩石或土壤中的孔隙被重力水所充满并形成地下水面。位于地球表面以下、重力水面以上的地质介质称为包气带；地下水面以下称为饱水带（图 2.3）。贮存于包气带中的地下水称包气带水。包气带水具有不同的存在形式，主要有气态水、结合水和毛细水三种。此外地表水入渗后包气带中还会有正在下渗的重力水。地表附近土壤层中所含的地下水也称土壤水。当包气带中有局部隔水层存在时，局部隔水层上部的透水层中会积聚具有自由表面的重力水，称为上层滞水（图 2.4）。上层滞水接近地表，雨季时获得补给并积存一定水量，旱季时水量会逐渐耗失。因此上层滞水的水量较小并且动态变化幅度较大，只有在缺水的地区才会选择上层滞水作为小型供水水源或暂时性供水水源。

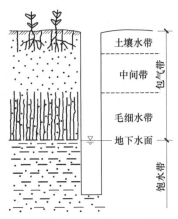

图 2.3　包气带与饱水带

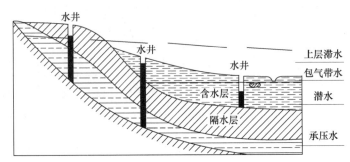

图 2.4　潜水、承压水及上层滞水

（2）潜水。

潜水是指埋藏于地面以下第一个稳定隔水层以上并且具有自由表面的重力水。潜水面以上没有隔水层，或只有局部隔水层。潜水的自由表面叫潜水面。从潜水面至隔水底板（其下部隔水层）的距离为潜水含水层的厚度。潜水面到地面的距离为潜水埋藏深度（简称潜水埋深）。一般情况下潜水面并非水平的，而是呈波状起伏，其起伏与地形起伏基本一致，且较地形起伏缓和。由于潜水含水层与包气带直接连通，因此潜水可以通过包气带接受大气降水及地表水的补给。潜水可以在重力作用下由水位高处向水位低的地方流动。潜水除了流入其他含水层以外，首先会流动到地形低洼处，以泉或泄流等形式排泄，此为潜水的径流排泄；其次通过地表蒸发或植物蒸腾的形式进入大气，此为潜水的蒸发排泄。潜水不仅可以分布于松散沉积物的孔隙中，还分布于裸露基岩浅部的裂隙和溶穴中。一般来说，在地形平坦的平原区，潜水埋深浅，常常只有几米，甚至出露地表。但在地形切割强烈的高原、山区，潜水埋深较大，可达十几米、数十米甚至更深。

气象、水文等因素都会对潜水产生显著的影响。降水丰富的时段，潜水的补给量大于排泄量，潜水面上升，埋深变小，含水层的厚度也随之增大。干旱季节，潜水的排泄量大于补给量，潜水面下降，埋深增大，含水层的厚度也随之变小。潜水的水质主要取决于气候、地形及岩性条件。湿润气候及地形切割强烈的地区，有利于潜水的径流排泄，往往形成含盐量低的淡水。干旱气候下由细颗粒组成的盆地、平原，潜水以蒸发排泄为主，常形成含盐量高的咸水。

（3）承压水。

充满于上下两个稳定隔水层之间的含水层中的地下水称为承压水。承压含水层上部的隔水层称为隔水顶板，下部的隔水层称为隔水底板。隔水顶、底板之间的距离称为承压含水层的厚度。承压性是承压水的一个重要特征。埋设于两个隔水层之间的含水层属承压区，两端出露于地表部分为非承压区。含水层从出露位置较高的补给区获得补给，从出露位置较低的排泄区排泄。由于受来自出露区地下水的静水压力作用，承压区含水层中不仅充满了水，而且含水层中的水承受大气压以外的附加压强，当钻孔揭穿隔水顶板时，钻孔中的水位将上升到隔水顶板以上一定高度才静止下来，钻孔中静止水位到隔水顶板之间的距离称为承压高度。孔中静止水位的高程就是承压水在该点的侧压水位，侧压水位高于地表的范围是承压水的自溢区，在自溢区的井孔能够自喷出水。如图 2.5 所示盆地，含水层中心部分埋设于隔水层之下，其两端出露于地表。含水层从出露位置较高的补给区（潜水分布区）获得补给，地下水向另一侧排泄区径流排泄，中间是承压区。当隔水顶、底板为弱透水层时，除了含水层出露的补给区，该含水层还可以从上下部含水层获得越流补给，也可以向上下部含水层进行越流排泄。无论哪一种情况下，承压水参与水循环都不如潜水积极。因此，水文、气象因素的变化对承压水影响较小，承压水的动态特性比较稳定。虽然承压水不容易补充、恢复，但由于其含水层厚度通常较大，故其资源往往具有多年调节的性质。

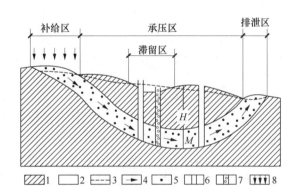

1—隔水层；2—含水层；3—潜水位及承压水侧压水位；4—地下水流向；5—泉；6—水井；

7—自喷井；8—大气降水补给；H—压力水头高度；M—含水层厚度

图 2.5　自流盆地中的承压水

2）按含水介质类型划分

按含水介质的不同可将地下水划分为孔隙水、裂隙水和岩溶水三种类型。

孔隙水主要赋存于松散沉积物颗粒构成的孔隙中，并且通常以连续的层状分布。与裂隙水、岩溶水相比，孔隙水的水量分布较为均匀，并构成具有统一水力联系的层状含水层。由于松散沉积物的成因类型不同，其形成过程也受到不同的水力条件的控制，因而其岩性和地貌呈现有规律的变化，也决定了赋存其中的地下水的特征。例如，山前洪积扇、盆地与冲积平原、湖泊沉积及黄土高原中的地下水，其分布状况、补给、径流、排泄与水质等均有所差异。

裂隙水是指贮存于岩石裂隙中的地下水。岩石裂隙成因的不同，致使岩石的裂隙率大小、裂隙的张开程度及连通情况常常存在很大差异，因此裂隙水的分布一般很不均匀。裂隙水的运动受裂隙展布方向及其连通程度的制约，并受补给条件的影响，所以裂隙水在不同部位的富水程度相差很大。与孔隙水相比，裂隙水表现出强烈的不均匀性和各向异性。

岩溶水是指贮存于可溶岩石中的溶蚀裂隙、溶穴、暗河中的地下水。岩溶水的分布较裂隙水更不均匀，常常相对集中且流动迅速，可能承压也可能不承压。岩溶水的水量比较丰富，常可作为大型供水水源。而当其分布于矿层的顶板或底板时，常常成为采矿的障碍或隐患，有可能造成矿洞的塌落及突水问题。

2.3 岩　溶

岩溶作用是水对可溶岩进行以化学溶蚀作用为主，流水的冲蚀、潜蚀和崩塌等机械作用为辅的地质作用，也称为喀斯特作用。地下水的溶蚀作用使得可溶岩（碳酸盐岩、石膏、盐岩等）中的孔隙逐渐扩大，形成各种形状和大小不一的溶隙、洞穴和管道等岩溶现象。岩溶是水与可溶岩介质相互作用的产物，岩溶作用过程实际上就是地下水对可溶岩的改造过程。因此，岩溶发育必不可少的四个基本条件是：岩石具有可溶性，岩石具有透水性，地下水具有侵蚀能力，水具有流动性。

2.3.1 岩溶发育条件

卤化物岩（岩盐、钾盐、镁盐），硫酸盐岩（石膏等）及碳酸盐岩（石灰岩、白云岩、大理岩）等都是可溶岩，其中碳酸盐岩分布最为广泛，岩体较大，容易形成岩溶现

岩溶发育

象。可溶岩的透水性是进行溶蚀作用不可缺少的条件。各种碳酸盐岩虽然具有原生的孔隙，但比较细小，连通性不好，如果没有构造裂隙连通，水仍然很难进入可溶岩发生溶蚀作用。因此，可溶岩经受构造变动并发育构造裂隙，是岩溶发育的良好条件。进入透水的可溶岩层中的水，或多或少都含有二氧化碳（CO_2）。研究表明，碳酸盐岩、水与二氧化碳之间的相互作用是一个涉及固、液、气三相的复杂化学体系，其化学过程通常以$CaCO_3$—H_2O—CO_2体系为主。当地下水中二氧化碳的含量增多的时候会发生如下反应：

$$CO_2 + H_2O \rightarrow H^+ + HCO_3^-, \quad CaCO_3 + H^+ + HCO_3^- \rightarrow Ca^{2+} + 2HCO_3^-$$

CO_2溶于水后会生成H^+，H^+能与$CaCO_3$溶于水的生成物OH^-结合，从而降低水中OH^-的浓度，带动化学反应向正反应方向进行，使$CaCO_3$进一步溶解。由此可见，地下水中CO_2含量的增加将有利于碳酸盐岩溶蚀作用的进行。地下水流动是岩溶发育的主要因素。在水停滞的条件下，随着CO_2的不断损耗，当达到化学平衡状态时，水成为

饱和溶液后则完全丧失溶蚀能力。只有地下水不断流动,水中溶蚀的物质被带走,富含 CO_2 的地下水得到不断补充更新,地下水才能保持侵蚀性,溶蚀作用才能持续进行。我国南方的岩溶发育程度远远超过北方,一个重要原因是气候因素。南方降水丰沛,地下水补给量大,径流交替强烈;同时,湿热气候下植被茂盛,土壤层生物化学作用强烈,下渗水中富含 CO_2 及有机酸等,这些因素都增强了地下水的溶蚀能力。

2.3.2　岩溶形态

岩溶形成的地貌奇特多样,往往构成别致而优美的风景。尤其在我国南方,岩溶发育充分,岩溶现象较为典型。常见的岩溶形态及地貌景观(图 2.6)如下。

1. 溶沟(槽)、石芽和石林

溶沟(槽)是发育在石灰岩表面上的沟槽,是岩面浅表部裂隙中的地表水流与地下水流共同对可溶岩表面进行溶蚀和机械冲刷的结果。沟槽之间凸起的石脊称为石芽。如果石芽的形态高大,坡壁近于直立,且发育成群,远观之宛若森林,则称为石林。

2. 落水洞

地表水沿岩石的垂直裂隙入渗并向下溶蚀,形成的直立或陡倾的洞穴,称为落水洞。落水洞一般是地表水转入地下河或溶洞的通道,深度可达数十米甚至百余米。在两组直立裂隙交会处,落水洞最易形成。有时会沿裂隙带发育多个落水洞,整体呈串珠状分布。

3. 溶斗与溶洼

溶斗也称岩溶漏斗,是岩溶发育地段的小型洼坑,截面呈圆形或椭圆形,直径一般为数十米至数百米,深度常为数米或数十米,纵剖面形态有碟状、锥状或漏斗状等。溶斗底部常有落水洞,可引导地表水向下排泄。溶斗的形成是由于地表水流沿垂直裂隙向下渗流、溶蚀,裂隙不断加宽扩大,发展为空洞,同时常伴有壁面及上部土体的垮落、塌陷。溶斗的侧向扩大、合并和加深可形成小型的封闭洼地,被称为溶蚀洼地(简称溶洼)。如果溶斗或溶洼底部被塌陷物堵塞,可暂时或长久积水形成池塘或湖泊。

4. 盲谷

岩溶发育区的地表河谷没有出口,好像进入了死胡同,这种向前没有通路的河谷叫盲谷。盲谷一般是在非岩溶化地区发育的地表河流,流到强岩溶化地区后,水流消失在河谷末端陡崖下的落水洞而转为地下河形成的。盲谷多是早期连续的一条河流,后来由于岩溶不断发育,形成地下岩溶水系统,使地表河流入落水洞而转到地下,因此其下游一般是高于现代河床的谷地,它是早期河流留下的印迹。

5. 丘丛、峰丛、峰林和孤峰

此类岩溶地形均为山地且山体顶部突出。若山体顶部呈浑圆状,则基部相连的一些溶蚀丘称为丘丛。若山体顶部呈锥状,则基部相连的一些溶蚀峰称为峰丛。峰丛区地形起伏较大,是强烈岩溶作用下形成的。当山峰上部挺立高大,基部几乎不连接时,称为峰林。耸立于岩溶地区平原上的孤立山峰称为孤峰，是峰林进一步发展的结果，是岩溶发育晚期的产物。

6. 溶洞与地下河

溶洞是地下水沿可溶岩层的层面、节理面或断裂面进行溶蚀和冲刷而形成的地下洞穴。形成初期，裂隙孔道狭小，地下水流动缓慢，以溶蚀作用为主。随着孔道扩大，水流动能增大，还会产生机械冲刷作用。溶洞的形成过程一般为：孔道发展为小空洞，小空洞不断扩大并相互串通，最终形成较大的空洞，即溶洞。溶洞形态多种多样，常见有管状、袋状、串珠状、地下长廊和地下大厅等。不少溶洞系统延伸很长，可达数千米以上。在我国南方碳酸盐岩大范围分布地区，常发育有大小不一、形态各异的溶洞连结而成的地下河（又称地下暗河）。

7. 溶蚀盆地

四周为山或丘陵环绕且没有地表排水口，长宽几千米至数十千米的地形称为溶蚀盆地。溶蚀盆地的地表水通过落水洞排泄，常与地下河连通。溶蚀盆地的地面平坦，并有较厚的土层，因此成为岩溶山区主要的农业区及人口集中地区。当地下河排泄不畅时，其局部地区常被淹。此种地形只有在湿热条件下才能发育，主要见于热带、亚热带及温带地区。

8. 溶洞沉积物

当溶有重碳酸钙的地下水渗入溶洞时，由于压强降低导致地下水中溶解的 CO_2 逸出，从而使地下水中的 $CaCO_3$ 发生沉淀。地下水在洞顶渗出后 $CaCO_3$ 沉淀形成悬挂的锥状沉积物称为石钟乳。地下水滴至洞底形成向上增长的笋状沉积物，称为石笋。当石钟乳和石笋两者连接在一起时称为石柱。石钟乳、石笋及石柱统称为钟乳石。若地下水沿洞壁渗出，可形成帷幕状的沉积物，称为石幔。溶洞沉积物的形成过程如图2.6所示。

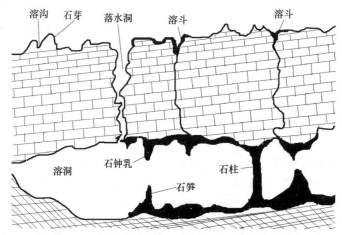

图2.6　岩溶形态及溶洞沉积物形成过程示意图

2.3.3 岩溶地质灾害

岩溶地质灾害的形式主要为岩溶塌陷。岩溶塌陷是指在岩溶地区下部可溶岩层中的溶洞或上覆土层中的土洞,因自身洞体扩大或在自然与人为因素影响下,顶板失稳产生塌落或沉陷的现象。其地面表现形式是局部范围内的地表岩土体的开裂、不均匀下沉和突然陷落。岩溶塌陷的成因类型有自然塌陷和人为因素导致塌陷。

目前治理岩溶塌陷的主要工程措施有:填堵,跨越,强夯,灌注,深基础,疏排围改治理,钻孔充气以及综合治理等。

1. 填堵法

填堵法主要适用于浅部土洞、塌陷。将块石、片石填入,上覆黏土夯实即可。遇重要建筑物时,可考虑钢筋混凝土板治理。填堵法如图 2.7 所示。

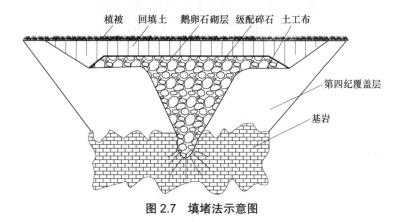

图 2.7 填堵法示意图

2. 跨越法

跨越法就是对建筑物采用跨越土洞或塌陷区域的方法来预防岩溶塌陷灾害。如铁路和高速公路工程中建设的"旱桥"就是一种跨越法。

3. 强夯法

将 10 ~ 20t 的夯锤提升 10 ~ 40m 高度,让其自由下落夯实地基土层,以此消除浅部土洞的隐患。强夯法施工如图 2.8 所示。

4. 灌注法

灌注法是将灌注材料通过钻孔或岩溶通道灌入岩溶区域的一种加固方法。灌注法目的是强化土层和洞穴充填物,充填岩溶洞隙,拦截地下水流,加固建筑物地基。灌注材料主要有水泥、碎料(砂、矿渣等)、速凝剂等。

5. 深基础法

对于一些深度较大且不适宜修建跨越结构的塌陷坑,一般采用深基础进行加固。深基础法常使用预制桩、钻孔灌注桩、旋喷桩、沉井等把基础置于基岩上。

图 2.8　强夯法施工

6. 疏排围改治理法

塌陷坑往往成为地表水倒灌的进口，一般采用疏排方式把地表水引开。对于经常洪水泛滥的地区需将塌陷坑四周围起来，并尽快回填。当塌陷坑在河床两侧或河床内时，可考虑将河床改道绕行。

7. 钻孔充气法

由于水位升降将产生水气压力的变化，在岩溶空腔内易出现气爆或冲爆塌陷。在查明地下岩溶通道的情况下，将钻孔深入基岩面下溶蚀裂隙或溶洞的适当深度，设置各种与岩溶管道相通的通气调压装置，破坏岩溶空腔内的封闭条件，平衡其水气压力，消除引起塌陷的动力。

8. 综合治理

由于岩溶区地貌、地质、水文地质条件复杂，采用单一的方法往往得不到理想的治理效果，因此可视具体情况，针对塌陷产生的诸多因素进行多种方法综合治理。

2.4　滑坡与崩塌

2.4.1　滑坡

1. 滑坡的形态要素

岩（土）体沿着一定的软弱面或者软弱带，整体地或者分散地顺坡向下滑动的自然现象称为滑坡。其主要表现为斜坡上的岩（土）体，沿着贯通的剪切破坏面（带）产生以水平向为主的运动。在斜坡破坏形式中，滑坡分布最广且危害也是最大的，是山区的主要地质灾害。滑坡的规模变化很大，较大的滑坡体体积可达数十亿立方米。一个典型滑坡所具有的形态要素如图 2.9 所示。其中滑坡体、滑坡床和滑动面（带）是最主要的滑坡形态要素，其次还有滑坡周界、滑坡后壁、滑坡裂隙、滑坡台阶、滑坡舌等。除上述要素外，还有一些现象是滑坡标志，如滑坡鼓丘、滑坡泉、滑坡沼泽、醉汉林、马刀树等（图 2.10）。上述滑坡标志一般只在发育完全的新生滑坡中才具备。自然界中许多滑坡由于发育不全或经过长期改造，常常会消失掉一种或多种要素，应注意观察和识别。

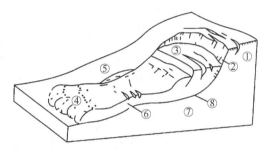

①—后缘环状拉裂缝；②—滑坡后壁；③—拉张裂隙及滑坡台阶；④—滑坡舌及鼓张裂隙；

⑤—滑坡侧壁及羽状裂隙；⑥—滑坡体；⑦—滑坡床；⑧—滑动面（带）

图 2.9　滑坡的形态要素示意图

(a) 醉汉林　　　　　　　　　　　　　(b) 马刀树

图 2.10　滑坡体表面植被示意图

　　滑坡识别方法主要有三种：①利用遥感资料（如大比例尺航片，彩色红外照片）来解读；②通过地面调查与测绘来解决；③采用勘探方法来查明。以上三种方法是互相配合使用的。地面调查是最主要的识别滑坡的方法，由于它能直接观察到滑坡各要素，并可收集到滑动证据，还可以结合取样测试等勘探方法取得进一步的详细资料（如确定滑坡稳定性的计算参数等），以进一步评价滑坡的稳定性。研究斜坡和滑坡的主要目的是确定其稳定性，稳定性研究也是研究斜坡和滑坡的中心内容之一。斜坡和滑坡的稳定性研究又包括两方面内容：稳定性影响因素的确定和稳定性评价。

　　2. 影响斜坡稳定性的因素

　　影响斜坡稳定性的因素十分复杂，大体可分为两大类：一类为主导因素，即长期起作用的因素，其中有岩土体类型和性质、地质构造和岩土体结构、风化作用、地下水活动等；另一类为触发因素，即临时起作用的因素，如地震、洪水、暴雨、人类工程活动等。软弱岩土体易形成滑坡；斜坡中的软弱面和斜坡的临空面的几何关系对斜坡稳定性也很重要，当斜坡的主要软弱面（如层面、断层面）的倾向和斜坡临空面倾向一致且软弱面倾角小于坡面倾角时极易产生滑坡。下雨时滑坡的发生率比不下雨时要大得多，因为水渗入岩土体时会逐渐降低其强度，导致斜坡的抗滑力减小最终发生滑动，所以暴雨极易诱发滑坡灾害。由于人类工程活动规模与频率愈来愈大，由此造成的滑坡事件呈与日俱增的趋势。如路堑滑坡，在开挖路基时，往往使边坡角变陡，坡脚失去支撑而产生滑坡。上述影响斜坡稳定性的因素对评价斜坡稳定性至关重要。

3. 滑坡的防治措施

为了预防和制止滑坡灾害对人民生命与财产造成的损失，需要采取预防与治理措施，并应贯彻"以防为主，及时治理"的原则，针对工程的重要性，因地制宜地采取各种防治措施。滑坡防治的根据主要是提高斜坡的抗滑力和减小下滑力，其防治措施主要分为以下几种。

（1）支挡工程。

支挡工程是防治滑坡最主要的一种工程措施，它可以改善斜坡的力学平衡条件，以达到抵抗其变形破坏的目的。常用的支挡有锚杆、挡墙和抗滑桩等。斜坡的锚杆锚固如图 2.11 所示，斜坡的抗滑桩加固如图 2.12 所示。

图 2.11　斜坡的锚杆锚固示意图

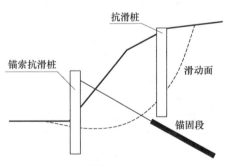

图 2.12　斜坡的抗滑桩加固示意图

（2）排水措施。

由于地表水或地下水渗入斜坡，特别是渗入斜坡潜在滑动面时，会使潜在滑动面上的抗滑力大大降低从而产生滑坡，所以要尽量防止水进入斜坡。具体方法有：在坡顶开挖排水沟，特别是在斜坡变形区四周开挖排水沟，拦截地表水入渗；采用地下廊道等措施对坡体进行排水。

（3）减载与反压。

减载主要是将较陡的斜坡变缓或将坡体后缘的岩土体削去一部分，以达到减小下滑力的目的。反压是将削减下来的岩土体堆积在坡脚阻滑部位。减载与反压往往配合运用，使之达到既减小下滑力，又增加阻滑力的良好效果。

（4）其他措施。

其他措施如在斜坡面上喷水泥浆，以胶结斜坡表面的松散岩土体，防止地表水向坡体入渗。

以上几种防治措施往往综合运用以达到更好的防治效果。当不稳定斜坡治理困难或费用很高而不可行时，可采取回避措施，如公路、铁路线的改道，工程选址时避开这些危险地段等。

2.4.2　崩塌

斜坡岩（土）体沿陡倾的拉裂面破坏，突然脱离母体而快速移动、翻滚和坠落的现象称为崩塌，典型崩塌如图 2.13 所示。崩塌一般发生在高陡斜坡的坡肩部位，崩塌体以垂直方向运动为主，无依附面，发生突然，运动快速。崩塌的危害性很大，其崩塌体可直接危害生命与财产安全。崩塌一般发生在坚硬脆性岩体中，因这类岩体能形成高陡的斜坡，斜坡前缘由于应力重分布和卸荷等原因，产生长而深的拉张裂缝，并与其他断裂面组合，逐渐形成连续贯通的分离面，在触发作用下发生崩塌。崩塌的形成和地形直接相关，地形切割愈强，高差愈大，形成崩塌的可能性愈大，破坏也愈严重。风化作用也对崩塌形成有一定影响。风化作用能使斜坡前缘各种成因的裂隙加深加宽，对崩塌的发生起催化作用。此外，崩塌还与裂隙水压力、采矿、地震或爆破震动等触发因素有密切关系。

图 2.13　典型崩塌示意图

崩塌一般是突发性灾害事件，需提前采取预防措施，在潜在崩塌区应进行必要的工程地质测绘，查明产生崩塌的条件及其规模范围等，对崩塌进行预测并采取相应的防治措施。当崩塌区下方有工程设施和居民点时，应对岩体拉张裂缝进行监测。如崩塌会产生较大危害时，应首先进行避让，如果不具备避让条件，则应进行治理，如清除斜坡上的多面临空岩体和危险岩体，对潜在崩塌区进行加固（如锚杆加固）等。

2.5 泥 石 流

泥石流是发生在山区的一种携带有大量泥沙、石块的暂时性湍急水流。泥石流往往暴发突然，来势凶猛，运动快速，历时短暂，具有强大的破坏力。典型泥石流如图 2.14 所示。由于泥石流发生突然，很难预知其发生的准确时间，且常常冲毁或淤埋铁路、公路、农田、水利、国防、通信及旅游点等工程设施，甚至摧毁厂矿和城镇等大面积区域，因此容易造成重大人员伤亡及经济损失。

图 2.14　典型泥石流示意图

2.5.1　泥石流的形成条件

泥石流的形成必须具备三个基本条件，即地形、地质和气象水文条件。

1. 地形条件

泥石流总是发生在陡峻的山岳地区，一般是顺着坡降较大的狭窄沟谷活动，每一处泥石流自成一个流域。典型的泥石流流域可划分为形成区、流通区和堆积区三个区段，如图 2.15 所示。地形条件是泥石流形成的前提和活动场所。

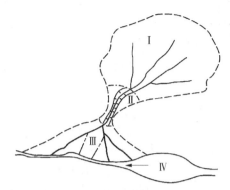

Ⅰ—泥石流形成区；Ⅱ—泥石流流通区；Ⅲ—泥石流堆积区；Ⅳ—泥石流堵塞河流形成的湖泊（堰塞湖）

图 2.15　典型泥石流流域示意图

2. 地质条件

山区的地质条件直接影响泥石流松散固体物质的来源。在地质构造复杂、岩层软弱、风化作用强烈、植被不发育地区，容易在山坡和沟谷地区形成大量松散碎屑物质，从而成为泥石流的补给源区（形成区），也是形成泥石流的物质条件。

3. 气象水文条件

泥石流的形成必须有强烈的地表径流作为动力条件。泥石流的地表径流来源于暴雨、高山冰雪强烈融化以及水坝溃决等。气象水文条件是激发泥石流灾害的决定性因素。

2.5.2　泥石流的防治措施

泥石流的防治应贯彻综合治理、以人为本和因地制宜、讲求实效的原则。具体防治措施分生物措施和工程措施两大类。

1. 生物措施

生物措施包括恢复或培育植被，在崩塌地段绝对禁止耕作。这样可以防止边坡冲刷、调节径流和削减山洪动力，控制和减少泥石流的物质来源。

2. 工程措施

工程措施主要有拦挡工程、蓄水及引水工程等。拦挡工程是在流通区内修建拦挡泥石流的坝体，以拦挡泥石流和护床固坡，坝体中留有排水孔以排导水流。拦挡坝体可多级修建，以削减下泄的固体物质总量及洪峰流量。蓄水及引水工程包括调洪水库、截水沟和引水渠等，工程建于形成区内，其作用是拦截大部分洪水及削减洪峰，从而控制暴发泥石流的水动力条件。还可在流通区和堆积区内修建排导工程，其作用是调整流向，防止漫流，以保护附近的居民点、工矿企业和交通线路。一条全流域的泥石流沟往往综合采用工程措施和生物措施进行综合防治。在《工程勘察通用规范》（GB 55017—2021）中对岩溶勘察提出了具体要求。

2.6 地 震

2.6.1 基本概念

由于地球内部能量的瞬间释放，从而引发大小不等、形式多样的地壳震动现象称为地震。地震是自然界经常发生的一种地质现象，也是新构造运动的重要表现形式。人为活动也可以引发地震，如爆破、地下核爆炸以及大型水库蓄水（水库蓄水会增加地壳的压力）等诱发的地震。地球上差不多每天都会发生地震，平均每年发生数百万次。绝大多数地震是人所感觉不到的无感地震，而人所能感觉到的有感地震每年约为 5 万次，其中能造成严重灾害的大地震平均每年为 10 ～ 20 次。

地球内部引发地震的地方称为震源，是地震能量积聚和释放之处。震源在地面上的垂直投影叫震中，从震中到震源的距离叫震源深度。震源及震中的位置如图 2.16 所示。

衡量地震的物理量主要有震级和烈度两种。震级是表征地震强弱程度的一个物理量，它与地震释放出来的能量大小相关。震级是根据地震仪记录的地震波最大振幅经过计算求出的，是一个没有量纲的量。地震的震级是有限的，并且一次地震只有一个震级。地震对地表和建筑物等破坏强弱的程度，称为地震烈度。一次地震只有一个震级，但同一次地震对不同地区的破坏程度不同，地震烈度也不一样。地震烈度是根据人的感觉、家具及物品振动的情况、房屋及建筑物受破坏的程度和地面的破坏现象等进行划分的。地震烈度调查后，将烈度相同的点连成的封闭曲线叫等震线（图 2.16）。影响地震烈度的因素很多，首先是震级，其后依次为震源深度、震中距、土壤和地质条件、建筑物的性能、震源机制、地貌和地下水位等。一般说来，在其他条件相同的情况下，震级越大，震中烈度也越大，地震影响波及的范围也越广。如果震级相同，则震源越浅，对地表的破坏性越大。

地震

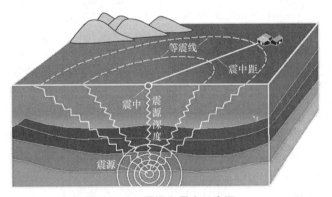

图 2.16 震源和震中示意图

2.6.2 地震类型

地震按震源深度可以分为：浅源地震、中源地震和深源地震三种。其中震源深度在 0 ～ 70km 范围内称为浅源地震，在 70 ～ 300km 称为中源地震，超过 300km 称为深源地震。破坏性大的地震震源深度多在 10 ～ 20km。目前已知震源深度最深的地震为 1934 年 6 月 29 日发生于印度尼西亚苏拉威西岛东边的 6.9 级地震，震源深度720km。震源所在地不光限于地壳和岩石圈范围内，有些也位于地幔内部。大多数地震属于浅源地震，约占地震总数的 72.5%，中源地震发生次数较少，约占 23.5%，深源地震仅占 4%。由于中深源地震的震源深度较深，地震的能量耗散较大，因而危害较小。

从观测点（如地震台）到震中的距离叫震中距。通常把震中距小于 100km 的地震称为地方震，100 ～ 1000km 的称为近震，大于 1000km 的称为远震。一般距震中越远，地震危害越小。

在同一地质构造带上或同一震源体内，却可发生一系列大大小小具有成因联系的地震，这样的一系列地震叫做地震序列。在一个地震序列中，如果有一次地震特别大，称为主震；在主震之前往往发生一系列微弱或较小的地震，称为前震；在主震之后也常常发生一系列低于主震的地震，称为余震。

按震级可对地震进行等级划分，目前地震震级采用里氏测算方法计算，如我国的"7·28"唐山地震是里氏 7.8 级，"5·21"汶川地震是里氏 8.0 级，汶川地震的地质构造如图 2.17 所示。按照震级大小，可以把地震划分为超微震、微震、弱震、强震和大震。超微震是震级小于 1 级的地震，人们不能感觉到，只能用仪器测出。微震为震级大于 1 级小于 3 级的地震，同样不能感觉到。弱震又称小震，为震级大于 3 级小于 5 级的地震，人们可以感觉到，但一般不会造成破坏。强震又称中震，震级大于 5 级小于 7 级，可以造成不同程度的破坏。大震是指 7 级及以上的地震，常造成极大的破坏。

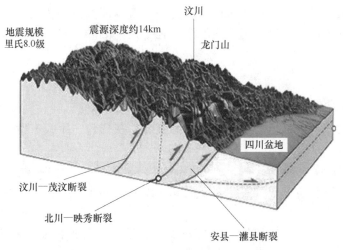

图 2.17　汶川地震的地质构造示意图

引起地震的原因很多，根据诱发原因可将地震分为构造地震、火山地震和冲击地震。构造地震是由地球内部地质构造的变动特别是断裂活动所产生的地震。全球绝大多数地震是构造地震，约占地震总数的90%。火山地震指火山活动引起的地震。火山地震为数不多，约占7%。冲击地震由山崩、滑坡等原因引起，或由地下溶洞洞顶塌落引起，又称塌陷地震。冲击地震为数很少，约占3%，且震源很浅，影响范围小，震级也不大。人类活动也可以诱发地震，人为原因造成的地震称为人工地震或诱发地震，如水库地震。水库地震是由于修建水库引发的地震。水库地震与构造和地层条件有关，而人类活动只是一种诱发因素。

2.7　区域性土

我国地域辽阔，自然环境变化多样，特殊的成土环境造成了一些土具有特殊的工程性质，通常把在特定地理环境或人为条件下形成的具有特殊工程性质的土称为特殊性土，它的分布一般具有明显的区域性，又称为区域性土。我国分布的区域性土主要有软土、冻土、黄土、膨胀土、红黏土、盐渍土，此外还有填土、污染土等。下面简要介绍几类。

2.7.1　软土

软土一般是指天然含水量大、压缩性高、承载力低和抗剪强度很低的呈软塑～流塑状态的黏性土，常在沿海的滨海相、三角洲相、溺谷相、内陆平原或山区的河流相、湖泊相、沼泽相等地方出现。软土是一类土的总称，并非指某一种特定的土，包括淤泥、淤泥质黏性土、淤泥质粉土等，多数具有高灵敏度的结构性。我国软土的分布比较广泛，主要位于沿海平原地带，内陆湖盆、洼地及河流两岸地区，如渤海湾的塘沽地区，海州湾的连云港，杭州湾的杭州，甬江口的宁波、镇海、舟山群岛的舟山，温州湾的温州等。沼泽软土在我国分布也非常广泛，它们常常以泥炭沉积为主，夹有软黏土、腐泥或砂层，主要分布在沿海自渤海湾的海河口到莱州湾的潍河口，以及自黄海的海州湾到川腰港等地。

1. 基本特征

软土的基本特征如下。

（1）软土的外观以灰色为主，颜色多为灰绿、灰黑色，手摸有滑腻感，有机质含量高时有腥臭味。

（2）软土的粒度成分主要是以黏粒及粉粒组成的细粒土，黏粒含量高达60%～70%。从软土的塑性指数和粒度成分鉴定，淤泥和淤泥质土的土质类型一般属于黏性土或粉质土黏性。

（3）软土的矿物成分，除粉粒中的石英、长石、云母外，黏土矿物主要是伊利石，其次为高岭土。此外软土中常有一定量的有机质，可高达8%～9%。

（4）软土具有典型的海绵状或蜂窝状结构，孔隙比大于或等于 1.0，含水量高，天然含水量大于或等于液限，透水性弱，压缩性高。

（5）软土具有层理结构，软土、薄层粉砂、泥炭层等交替沉积，或呈透镜体相间沉积，形成性质复杂的土体。

2. 软土类型

按《建筑地基基础设计规范》（GB 50007—2011）规定，天然含水量大于液限、天然孔隙比大于或等于 1.5 的黏性土称为淤泥；天然含水量大于液限而天然孔隙比小于 1.5 但大于或等于 1.0 的黏性土或粉土称为淤泥质土。淤泥和淤泥质土是工程建设中经常会遇到的软土，它在静水或缓慢的流水环境中沉积，并经生物化学作用形成。含有大量未分解的腐殖质的土，当有机质含量大于 5% 时称为有机质土；有机质含量大于 60% 的土称为泥炭；有机质含量大于或等于 10% 且小于或等于 60% 的土称为泥炭质土。泥炭是在潮湿和缺氧环境中未经充分分解的植物遗体堆积而成的一种有机质土，呈深褐色或黑色，其含水量极高，压缩性很大，且不均匀。泥炭往往以夹层构造存在于一般黏性土层中，对工程十分不利，必须引起足够重视。

3. 工程特性

软土是在特定的环境下形成的，具有某些特殊的成分、结构和构造，从而决定了它具有如下特殊的工程性质。

（1）天然含水量高、孔隙比大。我国软土的天然含水量一般大于液限，呈软塑或半流塑状态。软土的液限一般为 40% ～ 60%，而天然含水量可达 50% ～ 70%，最大可达 300%。随液限增加，天然含水量也增加。由于软土颗粒分散性高，联结弱，所以其孔隙比大，一般大于 1.0，高的可达 5.8。

（2）渗透性弱、压缩性高。软土的孔隙比大，但是孔隙小，黏粒的吸水、亲水性强，土中的有机质含量高，分解出的气体被封闭在孔隙中，使土的透水性变差。软土的渗透系数一般在 10^{-8} ～ 10^{-6} cm/s。软土属于高压缩性土，压缩系数大，一般压缩系数为 0.7 ～ 1.5MPa^{-1}。

（3）强度低。软土的强度低，无侧限抗压强度为 10 ～ 40kPa。软土的抗剪强度很低，且与加荷速率和排水固结条件有关，抗剪强度随着固结程度增加而增大。不排水直剪试验的内摩擦角为 2° ～ 5°，黏聚力在 10 ～ 15kPa；排水条件下，内摩擦角为 10° ～ 15°，黏聚力为 20kPa 左右。

（4）具有触变性。颗粒间连结弱的某些黏性土，在搅拌或者振动等强烈扰动下，土的强度会剧烈降低，甚至呈流动状态，外力停止后，随着时间的增长，土的强度又逐渐得到恢复，这种性质称为触变性。软土的触变性的大小常用灵敏度 S_t 来表示。软土的灵敏度大，一般可达 3 ～ 4，个别可达 8 ～ 9。灵敏度越大，强度降低越明显，造成的危害也就越大。

（5）软土的流变性。软土在长期荷载作用下，变形可延续很长时间，最终引起破坏，这种性质称为流变性。破坏时软土的强度远低于常规试验测得的标准强度，一些软土的长期强度只有标准强度的 40% ～ 80%。

4. 工程措施

由于软土具有含水量高、渗透性弱、强度低、压缩性高、固结时间长等特点，因此软土作为工程建筑地基时会导致承载力低、地基沉降量过大和产生不均匀沉降，所以需对软土地基进行地基处理及加固措施。具体的加固措施如下。

（1）砂井排水。在软土地基中按照一定规律布置砂井，在井孔中灌入中、粗砂，作为排水通道，加快软土排水固结过程，使地基土强度提高。

（2）砂垫层。在建筑物底部铺设一层砂垫层，作为软土顶面的一个排水面。在路堤填筑过程中，由于荷载逐渐增加，软土地基排水固结，渗出的水可以从砂垫层排走。

（3）生石灰桩。生石灰水化过程中强烈吸水，体积膨胀，产生热量，桩周围温度升高，使得软土脱水压密而强度提高。

（4）强夯法。这是软土地基处理中最常用的方法之一。强夯所产生的冲击能使软土迅速排水固结，土层被压实，此法的加固深度可达 11 ～ 12m。

（5）旋喷注浆法。将带有特殊喷嘴的注浆管置入软土层的预定深度，用高压来喷射水泥砂浆或水玻璃和氯化钙混合液，强力冲击土体，使浆液与土搅拌混合，经凝结固化，在土中形成固结体，形成复合地基。此法可提高地基强度，加固软土地基。

（6）换土法。这是一种从根本上改善地基土特性的方法。将软土挖出，换填强度较高的黏性土、砂、砾石、卵石等渗水土。

此外还有化学加固、电渗加固、侧向约束加固、堆载预压等加固方法。

2.7.2 冻土

我国冻土分布极为广阔，其中多年冻土主要分布于东北大兴安岭、青藏高原以及西部高山区——天山、阿尔泰及祁连山等地区，其总面积约为 215 万平方千米，季节冻土主要分布于长江流域以北十余个省。

1. 基本特征

在高纬度和海拔较高的高原、高山地区，一年中有相当长一段时间气温低于零度，这时土中的水分冻结成固态的冰，将温度在零度或零度以下含有固态水的各类土称为冻土。季节冻土是受季节性的影响，寒季冻结，暖季全部融化，呈周期性冻结、融化的土；多年冻土是指土的温度等于或低于零度、含有固态水，且冻结状态在自然界持续两年或两年以上不融化的土。冻土由矿物颗粒、冰、未冻结的水和空气四相组成。其中矿物颗粒是主体，它的大小、形状、矿物成分、化学成分、比表面积、表面活动性等对冻土性质有重要影响。

2. 冻土类型

按《冻土地区建筑地基基础设计规范》（JGJ 118—2011），作为建筑地基的冻土，根据持续时间可分为季节冻土和多年冻土；根据所含盐类与有机物的不同可分为盐渍化冻土与冻结泥炭化土；根据其变形特性可分为坚硬冻土（压缩系数不应大于 0.01MPa^{-1}，并可近似看成不可压缩土）、塑性冻土（压缩系数应大于 0.01MPa^{-1}，在受力计算时应计入压缩变形量）与松散冻土（当粗颗粒土的总含水量不大于 3% 时）。对于季节冻土与多年冻土季节融化层土，根据土平均冻胀率的大小可分为不冻胀土、弱冻胀土、冻胀土、强冻胀土和特强冻胀土五类。对于多年冻土，根据土融化下沉系数的大小，多年冻土可分为不融沉土、弱融沉土、融沉土、强融沉土和融陷土五类。

3. 工程特性

季节冻土的主要工程特性是冻结时膨胀，融化时下沉。季节冻土作为建筑地基，在冻结状态时，具有较高的强度和较低的压缩性或不具压缩性；但融化后承载力大为降低，压缩性急剧增高，使地基产生融陷；在冻结过程中又产生冻胀，对地基非常不利。季节冻土的冻胀和融陷与土的颗粒大小及含水量有关，一般土颗粒越粗，含水量越小，土的冻胀和融陷性越小；反之则越大。

冻土中的冰是冻土存在的基本条件，也使冻土具有特殊的物理力学性质。冻土的基本力学性质和热学性质可用以下指标表示：平均冻胀率、融化下沉系数（冻土融化过程中，在自重作用下产生的相对融化下沉量）、融化压缩系数（冻土融化后，在单位荷重下产生的相对压缩变形量）、导热系数、导温系数等。当自然条件改变时，会产生冻胀、融陷、热融、滑塌等特殊不良地质现象。

4. 工程措施

土冻结时会发生冻胀，强度增高，融化时发生融陷，强度降低，甚至出现软塑和流塑状态。修建在冻土地区的工程建筑物，常常由于土体反复冻胀、融陷，导致工程建筑物的破坏。对此通常采取的防治措施如下。

（1）排水。水是影响冻土冻胀、融陷的重要因素，必须严格控制土体中的含水量。选择地势高、地下水位低、地面排水良好的建筑场地。可以在地面修建一系列排水沟、排水管，用以拦截地表周围流来的水，汇集、排除建筑物地区和建筑物的内部水，防止这些地表水渗入地下。在地下可修建盲沟、渗沟等拦截周围流来的地下水，降低地下水位，防止地下水向地基土集聚。

（2）保温。应用各种保温隔热材料，防止地基土温度受人为因素和建筑物的影响，最大限度地防止冻胀、融陷。如在基坑或路堑的底部和边坡上或在填土路堤底面上铺设一定厚度的草皮、苔藓、泥炭、炉渣或黏土，都有保温隔热的作用，使多年冻土上限保持稳定。

（3）改善土的性质。用粗砂、砾石、卵石等不冻胀土代替天然地基的细粒冻胀土，是最常用的防治冻害的措施。或在土中加入一些化学物质，使土颗粒、水和化学物质相互作用，降低土中水的冰点，使水分转移受到影响，从而削弱和防止土的冻胀。

（4）结构措施。对在地下水位以下的基础，可采用桩基础、自锚式基础等。在强冻胀性和特强冻胀性地基上，其基础结构应设置钢筋混凝土圈梁和基础梁，并控制上部建筑物的长高比，以防止因土的冻胀将梁或承台拱裂。

2.7.3 黄土

我国黄土分布的总面积约为 63.5 万平方千米，约占世界黄土分布总面积的 5%，遍布陕西、甘肃、山西的大部分地区，以及河南、宁夏和河北的部分地区，新疆、山东和辽宁等地也有局部分布，其中湿陷性黄土约占 3/4。由于各地的地理、地质和气候条件的差异，湿陷性黄土的组成成分、分布地带、沉积厚度、湿陷特征和物理力学性质也因地而异。我国从西向东，由北向南，黄土颗粒逐渐变细，湿陷性的总体趋势为由西北向东南逐渐减小。

1. 基本特征

黄土是在干旱、半干旱气候条件下形成的一种黄色粉土沉积物。黄土的粒度成分以粉粒为主，含碳酸盐，孔隙大，质地均一，无明显层理而有显著垂直节理。黄土通常具备以下特征。

（1）外观颜色呈淡黄、灰黄和棕黄色，其中古土壤夹层呈褐红色或灰色。

（2）颗粒组成中粉土颗粒（0.005～0.075mm）占 60%～70%，粉砂和黏粒，各占 1%～29% 和 8%～26%。黄土富含有各种可溶性盐类，其中以碳酸钙含量为最多，可达 10%～30%。由于碳酸钙盐类的胶结作用，黄土中常存在钙质结核，又称姜石。

（3）黄土的结构疏松，孔隙多，有肉眼可见的大孔隙，又称大孔土，孔隙率可达 33%～64%。黄土在天然含水量状态下表现为坚硬。

（4）黄土的构造特征为水平层理很不明显，而垂直节理极为发育，这主要是黄土分布于干旱和半干旱地区受长期蒸发和干缩，以及水在黄土中自上而下长期淋溶作用的结果。天然条件下黄土直立边坡可保持稳定，高达十几米至几十米。

（5）有些黄土具有湿陷性。黏粒含量大于 20% 的黄土，湿陷性明显减小或无湿陷性。

2. 黄土类型

黄土按其成因可以分为原生黄土和次生黄土。原生黄土经过水流冲刷、搬运和重新沉积而形成次生黄土。次生黄土有残积、坡积、洪积、冲积等多种类型。黄土按形成年代的早晚分为老黄土和新黄土。老黄土包括午城黄土（Q_1）和离石黄土（Q_2）；新黄土有马兰黄土（Q_3）和次生黄土（Q_4）。

黄土的湿陷性评价按室内浸水压缩试验，在一定压力下测定的湿陷系数进行判定。按《湿陷性黄土地区建筑标准》（GB 50025—2018）规定，当湿陷系数小于 0.015 时，应定为非湿陷性黄土（在一定压力下受水浸湿，无显著附加下沉的黄土）；当湿陷系数等于或大于 0.015 时，应定为湿陷性黄土（在一定压力下受水浸湿，土结构迅速破坏，并产生显著附加下沉的黄土）。

另外，在湿陷性黄土场地的评价中，在上覆土的饱和自重压力下受水浸湿，无显著附加下沉的湿陷性黄土，称为非自重湿陷性黄土；而把在上覆土的饱和自重压力下受水浸湿，发生显著附加下沉的湿陷性黄土，称为自重湿陷性黄土。

3. 工程特性

（1）黄土的密度一般为 2.54 ～ 2.84g/cm³；干密度为 1.12 ～ 1.79g/cm³。在天然含水量相同的情况下，黄土天然密度越高，强度也越高。黄土孔隙比一般大于 1.0。在黄土中，孔隙大小和分布都极不均匀，其中大孔隙的数量是决定黄土湿陷性的重要依据。

（2）黄土的天然含水量较低，一般在 1%～38% 之间，某些干旱地区为 1%～12%。含水量和湿陷性有一定的关系：天然含水量较低的黄土，经常湿陷性较强；含水量增加，湿陷性减弱；当含水量超过 25% 时就不再湿陷了。黄土的透水性一般比黏性土大，属中等透水性土，这主要是因为其垂直节理孔隙较发育，故垂直方向透水性大于水平方向，有时可达十余倍。

（3）黄土的液限常为 26%～34%，塑限一般为 16%～20%，塑性指数为 8～14。一般无膨胀性，崩解性很强，黄土易于崩解是黄土边坡浸水后造成大规模的崩塌的重要原因。黄土易受流水冲刷则是黄土地区容易形成冲沟的重要原因。

（4）黄土的压缩性用压缩系数 a 表示，根据压缩性可将黄土分为：低压缩性土（ $a < 0.1\text{MPa}^{-1}$ ）、中压缩性土（ $0.1 \leqslant a < 0.5\text{MPa}^{-1}$ ）、高压缩性土（ $a \geqslant 0.5\text{MPa}^{-1}$ ）。

（5）天然状态下黄土的抗剪强度较高，一般内摩擦角为 15°～25°，黏聚力为 30～40kPa。当黄土的含水量低于塑限时，水分变化对黄土的强度影响非常大，随着含水量的增加，土的内摩擦角和黏聚力都降低较多；当含水量大于塑限时，含水量对抗剪强度的影响减小；当含水量达到饱和时，抗剪强度则变化不大。

4. 工程措施

在湿陷性黄土地区常采用的地基处理方法有重锤表层夯实法、强夯法、垫层法、挤密法、预浸水法、化学加固法和桩基础等。选择地基处理方法，应根据建筑物的类别和湿陷性黄土的特性，并考虑施工设备、施工进度、材料来源和当地环境等因素，经技术经济综合分析比较后确定。湿陷性黄土地基常用的处理方法，根据《湿陷性黄土地区建筑标准》（GB 50025—2018），可按表 2-4 或多种方法相结合选用最佳处理方法。

表 2-4 湿陷性黄土地基常用的处理方法

名称	适用范围	可处理的湿陷性黄土层厚度 /m
垫层法	地下水位以上，局部或整片处理	1～3
强夯法	地下水位以上， $S_r \leqslant 60\%$ 的湿陷性黄土，局部或整片处理	3～12
挤密法	地下水位以上， $S_r \leqslant 65\%$ 、 $\omega \leqslant 22\%$ 的湿陷性黄土	5～25
预浸水法	自重湿陷性黄土场地，地基湿陷等级为Ⅲ级或Ⅳ级，可取消地表 6m 以下湿陷性黄土层的全部湿陷性	地表 6m 以下（6m 以上，尚应采用垫层或其他方法处理）
其他方法	经试验研究或工程实践证明行之有效	现场试验确定

2.7.4 膨胀土

我国膨胀土分布十分广泛,遍及西南、中南、华东,以及华北、西北和东北的一部分。其主要分布在从西南云贵高原到华北平原之间各流域形成的平原、盆地、河谷阶地,以及河间地块和丘陵等地。其中,尤以珠江流域的东江、桂江、郁江和南盘江水系,长江流域的长江、双水、嘉陵江、岷江、乌江水系,淮河流域、黄河流域以及河海流域的各干支流水系等地区,膨胀土分布最为集中。

1. 基本特征

膨胀土是指土中黏粒成分主要由亲水性矿物组成,同时具有显著的吸水膨胀和失水收缩两种变形特性的黏性土。膨胀土外观一般呈棕黄、黄红、灰白、花斑(杂色)色。其粒度成分主要以黏粒为主,含量在 35% 以上,黏粒的主要矿物成分为蒙脱石和伊利石,常含有铁锰质及钙质结核。

根据《膨胀土地区建筑技术规范》(GB 50112—2013),场地具有下列工程地质特征及建筑物破坏形态,且土的自由膨胀率大于或等于 40% 的黏性土,应判定为膨胀土。

(1)土的裂隙发育,常有光滑面和擦痕,有的裂隙中充填有灰白、灰绿等杂色黏土。自然条件下呈坚硬或硬塑状态。

(2)多出露于二级或二级以上的阶地、山前和盆地边缘的丘陵地带。地形较平缓、无明显自然陡坎。

(3)常见有浅层滑坡、地裂。新开挖坑(槽)壁易发生坍塌等现象。

(4)建筑物裂缝多呈"倒八字""X"或水平裂缝,裂缝随气候变化而张开和闭合。

2. 基本物理指标

膨胀土的相对密度多为 2.7 ~ 2.8,天然密度为 1.9 ~ 2.1g/cm³,干密度较大,一般为 1.6 ~ 1.8g/cm³,干密度越大,土的膨胀性也越大。早期(第四纪以前或第四纪早期)生成的膨胀土具有超固结性,孔隙比一般较小,天然孔隙比为 0.5 ~ 0.8。

膨胀土的天然含水量一般为 20% ~ 30%,饱和度大于 0.85。膨胀土的液限为 38% ~ 55%,塑限为 20% ~ 35%,塑性指数为 18 ~ 35,多数在 22 ~ 35 之间。因此,多数天然状态膨胀土处于塑性状态。

膨胀土具有明显的胀缩性,在天然含水量情况下,膨胀土的吸水膨胀量为总体积的 2.44% ~ 14.2%,个别高达 23% 以上。失水收缩量为总体积的 14.8% ~ 21.6%。在风干情况下,膨胀土吸水膨胀量一般为 20% ~ 30%,最大可达 50%。

3. 工程特性

(1)膨胀土的变形。膨胀土是随着含水量增减体积发生显著往复胀缩变形的高塑性黏土。为了正确评价膨胀土的工程性质,必须测定其膨胀收缩指标。表示膨胀土的胀缩性指标有膨胀率、自由膨胀率、收缩系数等。根据《膨胀土地区建筑技术规范》(GB 50112—2013)规定,自由膨胀率 $\delta_{ef} \geq 40\%$ 为膨胀土,并对膨胀土的膨胀潜势按其自由膨胀率分为三类,见表 2-5。

表 2-5　膨胀土的膨胀潜势分类

自由膨胀率 δ_{ef} /%	膨胀潜势
$40 \leqslant \delta_{ef} < 65$	弱
$65 \leqslant \delta_{ef} < 90$	中
$\delta_{ef} \geqslant 90$	强

（2）膨胀土的强度。膨胀土中新开挖出露的土体，在天然含水量的原始状态下，其抗剪强度和弹性模量是比较高的，但遇水后强度显著降低，黏聚力一般小于 0.05MPa，有的黏聚力接近于零，内摩擦角可从几度到十几度。在自然因素作用下，土体长期反复胀缩变形，含水量不断变化，导致土体的强度发生衰减。膨胀土极易产生风化破坏作用，土体开挖后，在风化营力作用下，很快产生破裂、剥落、泥化等现象，使土体结构破坏，强度降低。

4. 工程措施

在膨胀土地基上修筑建筑物及桥梁时，不仅有土的压缩变形，还有湿胀干缩变形。由于地基土的胀缩变形而发生不均匀沉降，会引起地基承载力问题和结构开裂问题。在膨胀土地区修筑铁路时，随着列车轴重的增加和行车密度与速度的提高，膨胀土体抗剪强度衰减及基床土承载力降低，容易造成边坡坍塌、滑坡，路基长期不均匀下沉、翻浆冒泥等病害则更加突出，造成路基失稳，影响行车安全。主要防治措施如下。

（1）地基的防治措施。

① 防水保湿措施。防止地表水下渗和土中水分蒸发，保持地基土湿度稳定，控制胀缩变形。如在建筑物周围设置散水坡，设水平和垂直隔水层；加强上下水管道防漏措施及热力管道隔热措施；建筑物周围合理绿化，防止植物根系吸水造成地基土不均匀收缩；选择合理的施工方法，基坑不宜暴晒或浸泡，应及时处理夯实。建筑物基础应适当加深，以便相应减少膨胀土的厚度，并增加基础底面以上土的自重，加大基础侧面摩擦力。

② 地基土改良措施。地基土改良的目的是消除或降低土的膨胀性，常采用方法为：换土法，挖出膨胀土，换填砂、砾石等非膨胀土；压入石灰水法，石灰与水相互作用产生氢氧化钙，吸收周围水分，氢氧化钙与二氧化碳形成碳酸钙，起胶结土颗粒的作用。钙离子与土颗粒表面的阳离子进行离子交换，使水膜变薄脱水，土的强度和抗水性提高。必要时也可以采取桩基等。

（2）边坡的防治措施。

① 地表水防护。防止水渗入土体，冲蚀坡面，设截排水天沟，平台纵向排水沟、侧沟或坡脚排水沟等排水系统。

② 坡面加固。植被防护，即种植草皮、灌木、小乔木，这些植被根系发达，形成植被覆盖层防止地表水冲刷。

③ 骨架护坡。采用浆砌片石方形及拱形骨架护坡、骨架内植草效果更佳。

④ 支挡措施。采用抗滑挡墙、抗滑桩、片石垛等。

（3）对于路基基床下沉或翻浆冒泥，主要应采用土质改良，加固基床及排除基床水的措施。

2.7.5 其他区域性土

此外，我国分布的区域性土还有红黏土、盐渍土、填土和污染土。其中红黏土广泛分布于我国的云贵高原及四川东部、广西、安徽、粤北、鄂西、湘西等地区的低山、丘陵地带顶部和山间盆地、洼地、缓坡及坡脚地段，具有裂隙性和胀缩性；盐渍土主要分布在西北干旱地区的新疆、青海、甘肃、宁夏、内蒙古等地势低平的盆地和平原中，具有融陷性、盐胀性、腐蚀性；填土是指在一定的地址、地貌和社会历史条件下，由于人类活动而堆填的土，根据其组成物质和堆填方式形成的工程性质的差异，可将填土划分为素填土、杂填土和充填土三类；由于致污物质侵入改变了其物理力学性状的土，应判定为污染土，通常由于地基土受到生产及生活过程中产生的三废污染物（废水、废气、废渣）的侵蚀，土性发生化学变化而形成。在实际工程中应根据相应的规范并结合现场条件对不同的区域性土采取不同形式的处理方法。

习　题

一、单项选择题

1. 岩溶发育的必要条件是（　　　）。

A. 岩层具有可溶性及地下水具有侵蚀能力

B. 岩层中含有承压水层

C. 地下水参与大气水循环

D. 潜水径流排泄

2. 以下有关崩塌的说法中，不正确的是（　　　）。

A. 斜坡岩土体沿陡倾的拉裂面破坏，突然脱离母体而快速移动、翻滚和坠落的现象

B. 崩塌与采矿、地震或爆破震动等触发因素有密切关系

C. 崩塌体以垂直方向运动为主，无依附面，发生突然，运动快速

D. 风化作用不会影响崩塌的发生，崩塌在坚硬脆性岩体中也不易发生

3. 典型的泥石流流域，从上游到下游一般可分为三个区段，以下（　　　）除外。

A. 堆积区　　　　B. 汇水区　　　　C. 流通区　　　　D. 形成区

4. 软土的工程特性是（　　　）。

A. 强度高　　　　　　　　　B. 渗透性弱、压缩性高

C. 孔隙比较小　　　　　　　D. 含水量低

5. 膨胀土的胀缩性指标不包括（　　　）。

A. 膨胀率　　　　B. 自由膨胀率　　　C. 收缩系数　　　D. 压缩系数

6. 以下有关第四纪沉积物的说法中，不正确的是（　　　）。

A. 残积物为岩石风化后未经搬运、残留于原地的土，因此残积物不具有层理构造

B. 坡积物一般比较疏松，压缩性较高

C. 洪积物有不规则交错的层理构造，如夹层、尖灭或透镜体等产状

D. 冲积物表面多棱角，没有层理构造

二、填空题

1. 地表水可分为面流、洪流和_____三大类。

2. 河流的侵蚀作用主要分为_____、向源侵蚀及侧向侵蚀作用。

3. 按埋藏条件划分，地下水可以分为_____、潜水和承压水三类。

4. 最主要的滑坡形态要素是_____、滑坡床和滑动面。

5. 泥石流形成的三个基本条件是地形、地质和_____。

三、名词解释题

1. 第四纪沉积物

2. 下蚀作用

3. 地下水

4. 结合水

5. 岩溶作用

6. 滑坡

7. 地貌

四、简答题

1. 简述泥石流的防治措施。

2. 根据地震诱发原因不同，地震的类型有哪些？请具体说明各类地震的诱因及其发生概率。

3. 什么是膨胀土？请具体描述膨胀土的外观特性、粒度成分和矿物成分。

4. 简述膨胀土边坡的防治措施。

5. 什么是河流袭夺？河流袭夺与断头河有何关联？

在线答题

拓展习题

第 3 章
岩土工程勘察和测试技术

知识结构图

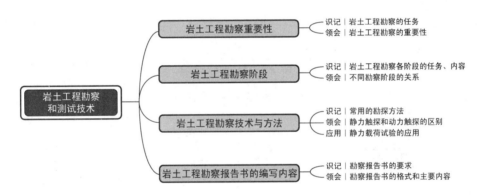

3.1　岩土工程勘察重要性

3.1.1　岩土工程勘察的目的与重要性

岩土工程勘察是为查明影响工程建筑物的地质因素而进行的地质调查研究工作。它运用工程地质理论和各种勘察测试技术手段，为工程建筑的规划、设计、施工和使用提供该工程所涉及区域内的地质资料，分析该地区的工程地质条件对该工程的适宜性，同时还研究所存在的不利地质条件，并探讨其解决方法。它是工程建设的先行工作，其成果资料是工程项目决策、设计和施工的重要依据。

根据规范规定：各项工程建设在设计和施工之前，必须按基本建设程序进行岩土工程勘察。岩土工程勘察应按工程建设各勘察阶段的要求，查明不良地质作用和地质灾害，精心勘察、精心分析，提出资料完整、评价正确的勘察报告所需勘察的地质因素，包括地质构造、地形地貌、地层条件、水文地质条件、土和岩石的物理力学性质和天然建筑材料等，这些通常称为工程地质条件。从事工程建设必须先了解拟建场地的自然环境，区域和场地的稳定性条件，工程地质条件，岩土（体）在工程荷载作用下及工程活动条件下的稳定性、强度及变形规律。查明工程地质条件后，需根据设计建筑物的结构和运行特点，预测工程建筑物与地质环境相互作用（工程地质作用）的方式、特点和规模，并作出正确的评价，为确定保证建筑物稳定与正常使用的防护措施提供依据。

3.1.2　岩土工程勘察的任务

我国重大基础设施的不断规划和建设，如港珠澳大桥、三峡大坝等重大工程，涉及的工程地质条件极其复杂，为确保工程安全建设，必须事先查明工程地质条件。

例题 3-1
讲解

岩土工程勘察是完成工程地质学在经济建设中"防灾"这一总任务的具体实践过程。其任务从总体上来说是为工程建设规划、设计、施工提供可靠的地质依据及参数，作出正确的评价，以充分利用有利的自然和地质条件，避开或改造不利的地质因素，保证建筑物的安全和正常使用。具体而言，岩土工程勘察的任务可归纳如下。

（1）调查工程建设区域的地形地貌。

其包括地形地貌的形态特征，地貌的成因类型及地貌单元的划分。

（2）调查工程建设区域的地层条件。

其包括岩土的性质、成因类型、地质年代、厚度分布范围，测定基岩、土的物理力学性质。对岩层尚应查明风化程度及与地层的接触关系；对土层应着重区分新近沉积黏性土、特殊土的分布范围及其工程地质特征。

（3）调查工程建设区域的地质构造。

其包括岩层产状及褶曲类型；裂隙的性质、产状、数量及填充胶结情况；断层的位置、类型、产状、断距、破碎带宽度及填充情况；新近地质时期构造活动形迹。从而评价地质构造对工程建设的不利和有利的工程地质条件。

（4）查明工程建设区域的水文及水文地质条件。

调查含水层的埋藏条件、地下水类型、补给排泄条件、各层地下水位，调查其变化幅度，必要时应设置长期观测孔，监测水位变化；当需绘制地下水等水位线图时，应根据地下水的埋藏条件和层位，统一量测地下水位；当地下水可能浸湿基础时，应采取水样进行腐蚀性评价。

（5）确定工程建设区域内有无不良地质条件。

不良地质现象包括滑坡、泥石流、岸边冲刷和地震等。应对工程建设区域内可能发生的不良地质现象进行评价，先做出定性分析，并在此基础上进行定量分析，为工程的设计和施工提供可靠的地质结论，并提出改善不良工程地质条件的措施和建议。

（6）测定地基土的物理力学性质指标。

其包括地基土的天然密度、比重、含水量、液塑限、压缩系数、压缩模量、抗剪强度等。

（7）在抗震设防区划分场地土类型和场地类别，并进行场地和地基的地震效应评价。

（8）推荐承载力和变形计算参数，提出地基基础设计和施工的建议，尤其是不良地质现象的处理对策。

以上八项任务是相互联系，密不可分的。其中对工程地质条件的调查研究是最基本的工作，如果工程地质条件不清楚或弄错了，则其他各项任务也就不可能完成，甚至得出错误的结果。

任何工程建筑物都是建造在一定地基之上的，所有工程建设方式、规模和类型都要受工程建设区域内的工程地质条件所制约。地基的好坏不仅直接影响到建筑物的经济性和安全性，而且一旦发生事故，处理也比较困难。实践经验表明，只有岩土工程勘察工作做得好，设计、施工才能顺利进行，工程建筑的安全运营才能得到保障。相反，忽视工程建设区域内的岩土工程勘察，就会给工程建设带来不同程度的影响，轻则修改设计方案、增加投资、延误工期，重则使建筑物完全不能使用，甚至突然破坏，酿成灾害。

加拿大特朗斯康谷仓就是建筑地基失稳的典型例子。该谷仓由 65 个圆柱形筒仓组成，长 59.44m，宽 31.00m。采用钢筋混凝土片筏基础，厚 2.00m，埋置深度 3.60m。谷仓于 1913 年秋建成，10 月贮存谷物 2.70×10^7kg 时发现谷仓明显下沉，谷仓西端下沉 8.80m，东端上升 1.50m，最后整个谷仓倾斜近 27°。由于谷仓整体刚度较大，在地基破坏后，筒仓完整，无明显裂缝。事后勘察了解到，该谷仓基础下埋藏有厚达 16.00m 的高塑性淤泥质软黏土层。谷仓加载使得基础地面上的平均荷载达到 330kPa，超过了地基的极限承载力 280kPa，因而发生地基强度破坏而整体失稳滑动。为了修复谷仓，在基础下设置了 70 多个支承于 16.00m 以下基岩上的混凝土墩，使用了 338 个 50kN 的千斤顶，才逐渐把谷仓纠正过来。修复后谷仓的标高比原来降低了 4.00m。这在地基事故处理中是个奇迹，不过费用也非常昂贵。因为没有进行岩土工程勘察或岩土工程勘察不完整而导致工程事故发生的例子还很多，这些例子表明工程场地的工程地质条件直接对其上的建筑物产生影响，如果不进行岩土工程勘察，会造成非常严重的后果，岩土工程勘察在工程建设中占有举足轻重的地位。由此可见岩土工程勘察是做好设计和施工的前提，是国家基本建设任务程序中极为重要的环节，必须先勘察，再设计、施工。如果实际工作中违反了上述程序，则设计、施工将是盲目的、冒险的，势必造成巨大的损失。

3.2　岩土工程勘察阶段

　　岩土工程勘察既是认识自然，又是利用自然、改造自然的过程，因而要完成岩土工程勘察的任务，就需要经过多次的反复。同时，一项土木工程也需要反复研究，多次分析，才能从粗略到具体，完成从可行性研究和初步设计到施工图设计的全过程。这种反复认识、不断深化的规律性，也是人的主观意图（工程的规划与设计）与客观存在（工程地质条件）相互适应的需要。为此，勘察工作与设计工作必须紧密配合，分阶段、有程序地进行，为工程建设的规划、设计、施工提供必要的依据及参数。各个工程设计阶段的任务不同，要求岩土工程勘察提供的地质资料和解答的问题在广度和深度上是不一样的。因此为不同设计阶段进行的勘察所涉及的范围、使用的工作方法和工作量的大小以及应取得资料的详细程度也应该有所不同。

例题 3-2
讲解

　　根据各类建设工程的不同特点对勘察设计阶段划分的名称不尽相同，但勘察设计各阶段的实质内容则是大同小异。一般将岩土工程勘察阶段划分为可行性研究勘察阶段、初步勘察阶段、详细勘察阶段及技术设计与施工勘察阶段。其中，建筑物的岩土工程勘察宜分阶段进行；可行性研究勘察应符合选择场址方案的要求；初步勘察应符合初步设计的要求；详细勘察应符合施工图设计的要求；场地条件复杂或有特殊要求的工程，宜进行施工勘察。对于地质条件简单、建筑物占地面积不大的场地，或有建设经验的地区，也可适当简化勘察阶段；对于场地较小且无特殊要求的工程可合并勘察阶段。当建筑物平面布置已经确定，且场地或其附近已有工程地质资料时，可根据实际情况，直接进行详细勘察。

　　各勘察阶段的任务和工作内容简述如下。

3.2.1　可行性研究勘察阶段

　　可行性研究勘察阶段的任务主要是满足选址或确定场地的要求。为了取得几个场址方案的主要工程地质资料，对拟选场地的稳定性和适宜性作出工程地质评价和方案比较，从总体上判定拟建场地的工程地质条件是否适宜进行工程建设。为此，在确定拟建工程场地时，在工程地质条件方面，宜避开下列地区或地段。

　　（1）不良地质现象发育且对场地稳定性有直接危害或潜在威胁的。

（2）地基土性质严重不良的。

（3）对建（构）筑物抗震危险的，设计地震烈度为 8 度或 9 度的发震断裂带。

（4）洪水或地下水对建（构）筑场地有严重不良影响的。

（5）地下有未开采的有价值矿藏或未稳定的地下采空区的。

本阶段的工程地质工作内容如下。

（1）收集场地区域地质、地形地貌、地震、矿产和附近地区的工程地质资料及当地的建筑经验。

（2）在收集和分析已有资料的基础上，通过踏勘，了解场地的地层条件、地质构造、岩石和土的性质、不良地质现象及地下水等工程地质条件。

（3）对工程地质条件复杂，已有资料不能满足要求，但其他条件好且倾向于选取的场地，应根据具体的情况进行地质测绘及必要的勘探工作。

（4）当有两个或两个以上拟选场地时，应进行比选分析。

3.2.2 初步勘察阶段

初步勘察阶段是在选定的场址上进行的，该阶段的工作最为繁重，要使用各种勘察手段，根据选址报告书了解建设工程类型、规模、建筑物高度、基础的形式和埋置深度以及主要设备等情况。初步勘察阶段的任务是：对场地内建筑地段的稳定性做出岩土工程评价，为确定建筑总平面布置、主要建筑物地基基础设计方案以及不良地质现象的防治方案作出工程地质论证，满足初步设计阶段对初步勘察的要求。

本阶段的岩土工程勘察工作如下。

（1）收集拟建工程的有关文件、工程地质和岩土工程资料以及工程场地范围的地形图，使场地内主要建筑物（如工业主厂房）的布置避开不良地质现象发育的地段，确定建筑总平面布置。

（2）初步查明地质构造、地层结构、岩土工程特性、地下水埋藏条件。

（3）查明场地不良地质作用的成因、分布、规模、发展趋势，并对场地的稳定性做出评价。

（4）对抗震设防烈度等于或大于 6 度的场地，应对场地和地基的地震效应做出初步评价。

（5）在季节性冻土地区，应调查场地土的标准冻结深度。

（6）初步判定水和土对建筑材料的腐蚀性。

（7）高层建筑初步勘察时，应对可能采取的地基基础类型、基坑开挖与支护、工程降水方案进行初步分析评价。

初步勘察的勘探工作应符合下列要求。

（1）勘探线应垂直地貌单元、地质构造和地层界线布置，对甲级建筑物应按建筑物体型选定纵横两个方向布置勘探线，勘探点应该布置在这些线上，并在变化最大的地段予以加密。

（2）每个地貌单元均应布置勘探点，在地貌单元交接部位和地层变化较大的地段，勘探点应予加密。

（3）在地形平坦地区，可按网格布置勘探点。

（4）对岩质地基，勘探线和勘探点的布置，勘探孔的深度，应根据地质构造、岩体特性、风化情况等按地方标准或当地经验确定。

初步勘察勘探线和勘探点间距可按表 3-1 确定，局部异常地段应予加密。

表 3-1　初步勘察勘探线和勘探点间距　　　　　　　　　　　　　　　　　　单位：m

地基复杂程度等级	勘探线间距	勘探点间距
一级（复杂）	50 ～ 100	30 ～ 50
二级（中等复杂）	75 ～ 150	40 ～ 100
三级（简单）	150 ～ 300	75 ～ 200

注：① 表中间距不适用于地球物理勘探。

　　② 控制性勘探点宜占勘探点总数的 1/5 ～ 1/3，且每个地貌单元均应有控制性勘探点。

勘探孔分为一般性勘探孔和控制性勘探孔两种。确定勘探孔深度的原则是：一般性勘探孔以能控制地基的主要受力层为原则；控制性勘探孔则要求能控制地基压缩层的计算深度。一般情况下，初步勘察勘探孔深度可按表 3-2 确定。其中勘探孔包括钻孔、探井和原位测试孔等，特殊原因的钻孔除外。

表 3-2　初步勘察勘探孔深度　　　　　　　　　　　　　　　　　　　　　　单位：m

工程重要性等级	一般性勘探孔	控制性勘探孔
一级（重要工程）	≥15	≥30
二级（一般工程）	10 ～ 15	15 ～ 30
三级（次要工程）	6 ～ 10	10 ～ 20

每个地貌单元或每幢重要建筑物都应设有控制性勘探孔，并到达预定深度，其他一般性勘探孔只需达到适当深度即可。当遇下列情形之一时，应适当调整勘探孔深度。

（1）当勘探孔的地面标高与预计整平地面标高相差较大时，应按其差值调整勘探孔深度。

（2）在预定深度内遇基岩时，除控制性勘探孔仍应钻入基岩适当深度外，一般性勘探孔达到确认的基岩后即可终止钻进。

（3）在预定深度内有厚度较大，且分布均匀的坚实土层（如碎石土、密实砂、老沉积土等）时，除控制性勘探孔应达到规定深度外，一般性勘探孔的深度可适当减小。

（4）当预定深度内有软弱土层时，勘探孔深度应适当增加，部分控制性勘探孔应穿透软弱土层或达到预计控制深度。

（5）对重型工业建筑应根据结构特点和荷载条件适当增加勘探孔深度。

初步勘察采取土样和进行原位测试应符合下列要求。

（1）采取土样和进行原位测试的勘探点应结合地貌单元、地层结构和土的工程性质布置，其数量可占勘探点总数的 1/4 ～ 1/2。

（2）采取土样的数量和孔内原位测试的竖向间距，应按地层特点和土的均匀程度确定；每层土均应采取土样或进行原位测试，其数量不宜少于 6 个。

初步勘察应进行下列水文地质工作。

（1）调查含水层的埋藏条件、地下水类型、补给排泄条件、各层地下水位，调查其变化幅度，必要时应设置长期观测孔，监测水位变化。

（2）当需绘制地下水等水位线图时，应根据地下水的埋藏条件和层位，统一量测地下水位。

（3）当地下水可能浸湿基础时，应采取水样进行腐蚀性评价。

3.2.3 详细勘察阶段

详细勘察阶段的任务是在建筑总平面确定后，针对具体建筑物或具体工程地质问题，为设计和施工提供可靠的依据和设计参数，即把勘察工作的主要对象缩小到具体建筑物的地基范围内。详细勘察应按单体建筑物或建筑群提出详细的工程地质资料和设计、施工所需的岩土参数，对建筑地基做出工程地质评价，并对地基类型、基础形式、地基处理、基坑支护、工程降水和不良地质作用的防治等提出建议。

详细勘察阶段主要应进行下列工作。

（1）收集附有坐标和地形的建筑总平面图，场区的地面整平标高，建筑物的性质、规模、荷载、结构特点、基础形式、埋置深度、地基允许变形等资料。

（2）查明不良地质作用的类型、成因、分布范围、发展趋势和危害程度，提出整治方案的建议。

（3）查明建筑范围内岩土层的类型、深度、分布、工程特性，分析和评价地基的稳定性、均匀性和承载力。

（4）对需进行沉降计算的建筑物，提供地基变形计算参数，预测建筑物的变形特征。

（5）查明埋藏的河道、沟浜、墓穴、防空洞、孤石等对工程不利的埋藏物。

（6）查明地下水的埋藏条件，提供地下水位及其变化幅度。

（7）在季节性冻土地区，提供场地土的标准冻结深度。

（8）判定水和土对建筑材料的腐蚀性。

（9）对抗震设防烈度等于或大于 6 度的场地，应划分场地类型和场地类别；对抗震设防烈度等于或大于 7 度的场地，尚应分析预测地震效应，判定饱和砂土或饱和粉土的地震液化，并应计算液化指数。

（10）对深基坑开挖尚应提供稳定计算和支护设计所需的岩土技术参数，论证和评价基坑开挖、降水等对邻近工程的影响。

（11）判定地基土及地下水在建筑物施工和使用期间可能产生的变化及对工程环境的影响，提出防治方案、防水设计水位和抗浮设计水位的建议。

（12）提供桩基设计所需的岩土技术参数，并确定单桩承载力，提出桩的类型、长度和施工方法等建议。

详细勘察勘探点布置和勘探孔深度，应根据建筑物特性和工程地质条件确定。对岩质地基，应根据地质构造、岩体特性、风化情况等，结合建筑物对地基的要求，按地方标准或当地经验确定；对土质地基，应符合下面的规定。

详细勘察勘探点间距可按表 3-3 确定。

表 3-3　详细勘察勘探点间距　　　　　　　　　　　　　　　　单位：m

地基复杂程度等级	勘探点间距
一级（复杂）	10～15
二级（中等复杂）	15～30
三级（简单）	30～50

详细勘察勘探点的布置，应符合下列规定。

（1）勘探点宜按建筑物周边线和角点布置，对无特殊要求的其他建筑物可按建筑物或建筑群的范围布置。

（2）同一建筑范围内的主要受力层或有影响的下卧层起伏较大时，应加密勘探点，查明其变化。

（3）重大设备基础应单独布置勘探点，重大的动力机器基础和高耸构筑物，勘探点不宜少于 3 个。

（4）勘探方法宜采用钻探与触探相配合，在复杂地质条件、湿陷性土、膨胀岩土、风化岩和残积土地区，宜布置适量探井。

（5）详细勘察的单栋高层建筑勘探点的布置，应满足对地基均匀性评价的要求，且不应少于 4 个；对密集的高层建筑群，勘探点可适当减少，但每栋建筑物至少应有 1 个控制性勘探点。

详细勘察的勘探孔深度自基础底面算起，应符合下列规定。

（1）勘探孔深度应能控制地基主要受力层，当基础底面宽度不大于 5m 时，勘探孔的深度对条形基础不应小于基础底面宽度的 3 倍，对单独柱基不应小于 1.5 倍，且不应小于 5m。

（2）对高层建筑和需作变形计算的地基，控制性勘探孔的深度应超过地基变形计算深度；高层建筑的一般性勘探孔应达到基底下 0.5～1.0 倍的基础宽度，并深入稳定分布的地层。

（3）对仅有地下室的建筑或高层建筑的裙房，当不能满足抗浮设计要求，需设置抗浮桩或锚杆时，勘探孔深度应满足抗拔承载力评价的要求。

（4）当有大面积地面堆载或软弱下卧层时，应适当加深控制性勘探孔的深度。

（5）在上述规定深度内当遇基岩或厚层碎石土等稳定地层时，勘探孔深度应根据情况进行调整。

详细勘察的勘探孔深度，除应满足上面 5 条的要求外，尚应符合下列规定。

（1）地基变形计算深度，对中、低压缩性土可取附加压力等于上覆土层有效自重压力 20% 的深度；对高压缩性土层可取附加压力等于上覆土层有效自重压力 10% 的深度。

（2）建筑总平面内的裙房或仅有地下室部分（或当基底附加压力 $p_0 \leq 0$ 时）的控制性勘探孔的深度可适当减小，但应深入稳定分布地层，且根据荷载和土质条件不宜少于基底下 1 倍基础宽度。

（3）当需进行地基整体稳定性验算时，控制性勘探孔深度应根据具体条件满足验算要求。

（4）当需确定场地抗震类别而邻近无可靠的覆盖层厚度资料时，应布置波速测试孔，其深度应满足确定覆盖层厚度的要求。

（5）大型设备基础勘探孔深度不宜小于基础底面宽度的 2 倍。

（6）当需进行地基处理时，勘探孔的深度应满足地基处理设计与施工要求。

详细勘察采取土样和进行原位测试应符合下列要求。

（1）采取土样和进行原位测试的勘探点数量，应根据地层结构、地基土的均匀性和设计要求确定，对地基基础设计等级为甲级的建筑物每栋不应少于 3 个。

（2）每个场地每一主要土层的原状土样或原位测试数据不应少于 6 件（组）。

（3）在地基主要受力层内，对厚度大于 0.5m 的夹层或透镜体，应采取土样进行试验或进行原位测试。

（4）当土层性质不均匀时，应增加取土数量或原位测试工作量。

3.2.4 技术设计与施工勘察阶段

技术设计勘察的任务主要是对某些专门性工程地质问题进行补充性的分析，提出处理意见，既可弥补勘察报告的不足，同时也能为后续施工阶段提供更详细的地质资料。施工勘察主要是解决施工过程中出现的、新的工程地质问题，观察开挖过程中揭露的地质现象，检验前阶段勘察资料的准确性，并布置工程地质监测工作。技术设计与施工勘察时，勘探线和勘探点应结合地貌特征和地质条件，根据建筑总平面布置确定，复杂地基地段应予加密。勘探孔深度应根据工程规模、设计要求和岩土条件确定，除建筑物和结构物特点与荷载外，应考虑边坡稳定性坡体开挖、支护结构、桩基等的分析计算需要。根据勘察结果，应对地基基础的设计和施工及不良地质作用的防治提出建议。

这一阶段的勘察内容为根据需要而定的补充性工作，以勘探和试验为主，结合地基处理可以进行各种成桩试验、灌浆试验等，结合基坑排水可以做水文地质试验。对开挖面揭露的地质现象应即时利用，进行观察、记录和照相，进行地基开挖的验收工作等。

《岩土工程勘察规范（2009 年版）》（GB 50021—2001）规定：基坑或基槽开挖后，岩土条件与勘察资料不符或发现必须查明的异常情况时，应进行施工勘察；在工程施工或使用期间，当地基土、边坡体、地下水等发生未曾估计到的变化时，应进行监测，并对工程和环境的影响进行分析评价。

3.3　岩土工程勘察技术与方法

在实际岩土工程勘察中，可采取工程地质测绘与调查、勘探、现场原位测试与室内土工试验相结合的勘察方法。勘察方法的选取应符合勘察目的和岩土的特性要求。

3.3.1　工程地质测绘与调查

工程地质测绘与调查是采用收集资料、调查访问、地质测量、遥感解译等方法，通过测绘和调查将测区的工程地质条件反映在一定比例尺的地形底图上的一种岩土工程勘察的方法。岩石出露或地貌、地质条件较复杂的场地应进行工程地质测绘；对地质条件简单的场地，可用调查代替工程地质测绘。工程地质测绘与调查是岩土工程勘察的早期工作，它的任务是在综合分析测区内已有的地形地质、工程地质、水文地质等地质资料的基础上，编制测区的工程地质测绘工作底图，再利用工作底图填绘出测区内的地表工程地质图，为工程地质勘探、取样、试验、监测等的规划、设计和实施提供基础资料。工程地质测绘与调查宜在可行性研究勘察和初步勘察阶段进行。在可行性研究勘察阶段收集资料时，亦包括航空相片、卫星相片的解译结果。在详细勘察阶段可对某些专门地质问题做补充调查。

工程地质测绘与调查的内容包括拟建场地的地层、岩性、地质构造、地貌、水文地质条件、不良地质现象和已有工程的位置等。

3.3.2　勘探方法

勘探是地基勘察过程中查明地质情况，定量评价建筑场地工程地质条件的一种必要手段。它是在地面的工程地质测绘与调查所取得的各项定性资料基础上，进一步对场地的工程地质条件进行定量的评价。

一般勘探方法包括坑探、钻探、触探和地球物理勘探等。

1. 坑探

坑探是在建筑场地挖探井（槽）以取得直观资料和原状土样，这是一种不必使用专门机具的一种常用的勘探方法。当场地地质条件比较复杂时，利用坑探能直接观察地层的结构和变化，但坑探可达的深度较浅。

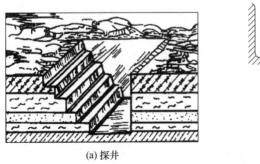
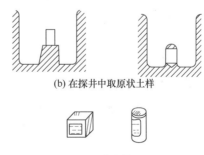

(b) 在探井中取原状土样

(a) 探井　　　(c) 原状土样

图 3.1　坑探示意图

探井［图 3.1 (a)］的平面形状一般采用 1.5m × 1.0m 的矩形或直径为 0.8 ~ 1.0m 的圆形，其深度视地层的土质和地下水埋藏深度等条件而定，一般为 2 ~ 3m。较深的探坑须支护坑壁以策安全。在探井中取样可按下列步骤进行［图 3.1 (b)］：先在井底或井壁的指定深度处挖一土柱，土柱的直径必须稍大于取土筒的直径；将土柱顶面削平，放上两端开口的金属筒并削去筒外多余的土，一面削土，一面将筒压入，直至筒已完全套入土柱后切断土柱；削平筒两端的土体，盖上筒盖，用熔蜡密封后贴上标签，注明土样的上下方向，如图 3.1 (c) 所示。

2. 钻探

钻探是广泛采用的一种最重要的勘探方法，是获取地表下准确的地质资料的重要方法。它采用钻探机具向下钻孔，用以鉴别和划分地层、测定地下水位，并采取原状土样和水样以供室内试验，确定土的物理、力学性质指标和地下水的化学成分，而且可以通过钻探的钻孔采取原状岩土样和做原位试验。在地表下用钻头钻进地层，在地层内钻成的直径较小，并具有相当深度的圆筒形孔眼为钻孔。钻孔的直径、深度、方向取决于钻孔用途和钻探地点的地质条件。钻孔直径一般在 75 ~ 150mm，有时可达 500mm，直径大于 500mm 的钻孔称为钻井，深度由数米至上百米。根据地质条件和工程要求，一般的土木工程地质钻探深度大致在数十米以内。钻孔方向一般为垂直向下，但也有与垂直方向成夹角的斜孔，例如为探明河床的地质构造，特别是在河床窄、水流急的情况下进行钻探。

钻探一般分回转式、冲击式、振动式、冲洗式四种。其中，回转式钻机利用钻机的回转器带动钻具施转，磨削孔底地层而钻进，通常使用管状钻具，能取柱状岩芯标本；冲击式钻机则利用卷扬机借钢丝绳带动有一定重量的钻具上下反复冲击，使钻头击碎孔底地层形成钻孔后以抽筒提取岩石碎块或扰动土样。

3. 触探

触探是通过探杆用静力或动力将金属探头贯入土层，并量测能表征土对探头贯入的阻抗能力的指标，从而间接地判断土层及其性质的一类勘探方法和原位测试技术。触探既是一种勘探方法，同时也是一种现场测试技术。但是其测试结果所提供的指标并不是概念明确的物理量，通常需要将它与土的某种物理力学参数建立统计关系后才能使用。这种统计关系因土而异，并有很强的地区性。作为勘探方法，触探可用于划分土层，了解地层的均匀性；作为测试技术，则可估计地基承载力、土的变形指标及地基土的抗液化能力等。

(1) 静力触探。

静力触探试验（CPT）借静压力将探头压入土层，利用电测技术测得贯入阻力来判定土的力学性质。通过以往试验资料所归纳得出的贯入阻力与土的一些物理力学性质的相关关系，定量确定土的这些指标，如砂土的密实度、黏性土的不排水强度、土的压缩模量，以及地基的承载力和液化可能性等。与常规的勘探方法比较，静力触探有其独特的优越性。它能快速、连续地探测土层及其性质的变化，常在拟定桩基方案时采用。

静力触探设备中的核心部分是探头。探杆将探头匀速贯入土层时，一方面引起锥尖的阻力，另一方面又在孔壁周围形成一圈挤实层，从而导致作用于探头侧壁的摩阻力。探头的这两种阻力是土的力学性质的综合反映。因此，只要通过适当的内部结构设计，使探头具有能测得土层阻力的传感器的功能，便可根据所测得的阻力大小来确定土的性质。静力触探的探头分成两种，即单桥探头和双桥探头。单桥探头所测量的是贯入过程中包括锥尖阻力和侧壁摩阻力在内的总贯入阻力 Q。而双桥探头则能分别测定锥尖的总阻力 Q_p 和侧壁的总摩阻力 Q_s。按照提供静压力的方法，常用的静力触探仪可分为机械式和油压式两类。

（2）动力触探。

动力触探一般是将一定质量的穿心锤，以一定的高度（落距）自由下落，将探头贯入土中，然后记录贯入一定深度所需的锤击次数，并以此判断土的性质。根据探头的形式，可以分为两种类型：圆锥动力触探和标准贯入试验。

圆锥动力触探：圆锥动力触探依贯入能量的不同，可分为轻型、重型和超重型 3 种。

标准贯入试验（SPT）：标准贯入试验采用一种管状探头，利用一定的锤击动能（锤重 63.5kg，落距 76cm），将一定规格的对开管式的贯入器打入钻孔孔底的土层中。贯入器打入土 15cm 后，开始记录每打入 10cm 的锤击数，根据累计贯入 30cm 的锤击数 $N_{63.5}$ 来判别土层的工程性质。当锤击数已达 50 而贯入深度未达 30cm 时，可记录实际贯入深度并终止试验。标准贯入试验适用于砂土、粉土和一般黏性土。根据标准贯入试验的锤击数值可对砂土、粉土、黏性土的物理状态、强度、变形参数、地基承载力，砂土和粉土的液化、成桩的可能性等作出评价。

4. 地球物理勘探

地球物理勘探（简称物探）也是一种兼有勘探和测试双重功能的技术。它是利用仪器在地面、空中、水上测量物理场的分布情况，通过对测得的数据进行分析，并结合有关的地质资料推断地质性状的勘探方法。各种地球物理场有电场、重力场、磁场、弹性波应力场、辐射场等。物探之所以能够被用来研究和解决各种地质问题，主要是因为不同的岩石、土层和地质构造往往具有不同的物理性质，利用诸如其导电性、磁性、弹性、湿度、密度、天然放射性等的差异，通过专门的物探仪器的量测，就可区别和推断有关地质问题。对地基勘探的以下方面宜应用物探。

（1）作为钻探的先行手段，了解隐蔽的地质界线、界面或异常点、异常带，为经济合理确定钻探方案提供依据。

（2）作为钻探的辅助手段，在钻孔之间增加地球物理勘探点，为钻探成果的内插、外推提供依据。

（3）测定岩土体某些特殊参数，如波速、动弹性模量，土对金属的腐蚀性等。

常用的物探方法主要有电阻率法、电位法、地震法、声波法、测井等。

3.3.3 现场原位测试

岩土工程勘察中的试验有室内的土工试验和现场的原位测试。通过试验可以取得土和岩石的物理力学性质指标及地下水等的性质指标，以供土木工程师设计时采用。本节仅就现场原位测试的一些主要方法加以介绍。

所谓现场原位测试，就是在岩土层原来所处的位置基本保持其天然结构、天然含水量以及天然应力状态下，测定岩土的工程力学性质指标。常用的原位测试方法有：静力载荷试验、静力触探试验、标准贯入试验、十字板剪切试验、旁压试验、现场大型直剪试验。选择现场原位测试方法应根据建筑类型、岩土条件、设计要求、地区经验和测试方法的适用性等因素选用。

1. 静力载荷试验

载荷试验是在天然地基上模拟建筑物的基础荷载条件，通过承压板向地基施加竖向荷载，借以确定在承压板下应力主要影响范围内的承载力和变形特征。试验原理：通过对放置在地基土表面上的方形（或圆形）刚性承压板逐级施加荷载，观测各级荷载下沉降量随时间的变化，逐级达到稳定为止，这样测得各级荷重压力（P）相应的稳定沉降量，绘制压力与沉降的关系曲线（$P\text{-}S$）和沉降量随时间变化的关系曲线（$S\text{-}t$）。

静力载荷试验包括平板载荷试验（PLT）和螺旋板载荷试验（SPLT）。平板载荷试验适用于浅部各类地层；螺旋板载荷试验适用于深部或地下水位以下的地层。平板载荷试验又可分为浅层平板载荷试验和深层平板载荷试验。浅层平板载荷试验适用于浅层地基土；深层平板载荷试验适用于埋置深度等于或大于3m且在地下水位以上的地基土。静力载荷试验可用于确定地基土的承载力、变形模量、不排水抗剪强度、基床反力系数及固结系数等。下面主要以平板载荷试验为例介绍静力载荷试验的基本原理和方法。

静力载荷试验的主要设备有三个部分，即加荷与传压装置、变形观测系统及承压板（图3.2）。试验时将试坑挖到基础的预计埋置深度，整平坑底，放置承压板，在承压板上施加荷重来进行试验。基坑宽度不应小于承压板的宽度或直径的3倍。注意保持试验土层的原状结构和天然温度。承压板应为刚性圆形板或方形板，其面积为0.25～0.50m²。加荷等级不应少于8级，最大加荷量不少于荷载设计值的两倍。每级加荷后按时间间隔10、10、10、15、15分钟测读沉降量，以后每隔30分钟测读一次沉降量。当连续两个小时内，每小时的沉降量小于0.1mm时，则认为已趋稳定，可加下一级荷载。当出现下列情况之一时，即可终止加荷。

（1）承压板周围的土明显侧向挤出或有明显裂缝变形现象。

（2）沉降量急剧增大，$P\text{-}S$曲线出现陡降段。

（3）在某一级荷载下，24小时内沉降速率不能达到稳定标准。

（4）相对沉降量小于或等于0.6时。

（5）一般尽可能加荷至土体破坏。当最终一级加荷观测沉降量结束后，可逐级卸荷，并观测其回弹值。

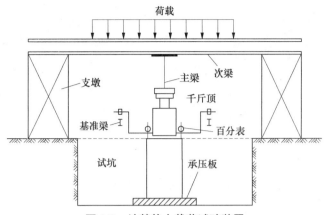

图 3.2　地基静力载荷试验装置

在应用静力载荷试验资料确定地基土的承载力和变形模量时，必须注意两个问题：一是静力载荷试验的受荷面积比较小，加荷后受影响的深度不会超过 2 倍承压板边长或直径，而且加荷时间比较短，因此不能通过静力载荷试验提供建筑物的长期沉降资料；二是沿海软黏土地区地表往往有一层"硬壳层"，当用小尺寸的承压板时，受压范围通常还在地表硬壳层内，其下部软弱土层还未受到较大荷载应力的影响，但对于实际建筑物的大尺寸基础，下部软弱土层对建筑物的沉降起着主影响（图 3.3）。因此，静力载荷试验资料的应用是有条件的，要充分估计试验影响范围的局限性，注意分析试验成果与实际建筑物沉降之间可能存在的差异。

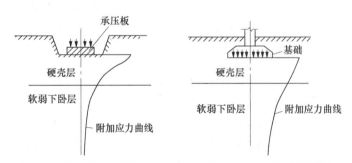

图 3.3　承压板与实际基础尺寸差异对评价建筑物沉降的影响

2. 单桩垂直静载荷试验

桩基设计的关键问题之一是确定单桩的承载力。确定单桩承载力的方法有载荷试验、静力法和动力法等。规范规定对于安全等级为一级的建筑物，单桩的竖向承载力应通过现场静载荷试验确定。

现场静载荷试验的设备主要有荷载系统和观测系统两个部分，根据加荷方式的不同分为堆载法和锚桩法两种（图 3.4）。

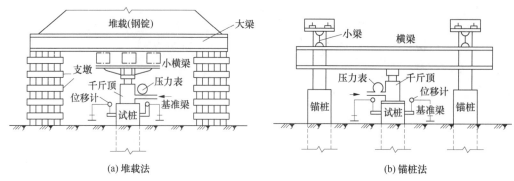

图 3.4　单桩静载荷试验装置

3.十字板剪切试验

十字板剪切试验是 1928 年由瑞士的奥尔桑（J. Olsson）首先提出的，我国 1954 年由南京水科所等单位开始研制开发，在沿海软土地区现已被广泛使用。十字板剪切试验是快速测定饱和软土层抗剪强度的一种简易而可靠的原位测试方法，通常用以测定饱和黏性土的原位不排水抗剪强度。所测定的抗剪强度值，相当于试验深度处天然土层的不排水抗剪强度，在理论上它相当于三轴不排水抗剪的总强度或无侧限抗压强度的一半。长期以来十字板剪切试验被认为是一种有效的、可靠的原位测试方法，因为该项试验不需要采取土样，避免土样的扰动及天然应力状态的改变，而且试验简便。

近年来还发展出了电测式十字板剪切仪，其基本原理同机械式，但操作更加简便。在十字板头上连接贴有电阻应变片的受扭力矩传感器，在地面用电子仪器直接测量十字板的剪切扭矩。将十字板头压入土中预定的试验深度后，顺时针方向转动扭力装置的手摇柄，当量测仪表读数开始增大时，每转 1 度读数 1 次。将峰值或稳定值作为原状土的剪切破坏的读数。

4.现场大型直剪试验

现场大型直剪试验原理与室内直剪试验基本相同，但由于试件尺寸大且在现场进行，因此能把岩土体的非均质性及软弱面等对抗剪强度的影响更真实地反映出来。直剪试验适用于求测各类岩土体沿软弱结构面和岩土体与混凝土接触面的抗剪强度，可分为岩土体现场抗剪断试验和岩土体剪断后沿剪切面继续剪切的抗剪试验（即摩擦试验）。现场大型直剪试验分为土体现场大型直剪试验和岩体现场大型直剪试验。

3.3.4　室内试验

在勘察工作中，除了现场试验外，还要取大量的试样作室内试验。室内试验项目通常包括：进行颗粒分析、矿化分析，测定颗粒比重、天然重度、天然含水量、液限及塑限含水量、相对密度、渗透系数、压缩系数等，进行水质分析、击实试验、单向抗压强度试验、抗剪强度试验、黄土湿陷性试验、膨胀土试验及相应的计算等。每一种试验的操作要求参见各工程土工试验规程或专门的规范或规程。

3.4　岩土工程勘察报告书的编写内容

岩土工程勘察报告书是在全面系统地整理分析地质测绘、勘探、试验、长期观测资料的基础上，依据工程地质图，按照任务书要求，结合水工建筑物特点，经分析整理、检查校对、归纳总结，用简单的文字和图表编成的。它是向设计、施工部门直接交付使用的文件。其任务是阐明勘察地区的工程地质条件和工程地质问题，对勘察区做出工程地质评价和结论。勘察报告书的内容应根据勘察阶段任务要求和工程地质条件编制，以能说明问题为原则，根据实际情况，可有所侧重，不必强求一致。岩土工程勘察成果一般由岩土工程勘察报告书和附件两个部分组成。

例题 3-3
讲解

3.4.1　勘察报告书的要求

岩土工程勘察报告书应符合下面的要求。

（1）原始资料应已进行整理、检查、分析，并确认无误后方可使用。

（2）内容完整、真实，数据正确，图表清晰，结论有据，建议合理，重点突出，有明确的工程针对性。

（3）便于使用和长期保存。

3.4.2　勘察报告书的格式

1. 序言

序言应说明以下内容。

（1）勘察工作的依据、目的和任务，工程概况、设计要求和勘察沿革等。

（2）勘察工作起止时间、勘察方法、完成的工作量、采用的技术标准、应用的测量图纸及其控制系统。

（3）勘探和原位测试的设备和方法。

（4）岩土物理力学性质指标试验采用的仪器设备、测试方法和质量评价。对于大、中型勘察项目的岩土试验，宜编写专门的"岩土试验报告"作为报告书的附件。

（5）需要说明的其他有关问题。

2. 地形地貌

勘察区域的地形地貌特征，各地貌单元的类型及其分布特征。重点对工程有关的微地貌单元进行说明，包括地势和主要地貌单元。地形地貌条件对建筑场地或线路的选择、对建筑物的布局和结构形式以及施工条件都有直接影响，合理利用地形地貌条件常能在工程建设中取得良好的经济效益。尤其是在规划阶段，在不同方案的比较中，地形地貌条件往往成为首要因素。例如，地形起伏变化及沟谷发育情况等对道路和运河渠道等工程的选线及建（构）筑物布置常具有决定性意义；建筑场地的平整程度对一般建筑物的挖方、填方量以及施工条件都影响甚大。

3. 地层

地层的分布、产状、性质、地质年代、成因类型、成因特征等。

4. 地质构造

场地的地质构造稳定性和与工程有关的地质构造的位置、规模、产状、性质、现象、相互关系，并分析其对工程的影响。对影响工程稳定性的地质构造，还应提出灾害防治措施的建议。

5. 不良地质现象

不良地质现象的性质、分布、发育程度和形成原因，提出不良地质灾害的防治措施的合理性建议。

6. 地下水

地下水的类型、赋存条件，地下水水位和补、径、排特征，含水层的渗透系数，地下水活动对不良地质现象的发育和基础施工的影响，地下水对工程材料的侵蚀性。

7. 地震

划分场地土和工程场地类别，确定场地中对抗震有利、不利和危险的地段，判定饱和砂土和粉土在地震作用下的液化情况。

8. 岩土物理力学性质

分析各岩土单元体的特性、状态、均匀程度、密实程度和风化程度等，提出物理力学性质指标的统计值。

9. 工程地质评价

（1）根据场地岩土层性质对其工程的影响，对各岩土单元体进行综合评价，提出工程设计所需的岩土技术参数。

（2）结合工程特点、基础形式推荐持力层，分析施工中应注意的问题。

（3）根据场地条件，评价工程的稳定性。

（4）分析不良地质现象对工程的危害性，提出整治方案建议。

（5）根据工程要求、地基岩性和地质环境条件，提出地基处理方案的建议。

（6）分析工程活动对地质环境的作用和影响。

（7）设计与施工中应注意的问题及下阶段勘察应注意的事项。

3.4.3 勘察报告书的编写

岩土工程勘察报告书的内容，应根据任务要求、勘察阶段、地质条件、工程特点等具体情况综合确定。

1. 一般内容

（1）任务要求及勘察工程概况。

（2）拟建工程概况。

（3）勘察方法和勘察工作量布置。这部分内容包括：勘探工作布置原则；掘探（坑、井探）和钻探方法说明；取样器规格及取样方法说明、取样质量评估；现场或原位试验及测试的种类、仪器，试验、测试方法说明，资料整理方法说明，试验、测试成果质量评估；室内试验项目、试验方法、资料整理方法说明，试验成果质量评估。

（4）场地地形、地貌、地层、地质构造、岩土性质、地下水、不良地质现象的描述与评价。

（5）场地稳定性与适宜性的评价。

（6）岩土参数的分析与选用。

（7）提出地基基础方案的建议，工程施工和使用期间可能发生的工程地质问题的预测及监控、预防措施的建议。

（8）勘探成果表及所附图件。

2. 常用图表

报告书中所附图表的种类，应根据工程的具体情况而定。常用的图表如下。

（1）勘察点平面布置图。

（2）钻孔柱状图。

（3）工程地质剖面图。

（4）原位测试成果表。

（5）室内试验成果表等。

（6）岩土利用、整治、改造方案有关图表。

（7）工程地质计算简图及计算成果图表。

（8）必要时应附综合工程地质图、工程地质分区图、综合地层柱状图、地下水等水位线图、特殊岩土分布图、地质素描及照片等。

3. 单项报告

除综合性的岩土工程勘察报告书外，根据勘察任务要求，可提出单项报告。

（1）工程地质测试报告。

（2）工程地质验槽报告。

（3）工程地质沉降观测或监测报告。

（4）工程地质事故调查和分析报告，如建筑物倾斜及纠偏等。

（5）岩土利用、整治、改造方案报告。

（6）工程场地地震反应分析。

（7）工程场地液化分析评价。

（8）工程地质专门问题的技术咨询报告。

4. 图表编制方法和要求

下面将常用的图表编制方法和要求简单介绍如下。

（1）勘探点平面布置图。

勘探点平面布置图是在建筑场地地形图上，把建筑物的位置、各类勘探及测试点的位置、编号用不同的图例表示出来，并注明各勘探及测试点的标高、深度、剖面线和编号等。

（2）钻孔柱状图。

钻孔柱状图是根据钻孔的现场记录整理出来的。记录中除注明钻进的工具、方法和具体事项外，其主要内容是关于地基土层的分布（层面深度、分层厚度）和地层的名称及特征的描述。绘制柱状图时，应从上而下对地层进行编号和描述，并用一定的比例尺、图例和符号表示。在柱状图中还应标出取土深度、地下水位高度等资料。

（3）工程地质剖面图。

柱状图只反映场地—勘探点处地层的竖向分布情况，工程地质剖面图则反映第一勘探线上地层沿竖向和水平向的分布情况。由于勘探线的布置常与主要地貌单元或地质构造轴线垂直，或与建筑物的轴线相一致，故工程地质剖面图能最有效地标示场地工程地质条件。

绘制工程地质剖面图时，首先将勘探线的地形剖面线画出，标出勘探线上各钻孔中的地层层面，然后在钻孔的两侧分别标出层面的高程和深度，再将相邻钻孔中相同土层分界点以直线相连。当某地层在邻近钻孔中缺失时，该层可假定于相邻两孔中间尖灭。剖面图中的垂直距离和水平距离可采用不同的水平尺。

在柱状图和剖面图上也可同时附上土的主要物理力学性质指标及某些试验曲线，如静力触探、动力触探或标准贯入试验曲线等。

（4）综合地层柱状图。

为了简明扼要地表示所勘察的地层的层序及其主要特征和性质，可将该区地层按新老次序自上而下以 $1:200 \sim 1:50$ 的比例绘成柱状图，图上注明层厚、地质年代，并对岩石或土的特征和性质进行概括性的描述。这种图件称为综合地层柱状图。

（5）土工试验成果汇总表。

土的物理力学性质指标是地基基础设计的重要依据。将土样室内试验成果及相关原位测试成果归纳汇总并列表表达，即为土工试验成果汇总表。

习　题

一、单项选择题

1.十字板剪切试验是快速测定饱和软土层抗剪强度的一种简易而可靠的原位测试方法，通常用以测定饱和黏性土的（　　　）。

　　A.原位不排水抗剪强度　　　　　　　B.原位排水抗剪强度

　　C.重塑土固结不排水强度　　　　　　D.重塑土排水强度

2. 标准贯入试验属于（　　　）。

A. 静力触探试验　　　　　　　　B. 动力触探试验

C. 测试土坍落度的试验　　　　　D. 测试土含水量的试验

3. 静力触探的探头分成两种，即单桥探头和双桥探头，其中单桥探头探测的范围为（　　　）。

A. 锥尖阻力　　　　　　　　　　B. 侧壁阻力

C. 锥尖阻力与侧壁阻力之和的总贯入度

D. 分别探测锥尖阻力和侧壁阻力

4. 静力触探的探头分成两种，即单桥探头和双桥探头，其中双桥探头探测的范围为（　　　）。

A. 锥尖阻力　　　　　　　　　　B. 侧壁阻力

C. 锥尖阻力与侧壁阻力之和的总贯入度

D. 分别探测锥尖阻力和侧壁阻力

5. 下列有关岩土勘察取土样的内容叙述中，错误的是（　　　）。

A. 采取土样和进行原位测试的勘探点数量，应根据地层结构、地基土的均匀性和设计要求确定

B. 每个场地每一主要土层的原状土样或原位测试数据不应少于 6 件

C. 在地基主要受力层内，对厚度大于 0.5m 的夹层或透镜体，应采取土样进行试验或进行原位测试

D. 当土层性质不均匀时，保持原有取土数量或原位测试工作量即可

二、填空题

1. 岩土工程勘察是为查明影响工程建筑物的_____而进行的地质调查研究工作。

2. 一般将岩土工程勘察阶段划分为可行性研究勘察阶段、初步勘察阶段、_____及技术设计与施工勘察阶段。

3. 一般勘探方法包括坑探、钻探、_____和地球物理勘探等。

4. _____是通过探杆用静力或动力将金属探头贯入土层，并量测能表征土对探头贯入的阻抗能力的指标，从而间接地判断土层及其性质的一类勘探方法和原位测试技术。

5. 选择现场原位测试试验方法所考虑的因素有建筑类型、_____、设计要求、地区经验和测试方法的适用性。

三、名词解释题

1. 勘探现场

2. 原位测试

3. 岩土工程勘察报告书

4. 工程地质条件

5. 详细勘察

四、简答题

1. 简述岩土工程勘察的主要任务。
2. 简述初步勘察的主要任务。
3. 简述平板载荷试验及其适用范围。
4. 简述螺旋板载荷试验及其适用范围。
5. 简述标准贯入试验及其适用范围。

在线答题

拓展习题

第4章

土的物理性质及渗透性

知识结构图

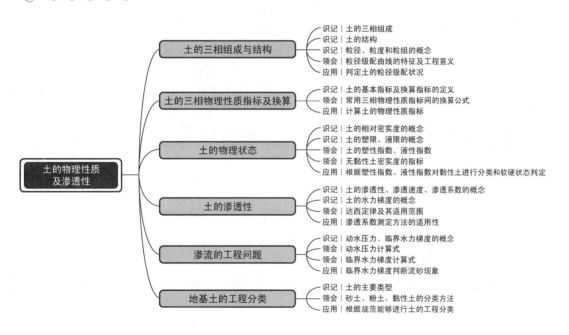

4.1　土的三相组成与结构

　　土是疏松且联结力较弱的矿物颗粒堆积物。岩石经过风化作用后，形成大小不一、形状不同的颗粒，这些颗粒在不同的自然环境下堆积形成土。各种固体矿物颗粒堆积在一起构成骨架，骨架之间贯穿着大小不同的孔隙，孔隙中存在着水和气体，因而土是由土颗粒、液体和气体所组成，通常称为土的固相、液相和气相三相组成（图 4.1）。由于土体中的孔隙易受外界影响而变形，液体或气体能进出土体，所以土体的三相相对比例会随着环境、时间和荷载等条件的变化而改变，从而改变土体的工程状态和特性。因此，想要了解土的工程性质，应学习最基本的土的三相组成，即土颗粒、液体和气体在土中的作用。

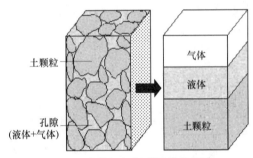

图 4.1　土的三相组成及简化示意

4.1.1　土的三相组成

　　1. 土的固相

　　（1）粒径、粒度和粒组划分。

　　粒径：土颗粒的大小、形状各异，若把其体积化作一个当量的小球体，据此可以算得小球体的直径，称之为当量直径，简称为土的粒径。

　　粒度：土颗粒的大小程度。

　　粒组：为了确定各种大小土颗粒间的相互关系，将土颗粒直径（粒径）的大小（粒度）进行归并与分类，划分为若干组，称之为粒组。每个粒组内土的工程性质相似。表 4-1 是我国国家标准《土的工程分类标准》（GB/T 50145—2007）中粒组划分方法。

表 4-1《土的工程分类标准》粒组划分方法

粒组	名称	粒径 d 的范围 /mm
巨粒	漂石（块石）	$d > 200$
	卵石（碎石）	$60 < d \leqslant 200$

续表

粒组	名称		粒径 d 的范围 /mm
粗粒	砾粒	粗砾	$20 < d \leqslant 60$
		中砾	$5 < d \leqslant 20$
		细砾	$2 < d \leqslant 5$
	砂粒	粗砂	$0.5 < d < 2$
		中砂	$0.25 < d \leqslant 0.5$
		细砂	$0.075 < d \leqslant 0.25$
细粒	粉粒		$0.005 < d \leqslant 0.075$
	黏粒		$d \leqslant 0.005$

（2）颗粒分析和粒径级配曲线。

要进行土的工程分类和确定土的工程性质，就需要知道土中各粒组含量占总量的百分数，即土的粒径级配。测定土样中各粒组含量的试验，称为土的颗粒分析试验。工程实践中，最常用的颗粒分析试验方法是筛析法和密度计法。筛析法适用于分析粒径在 0.075～60mm 的土；对于粒径小于 0.075mm 的土，采用密度计法或移液管法。

土的粒径级配曲线

通过颗粒分析试验得到的粒组含量与粒径的关系曲线称为粒径级配曲线，如图 4.2 所示。纵坐标为小于某粒径土的百分含量，横坐标为粒径。

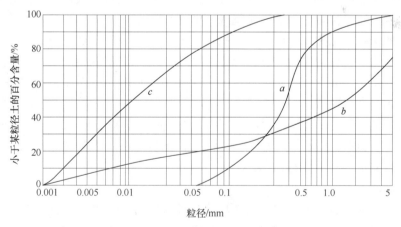

图 4.2　土的粒径级配曲线

在粒径级配曲线上，确定小于某粒径的土重占土样总重的 10%、30%、50%、60% 时对应的粒径 d_{10}、d_{30}、d_{50}、d_{60}，分别称为：有效粒径 d_{10}，即这部分颗粒可以对土的性质产生有效的影响；连续粒径 d_{30}；平均粒径 d_{50}；控制粒径 d_{60}。基于这些参数，工程上使用如下两个系数来定量评价粒径级配曲线的特征及工程意义。

$$C_u = \frac{d_{60}}{d_{10}} \tag{4-1}$$

$$C_c = \frac{d_{30}^2}{d_{60}d_{10}} \tag{4-2}$$

C_u 称为粒径级配不均匀系数，表示曲线的斜率即曲线陡缓程度，C_u 值越大曲线越平缓，颗粒分布范围越大；相反，C_u 值越小曲线越陡，颗粒分布范围越小。C_c 称为曲线的曲率系数，表示曲线斜率的连续性状况。工程实践表明，如果只用一个指标评定土的粒径级配情况是不够的，应该把 C_u 和 C_c 两个指标结合起来才比较完善。当 C_u >10，且 1< C_c <3 时，称为级配良好的土，若不能同时满足上述两个条件，则称为级配不良的土。

2. 土的液相

土中含水是普遍情况，按照存在于孔隙中水的物理状态可以把其划分为液态水、气态水和固态水；按照水和土颗粒的相互关系可把其划分为矿物结晶水或化学结合水、结合（吸附）水、自由水。矿物结晶水或化学结合水包括矿物结晶构架中固定位置的水，通常只能在高温条件下，或温度不高，但长期加热条件下才能失去。这些水不包括在土的含水量测试和计算中，因而不影响土的含水量测试和计算。

（1）结合水。

结合水也称吸附水，它是靠分子、离子间的作用力及其他微观作用力吸附在土颗粒表面的水。在土颗粒表面的吸附能力范围之内，按照距土颗粒表面的远近距离又可分为强结合水（吸着水）和弱结合水（薄膜水）两种。

强结合水紧靠土颗粒表面，厚度只有几个水分子，小于 0.003μm，性质接近固体，不传递静水压力，密度为 1200～2400kg/m³，具有很大的黏滞性、弹性和抗剪强度，冰点约为 –78℃，在 100℃不蒸发。当黏土只含强结合水时，呈固体坚硬状态；砂土只含强结合水时，呈散粒状态。

弱结合水是位于强结合水外围的一层结合水膜，厚度小于 0.5μm，密度为 1000～1700kg/m³，不传递静水压力，呈黏滞体状态。弱结合水离土颗粒表面愈远，受到的分子引力愈小，并逐渐过渡到自由水。

（2）自由水。

水分子距土颗粒表面的距离超过了固定层（强结合水）和扩散层（弱结合水）之后，就不再受土颗粒的吸附作用，这种水就成为自由水即普通水。依自由水的存在状态可分为重力水和毛细水。

重力水是存在于地下水位以下透水土层中受重力作用而运动的水，在地下有多种储存方式和状态。当存在水头差时，它将产生流动，对土颗粒有浮力作用。重力水对土中的应力状态和开挖基槽、基坑以及修筑地下构筑物时所应采取的排水、防水有重要的影响，如潜蚀、流砂的防治等。

毛细水是存在于地下水位以上透水土层中，受到水与空气交界面处表面张力作用，并存在于土的细微孔中的水。毛细水因高出自由水面，对公路路基的干湿状态及冻害有重要的影响。在考虑地基或土坡稳定计算及地基冻胀中，也应注意到毛细水的作用，采取防潮及防冻措施。毛细水主要存在于直径为 0.002 ~ 0.5mm 的孔隙中。砂土、粉土及粉质黏土中毛细水含量较大。

3. 土的气相

土中孔隙除被一定的水占有外，其余被空气或其他气体所填充。土中的气体主要存在于地下水位以上的包气带中，可分为自由气体和封闭气泡。

在颗粒粒径大的土中，孔道大，这些气体常与外界大气相通为自由气体。当土层受荷载作用压缩时，易使之逸出，对土的工程性质影响不大。在土粒粒径较细的土中，如黏性土，孔道细，因此存在于黏性土中的一些封闭孔隙中会形成与大气隔绝的封闭气泡。当土层受荷载作用时，随着荷载的增大，这种气泡会被压缩或溶解于水中；荷载减小时，气泡又会恢复原状态或重新游离出来。因此封闭气泡使土的压缩性增加，透水性减小，并使土体不易压实，对土的工程性质有一定影响。

4.1.2　土的结构

土颗粒之间的相互排列和联接形式，称为土的结构。它与组成土的矿物成分、颗粒形状及沉积条件等因素有关，对土的物理力学性质有重要的影响。按颗粒的排列及联结形式分有下列三种基本结构。

1. 单粒结构

单粒结构是较粗的颗粒土，如卵石、砂等，在自重作用下，单独下沉，并达到稳定状态所形成的结构特征，颗粒之间几乎无联系力［图 4.3（a）］。由于生成条件不同，单粒结构又分为疏松的和紧密的。通常土粒越不均匀，结构越紧密；急速沉积的比缓慢沉积的土结构疏松。当在静荷载，尤其是振动荷载作用下，疏松的单粒结构会趋于紧密。

2. 蜂窝结构

较细的颗粒土（粒径小于 0.02mm），在自重作用下于水中单个沉落。当遇到已沉积的土粒时，由于两土粒之间接触点处的分子引力大于下沉土粒的重量，则下沉土粒被吸引而不再下沉。如此继续不已，一粒粒地被吸引，便形成大孔隙的链环状单元，很多这样的链环联结起来，就形成了疏松的蜂窝结构［图 4.3（b）］。蜂窝结构的土中单个孔隙体积一般远大于土粒本身的尺寸，孔隙总体积也较大，粒间联结力也较弱。如沉积后没有受过较大的上覆土压力，则在建筑物的荷载作用下，会产生较大的沉降。

3. 絮状结构

粒径极细的微小黏土颗粒（粒径小于 0.005mm），在水中长期形成胶体悬浮液。这主要是由于电分子引力的作用，使土颗粒表面附有一层极薄的水膜。这种带有水膜的土颗粒在水中运动时，因相互碰撞而吸引，逐渐形成小链环状的土集粒，然后沉积成大链环状的絮状结构［图 4.3（c）］。此种结构在海相沉积黏土中常见。

上述三种结构中，密实的单粒结构强度大，压缩性小，工程性质最好；蜂窝结构次之；絮状结构最差。后两种结构，如因扰动破坏天然结构，则强度低、压缩性大，一般不可用作天然地基。但随着长期压密和胶结，其强度会有所增大，压缩性有所降低。

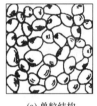 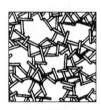

(a) 单粒结构　　　　　(b) 蜂窝结构　　　　　(c) 絮状结构

图 4.3　土的结构

4.2　土的三相物理性质指标及换算

由土的结构形式可知，构成土骨架的固体颗粒之间存在孔隙，孔隙中存在水和气体。因此，土是由土颗粒（固相）、水（液相）和气（气相）所组成的三相体系。由于各种土的颗粒大小和矿物成分不同，土的三相间的数量比例也不尽相同。土的物理性质在一定程度上决定了土的力学性质，所以物理性质是土的最基本的工程特性。在实际工程中，不但要知道土的物理性质特征及其变化规律，还必须掌握表示土的物理性质的各种指标的测定方法和指标间的相互换算关系，并熟悉土的分类方法。

4.2.1　土的三相物理性质指标

表示土的三相组成比例关系的指标，称为土的三相物理性质指标。三相比例指标反映了土的轻重、干燥与潮湿、疏松与紧密程度，是评价土的工程性质最基本的物理性质指标，也是岩土工程测试、勘察报告中不可缺少的内容。

为了推导土的三相物理性质指标，便于阐述和标记，把土体中实际上是分散的三个相抽象地分别集合在一起，构成理想的三相图，如图 4.4 所示。图中右边注明各相的质量，左边注明各相的体积。

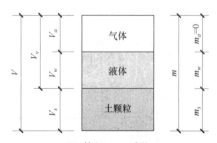

V：体积　m：质量

图 4.4　土的三相组成示意图

图中： V ——土的总体积（m³）；

V_v ——孔隙的体积（m³）；

V_s、V_w、V_a ——分别表示土颗粒、液体、气体的体积（m³）；

m ——土的总质量（kg）；

m_s、m_w、m_a ——分别表示土颗粒、液体、气体的质量（kg）。

常用的土的物理性质指标有九个，其中基本指标三个，换算指标六个。下面分别阐述之。

1. 基本指标

基本指标的含义有两个方面，一是基本指标必须通过试验测得；二是其他的指标都可以用基本指标来表示。基本指标有土粒相对密度、土的含水量、土的密度三个。

（1）土粒相对密度。

土粒质量与同体积4℃时纯水的质量之比，称为土粒相对密度（无量纲），用符号 d_s 表示。

$$d_s = \frac{m_s}{m_w} = \frac{V_s \rho_s}{V_s \rho_w} = \frac{\rho_s}{\rho_w} \tag{4-3}$$

式中 ρ_s ——土粒密度，即土粒单位体积的质量（g/cm³）；

ρ_w ——4℃时纯水的密度，等于 1g/cm³ 或 1t/m³。

由式（4-3）得

$$m_s = d_s V_s \rho_w \tag{4-4}$$

在实验室测定土粒相对密度时，使用相对密度瓶法（粒径 $d<5$mm）、浮称法（粒径 $d \geqslant 5$mm，且 $d > 20$mm 的颗粒小于土样总质量的 10%）或虹吸筒法（粒径 $d \geqslant 5$mm，且 $d > 20$mm 的颗粒大于或等于土样总质量的 10%）。土粒相对密度的大小取决于土中的矿物成分、粒径大小、有机质、水溶岩、亲水胶粒和黏土矿物的含量等。通常含有机质多时，土粒相对密度小；含金属矿物多时，土粒相对密度就大。根据测试结果，土粒相对密度的数值变化范围很小，试验过程比较复杂，故一般情况下不做相对密度试验而按工程经验确定，一般土粒相对密度参考值见表4-2。

表 4-2 土粒相对密度参考值

土的名称	砂土	粉土	粉质黏土	黏土
土粒相对密度	2.65～2.69	2.70～2.71	2.72～2.73	2.74～2.76

（2）土的含水量。

天然状态下，土中含水的质量与土颗粒的质量之比称为土的含水量，用符号 w

表示，为百分数。

$$w = \frac{m_w}{m_s} \times 100\% \qquad (4\text{-}5)$$

将式（4-4）代入式（4-5），得

$$m_w = d_s V_s \rho_w w \qquad (4\text{-}6)$$

含水量 w 是表示土的湿度指标，反映土的干湿程度。天然土的含水量变化幅度很大，可从百分之几变化到百分之几百，如一些软黏土，含水量可达百分之几百。对于同一类土来讲，含水量越大，土越软，强度越低，受力后变形就会越大。土的含水量可用烘干法直接测定。先称小块原状土样的质量（湿土质量），准确至 0.01g，放在温度为 105～110℃ 的烘箱中或用酒精灯烘干至土样恒重，对已达恒重的土样，再称干土样的质量，准确至 0.01g，湿、干土质量之差与干土质量的比值，就是土的含水量，按式（4-5）就可算得土样的含水量，准确至 0.1%。

（3）土的密度。

土在天然状态下，单位体积的质量称为土的密度，用符号 ρ 表示，g/cm³，即

$$\rho = \frac{m}{V} \qquad (4\text{-}7)$$

式中 m，V 如图 4.4 所示。

$$m = m_s + m_w = m_s(1+w) = d_s(1+w)V_s\rho_w \qquad (4\text{-}8)$$

$$V = V_s + V_v = V_s(1+e) \qquad (4\text{-}9)$$

将式（4-8）和式（4-9）代入式（4-7），得到

$$\rho = \frac{d_s(1+w)\rho_w}{1+e} \qquad (4\text{-}10)$$

单位体积土受到的重力称为土的重度，又称为土的重力密度，其值等于土的密度乘以重力加速度，kN/m³，即

$$\gamma = \rho g \qquad (4\text{-}11)$$

式中 g——重力加速度，约等于 9.807m/s²，在工程中一般取 10m/s²。

实验室通常用"环刀法"来测定土的密度，环刀法主要适用于细粒土。用取土器从现场取土样到实验室，在该土样上再用一个环刀（已知其质量和尺寸）取出小型标准土样，称出环刀和土的总质量，依式（4-7）得出土的密度。进行两次平行测定，两次测定的差值不得大于 0.03g/cm³，取两次测值的平均值。

2. 换算指标

可以通过基本指标来表示而换算得到的指标，称为换算指标。通常有孔隙比、孔隙

率、饱和度、干密度、饱和密度、有效密度六个。

（1）孔隙比 e 和孔隙率 n。

反映土的松密程度的指标有孔隙比 e 和孔隙率 n。

土的孔隙比是土中孔隙体积 V_v 与土颗粒体积 V_s 之比，用符号 e 表示。

$$e = \frac{V_v}{V_s} \qquad (4\text{-}12a)$$

土的孔隙率是土中孔隙体积 V_v 与土体总体积 V 之比的百分率，用符号 n 表示。

$$n = \frac{V_v}{V} \times 100\% \qquad (4\text{-}12b)$$

土的孔隙比和孔隙率是反映土体密实程度的重要物理指标，对土的物理及力学指标都有重要影响。在一般情况下，e 越大或 n 越大，土就越疏松，反之土就越密实。天然土的孔隙比变化范围很大，有的小于 1.0，有的大于 1.0。常见的一般黏性土孔隙比在 0.4 ～ 1.2，砂土孔隙比在 0.5 ～ 1.0，而淤泥孔隙比则高达 1.5 以上。孔隙率常见值为 30% ～ 50%。

（2）饱和度 S_r。

反映土中含水程度的指标有土的含水量 w 和饱和度 S_r。土的饱和度 S_r 是指土中水的体积 V_w 占孔隙体积 V_v 的百分数，即土中水的体积与孔隙体积之比，用 S_r 并以百分数表示。

$$S_r = \frac{V_w}{V_v} \times 100\% \qquad (4\text{-}13)$$

土的饱和度是反映水充填土孔隙的程度，即反映土的干湿程度的物理性质指标。在工程应用上，常用于砂土的湿度划分标准，当 $S_r > 80\%$ 时，称为饱和状态；当 S_r 在 50% ～ 80% 时为很湿的状态；当 $S_r \leq 50\%$ 时为稍湿的状态。在特殊情况下，当 $S_r = 0$ 时为完全干燥的；当 $S_r = 100\%$ 时，则土处于完全饱和状态，表示土中孔隙全部被水充满，这是一种理想状态，实际上土中常存在一些封闭的孔隙而无法达到完全饱和状态。

（3）干密度。

土的干密度是土中的土颗粒质量 m_s 与土样总体积 V 之比，或单位体积土内干土的质量，用符号 ρ_d 表示。

$$\rho_d = \frac{m_s}{V} \qquad (4\text{-}14)$$

土的干重度，即干土的重力密度，用符号 γ_d 表示。

$$\gamma_d = \rho_d g \qquad (4\text{-}15)$$

工程中常用土的干密度或干重度来作为填方工程中土体压实密实度的控制标准，用以评价填土夯实的质量。ρ_d 或 γ_d 越大，土体越密实，工程质量越好。γ_d 的常见值为 $13 \sim 20kN/m^3$。

（4）饱和密度。

土的饱和密度是指土中孔隙全部被水充满时的密度，即土孔隙中充满水时单位体积土的质量，或土中的土颗粒质量和水的质量之和与土样的总体积之比，用符号 ρ_{sat} 表示，即

$$\rho_{sat} = \frac{m_s + V_v \rho_w}{V} \qquad (4\text{-}16)$$

土的饱和重度是指单位体积饱和土所受到的重力，用符号 γ_{sat} 表示，即

$$\gamma_{sat} = \rho_{sat} g \qquad (4\text{-}17)$$

当地下水位上升或在雨季，地基土和边坡达到饱和状态时，土的工程性质发生改变，会影响地基的承载力和边坡的稳定性。γ_{sat} 的常见值为 $18 \sim 23kN/m^3$。

（5）浮密度（有效密度）。

地下水位以下的土颗粒会受到重力水的浮力作用，当土浸没在水中受到浮力作用时的密度称为土的浮密度，即土颗粒的质量扣除同体积水的质量后与土样总体积之比，用符号 ρ' 表示，即

$$\rho' = \frac{m_s - V_s \rho_w}{V} \qquad (4\text{-}18)$$

土的浮重度用 γ' 来表示

$$\gamma' = \rho' g \qquad (4\text{-}19)$$

从浮密度和浮重度的定义可知

$$\rho' = \rho_{sat} - \rho_w \qquad (4\text{-}20)$$

$$\gamma' = \gamma_{sat} - \gamma_w \qquad (4\text{-}21)$$

γ' 的常见值为 $8 \sim 13kN/m^3$。

4.2.2 土的常用三项物理性质指标间的换算

由上所述，表示土的三相比例关系的基本指标和换算指标一共有九个，即 d_s、w、ρ、e、n、S_r、ρ_d、ρ_{sat} 和 ρ'。其中 d_s、w、ρ 这三个物理指标都是由试验得到的实测指标，其余六个物理指标则可以通过公式换算得到。为了便于计算时参考，现将根据测定的三个基本指标来计算其他指标的换算公式综合列入表 4-3 中。这些公式都可根据各指标的定义，利用图 4.4 三相图的关系由指标定义推导出来。有关三相比例指标的计算，是一个基本功，要求熟练的掌握。

表 4-3　常用三相物理性质指标间的换算公式

序号	指标名称	表达式	单位	由试验指标换算式	由其他指标换算式
1	土粒相对密度 d_s	$d_s = \dfrac{m_s}{V_s \rho_w} = \dfrac{\rho_s}{\rho_w}$	无量纲		
2	含水量 w（含水率）	$w = \dfrac{m_w}{m_s} \times 100\%$	%		$w = \dfrac{S_r e}{d_s} \times 100\%$ $w = \left(\dfrac{\gamma}{\gamma_d} - 1 \right) \times 100\%$
3	天然密度 ρ 天然重度 γ	$\rho = \dfrac{m}{V}$，$\gamma = \rho g$	g/cm³ kN/m³		$\rho = \rho_d (1+w)$ $\rho = \dfrac{d_s + S_r e}{1+e} \rho_w$ $\gamma = \gamma_d (1+w)$ $\gamma = \dfrac{d_s + S_r e}{1+e} \gamma_w$
4	孔隙比 e	$e = \dfrac{V_v}{V_s}$	无量纲	$e = \dfrac{d_s(1+w)\rho_w}{\rho} - 1$ $e = \dfrac{d_s(1+w)\gamma_w}{\gamma} - 1$	$e = \dfrac{d_s \rho_w}{\rho_d} - 1$ $e = \dfrac{d_s \gamma_w}{\gamma_d} - 1$
5	孔隙率 n	$n = \dfrac{V_v}{V} \times 100\%$	%	$n = 1 - \dfrac{\rho}{d_s(1+w)\rho_w}$ $n = 1 - \dfrac{\gamma}{d_s(1+w)\gamma_w}$	$n = \dfrac{e}{1+e} \times 100\%$
6	饱和度 S_r	$S_r = \dfrac{V_w}{V_v} \times 100\%$	%	$S_r = \dfrac{\rho d_s w}{d_s(1+w)\rho_w - \rho}$ $S_r = \dfrac{\gamma d_s w}{d_s(1+w)\gamma_w - \gamma}$	$S_r = \dfrac{d_s w}{e} \times 100\%$
7	干密度 ρ_d 干重度 γ_d	$\rho_d = \dfrac{m_s}{V}$ $\gamma_d = \rho_d g$	g/cm³ kN/m³	$\rho_d = \dfrac{\rho}{1+w}$ $\gamma_d = \dfrac{\gamma}{1+w}$	$\rho_d = \dfrac{d_s}{1+e} \rho_w$ $\gamma_d = \dfrac{d_s}{1+e} \gamma_w$
8	饱和密度 ρ_{sat} 饱和重度 γ_{sat}	$\rho_{sat} = \dfrac{m_s + V_v \rho_w}{V}$ $\gamma_{sat} = \rho_{sat} g$	g/cm³ kN/m³	$\rho_{sat} = \dfrac{\rho(d_s-1)}{d_s(1+w)} + \rho_w$ $\gamma_{sat} = \dfrac{\gamma(d_s-1)}{d_s(1+w)} + \gamma_w$	$\rho_{sat} = \dfrac{d_s + e}{1+e} \rho_w$ $\gamma_{sat} = \dfrac{d_s + e}{1+e} \gamma_w$

序号	指标名称	表达式	单位	由试验指标换算式	由其他指标换算式
9	浮密度 ρ' 浮重度 γ'	$\rho' = \dfrac{m_s - V_s\rho_w}{V}$ $\gamma' = \gamma_{sat} - \gamma_w$	g/cm³ kN/m³	$\rho' = \dfrac{d_s - 1}{1+e}\rho_w$ $\gamma' = \dfrac{d_s - 1}{1+e}\gamma_w$	$\rho' = \rho_{sat} - \rho_w$ $\rho' = (d_s - 1)(1-n)\rho_w$ $\gamma' = \gamma_{sat} - \gamma_w$ $\gamma' = (d_s - 1)(1-n)\gamma_w$

注：①表中土粒重度为土粒密度与重力加速度的乘积，重力加速度 g 在工程中一般取 10m/s^2。

②ρ_w 为4℃时纯水的密度，等于 1g/cm^3。

例题 4-1
讲解

【例 4-1】在进行某地基勘察时，取一原状土样，总体积 $V=1000\text{cm}^3$。由试验测得：土的天然密度 $\rho=1.8\text{g/cm}^3$，土粒相对密度 $d_s=2.70$，土的天然含水量 $w=18.0\%$，试求其余六个指标。

解：方法一　直接运用表 4-3 的换算式计算，可以得到：

$$e = \frac{d_s(1+w)\rho_w}{\rho} - 1 = \frac{2.70 \times (1+0.18) \times 1}{1.8} - 1 = 0.77$$

$$n = \frac{e}{1+e} = \frac{0.77}{1+0.77} \times 100\% \approx 43.5\%$$

$$S_r = \frac{d_s w}{e} \times 100\% = \frac{2.70 \times 0.18}{0.77} \times 100\% \approx 63.1\%$$

$$\rho_d = \frac{\rho}{1+w} = \frac{1.8}{1+0.18} \approx 1.525(\text{g/cm}^3)$$

$$\rho_{sat} = \frac{d_s + e}{1+e}\rho_w = \frac{2.70 + 0.77}{1+0.77} \times 1 \approx 1.96(\text{g/cm}^3)$$

$$\rho' = \frac{d_s - 1}{1+e}\rho_w = \frac{2.70 - 1}{1+0.77} \times 1 \approx 0.96(\text{g/cm}^3)$$

方法二　根据图 4.4 三相组成示意图，可以获得同样的结果。

设　总体积 $V=1000\text{cm}^3$

已知　$\rho = \dfrac{m}{V} = 1.8(\text{g/cm}^3)$，　　$\therefore m = \rho \times V = 1800(\text{g})$

$w = \dfrac{m_w}{m_s} \times 100\% = 18.0\%$，　　$\therefore m_w = 0.18 m_s$

又知，在三相土计算中 $m_a = 0$，则

$$m_w + m_s = 1800(\text{g}), \quad \therefore 0.18m_s + m_s = 1800, \quad m_s \approx 1525(\text{g})$$

$$m_w = m - m_s = 1800 - 1525 = 275(\text{g}), \quad \therefore V_w = \frac{m_w}{\rho_w} = 275(\text{cm}^3)$$

已知　$d_s = \dfrac{m_s}{V_s \rho_w} = 2.70$ ，　$\therefore V_s = \dfrac{1525}{2.70 \times 1} \approx 565 (\text{cm}^3)$

$$V_v = V - V_s = 1000 - 565 = 435 (\text{cm}^3)，\quad \therefore V_a = V_v - V_w = 435 - 275 = 160 (\text{cm}^3)$$

以上求出了各相组成的质量和体积，下面根据指标定义就很容易求出其他六个指标。

$$e = \frac{V_v}{V_s} = \frac{435}{565} \approx 0.77 \qquad n = \frac{V_v}{V} = \frac{435}{1000} \times 100\% = 43.5\%$$

$$S_r = \frac{V_w}{V_v} = \frac{275}{435} \times 100\% \approx 63.2\% \qquad \rho_d = \frac{m_s}{V} = \frac{1525}{1000} = 1.525 (\text{g/cm}^3)$$

$$\rho_{sat} = \frac{m_s + V_v \rho_w}{V} = \frac{1525 + 435 \times 1}{1000} = 1.96 (\text{g/cm}^3)$$

$$\rho' = \rho_{sat} - \rho_w = 1.96 - 1 = 0.96 (\text{g/cm}^3)$$

【例 4-2】某原状土样的总体积 V 为 140cm³，湿土质量 m 为 258g，干土质量 m_s 为 208g，土粒相对密度 d_s 为 2.68，求土样的密度、重度、干密度、干重度、含水量、孔隙比及饱和重度。

解：根据已知条件，运用定义和换算公式：

土的密度　　$\rho = \dfrac{m}{V} = \dfrac{258}{140} \approx 1.84 (\text{g/cm}^3)$

土的重度　　$\gamma = \rho g = 1.84 \times 10^3 \times 10 = 18.4 (\text{kN/m}^3)$

土的干密度　$\rho_d = \dfrac{m_s}{V} = \dfrac{208}{140} \approx 1.49 (\text{g/cm}^3)$

土的干重度　$\gamma = \rho_d g = 1.49 \times 10^3 \times 10 = 14.9 (\text{kN/m}^3)$

土的含水量　$w = \dfrac{m_w}{m_s} \times 100\% = \dfrac{258 - 208}{208} \times 100\% \approx 24\%$

土的孔隙比　$e = \dfrac{d_s \rho_w}{\rho_d} - 1 = \dfrac{2.68 \times 1}{1.49} - 1 \approx 0.8$

土的饱和重度　$\gamma_{sat} = \dfrac{d_s + e}{1 + e} \gamma_w = \dfrac{2.68 + 0.8}{1 + 0.8} \times 10 \approx 19.3 (\text{kN/m}^3)$

4.3　土的物理状态

4.3.1　无黏性土的密实度

无黏性土一般指块石、碎石、砾石和砂类土，因为它们处于松散或紧密的单粒结构状态，无内聚力，通常也无胶结，所以称为无黏性土。对这类土的工程性质影响最大的就是密实度。密实度越高，土的承载力就高，压缩性就小，稳定性也好。水对无黏性土的工程性质影响很小，因为这类土的颗粒粗，比表面积小。无黏性土的密实度除了用粒径级配不均匀系数 C_u 粗略地表达外，工程中常通过孔隙比、相对密实度和现场试验结果来表明无黏性土所处的密实状态。

1. 孔隙比

用土的孔隙比 e 来表达无黏性土的密实度是最简单的方法。根据工程经验，可以按土的孔隙比划分砂类土的密实度，见表 4-4。一般密实的砂土，可以作为良好地基，而松散状态的砂土则不宜做天然地基。对于工程中的土，可以通过振动、碾压、夯实、挤密、振冲法等工程措施来减小其孔隙比，以此来提高土的密实度，改善土的工程性能。

表 4-4　按孔隙比划分砂类土的密实度

土的名称	密实度			
	密实	中密	稍密	松散
砾，粗、中砂	$e<0.6$	$0.6\leqslant e\leqslant 0.75$	$0.75<e\leqslant 0.85$	$e>0.85$
细、粉砂	$e<0.7$	$0.70\leqslant e\leqslant 0.85$	$0.85<e\leqslant 0.95$	$e>0.95$

2. 相对密实度

根据孔隙比 e 来评价土的密实度虽然简便，但是这种方法没有考虑土颗粒的级配影响。例如，同样密实度的砂土，当颗粒均匀时，e 值较大；而颗粒不均匀、颗粒级配良好时，e 值就较小。所以为了更全面、更严密地表达无黏性土的密实度，又提出了相对密实度的概念。相对密实度用符号 D_r 表示。

$$D_r = \frac{e_{max}-e}{e_{max}-e_{min}} \tag{4-22}$$

式中　e——土的天然孔隙比；

e_{max}——土的最大孔隙比，以砂土样最疏松状态制备（测定方法是将松散的风干土样通过长颈漏斗倒入容器，求得最小干密度再换算得到）；

e_{min}——土的最小孔隙比，以砂土受振或捣实砂粒相互靠拢压紧状态制备（测定方法是将松散的风干土装在金属容器内，按规定方法振动和捶击，直至密度不再提高，求得最大干密度后经换算得到）。

根据工程经验，按相对密实度 D_r 划分砂土的密实度如下：

$$0.67<D_r\leqslant 1.0 \quad 密实$$

$$0.33<D_r\leqslant 0.67 \quad 中密$$

$$0 < D_r \leqslant 0.33 \qquad 松散$$

3. 依现场试验结果确定土的密实度

不论是用孔隙比 e 还是用相对密实度 D_r 来表达土的密实度，除了试验中影响因素多之外，块石、碎石、砾石、砂类土等都很难取得原状土，土样受到扰动，这个问题很重要。因此《建筑地基基础设计规范》（GB 50007—2011）中规定以现场试验（如标准贯入试验，静力探触试验）来确定砂土的密实度，见表 4-5。

表 4-5 按标准贯入锤击数 N 值确定砂土的密实度

砂类土的密实度	密实	中密	稍密	松散
标贯试验击数 N	$N > 30$	$15 < N \leqslant 30$	$10 < N \leqslant 15$	$\leqslant 10$

现场标准贯入度试验来确定无黏性土的密实度，可以排除取原状土样的困难和室内试验中诸多因素的影响。但是大多数中小型工程中并不做大型现场试验，如仅为了确定地基土的密实度做标准贯入度试验是不经济的。

4.3.2 黏性土的物理特征

1. 黏性土的界限含水量及测定

黏性土的矿物含量高、颗粒细小，颗粒表面存在结合水膜，且结合水膜厚度随土中含水量的变化而改变。黏性土的界限含水量是指黏性土在某一含水量下的软硬程度或土体对外力引起的变形或破坏的抵抗能力，可用坚硬、可塑和流动等状态描述。即同一黏性土随着含水量增加，土体由固态逐渐过渡到流动状态，使黏性土从一种状态转变为另一种状态的含水量。其包括液限、塑限和缩限，如图 4.5 所示。

图 4.5 黏性土的界限含水量及物理状态

缩限 w_s：黏性土从半固体状态转变为固体状态时的界限含水量，称为缩限，记为 w_s。此时土中只有强结合水，因此虽然土中含水量还可以再小，但是土体体积不会缩小。

液限 w_L：黏性土从可塑状态转变为流动状态时的界限含水量，称为液限，记为 w_L。此时土中水的形态除结合水外，还有大量的自由水。我国目前多采用电磁锥式液限仪或光电式液塑限联合仪来测定黏性土的液限 w_L。欧美等国常用碟式液限仪测定黏性土的液限。

塑限 w_p：黏性土从半固体状态转变为可塑状态时的界限含水量，称为塑限，记为

w_p。此时土中的形态既有强结合水，也有弱结合水，并且强结合水含量达到最大值。过去国内外普遍采用搓条法测定黏性土的塑限，这种方法简单方便。但是，由于搓条法是手工操作，受人为因素的影响较大。目前，我国常采用电磁锥式液、塑限仪联合测定液限、塑限。

▶

黏性土的软
硬状态

[QR code]

2. 两个重要指标及工程应用

（1）塑性指数。

黏性土的塑性大小，是用土处于可塑状态的含水量变化范围来衡量的，即液限 w_L 与塑限 w_p 的差值，称为塑性指数，用 I_p 表示，一般习惯用不带百分数符号的数值表示，即

$$I_p = w_L - w_p \qquad (4\text{-}23)$$

液限和塑限的差值越大，说明土的可塑性范围越大，土粒表面的弱结合水膜越厚，土粒的比表面积越大，土粒的吸附能力越强，土中的黏粒、胶粒、黏土矿物含量也越高。所以说土的塑性指数大小表明了土中的黏粒、胶粒、黏土矿物成分的多少，可反映黏性土的工程性质。根据《建筑地基基础设计规范》（GB 50007—2011），用 I_p 值的范围对黏性土进行分类，见表 4-6。

表 4-6　黏性土按塑性指数分类

土的名称	塑性指数
粉质黏土	$10 < I_p \leqslant 17$
黏土	$17 < I_p$

注：确定 I_p 时，液限以 76g 圆锥仪沉入土样中深度 10mm 为准。

（2）液性指数。

土的天然含水量在一定程度上反映了黏性土的软硬与干湿状况。但是，仅有含水量的绝对值，并不能说明土处于什么状态。因此，需要有一个表征土的天然含水量与界限含水量之间相对关系的指标，即液性指数。液性指数是指黏性土的天然含水量和塑限差值与塑性指数之比，用符号 I_L 表示，即：

$$I_L = \frac{w - w_p}{w_L - w_p} = \frac{w - w_p}{I_p} \qquad (4\text{-}24)$$

从式中可见，当土的天然含水量 w 小于 w_p 时，I_L 小于 0，天然土处于坚硬状态；当 w 大于 w_L 时，I_L 大于 1.0，天然土处于流动状态；当 w 在 w_p 和 w_L 之间时，I_L 的值为 $0 \sim 1.0$，则天然土处于可塑状态。因此，根据《建筑地基基础设计规范》（GB 50007—2011），按 I_L 将黏性土划分为坚硬、硬塑、可塑、软塑和流塑五种状态，见表 4-7。

表 4-7　黏性土的软硬状态分类

软硬状态	坚硬	硬塑	可塑	软塑	流塑
液性指数	$I_L \leqslant 0$	$0 < I_L \leqslant 0.25$	$0.25 < I_L \leqslant 0.75$	$0.75 < I_L \leqslant 1.0$	$I_L > 1.0$

注：当用静力触探探头阻力判定黏性土的状态时，可根据当地经验确定。

以上液限、塑限和塑性指数、液性指数等工程参数，描述了黏性土的黏粒含量，以及土的软硬状态。烧制陶瓷不仅与土的矿物成分有关，而且和含水量的大小相关。如黏土矿物——高岭土，是景德镇陶瓷的主要原料，具有水稳性好和很强的可塑性、耐火性。国际通用黏土矿物学专用名词高岭土 (KAOLIN) 的命名地——高岭村，就位于我国江西省景德镇市区东北部 40km 处，是古代景德镇制瓷业最重要的原料产地，现为国家重点文物保护单位。可见，中华优秀传统文化源远流长、博大精深，是中华文明的智慧结晶，如景德镇陶瓷、唐三彩、陶俑、半坡彩陶等土与火织就的艺术品，因具有极高的实用性和艺术性而风靡世界。

4.4　土的渗透性

4.4.1　土的渗透性概念

土是具有连续孔隙的介质，当它作为水工建筑物的地基或直接把它用作水工建筑物的材料时，水就会在水位差作用下，从水位较高的一侧透过土体的孔隙流向水位较低的一侧。如边坡、堤坝、地基以及基坑中普遍存在这种现象（图 4.6）。上述在水位差作用下，水透过土体孔隙的现象称为渗透（渗流），同时土具有被水透过的性质，称为土的渗透性。

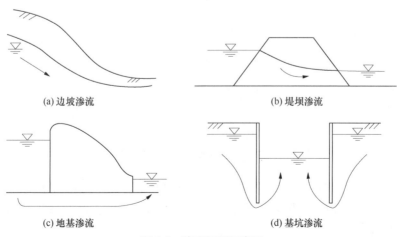

(a) 边坡渗流　　　　　　　　　　(b) 堤坝渗流

(c) 地基渗流　　　　　　　　　　(d) 基坑渗流

图 4.6　渗流问题示意图

水在土体中渗透，就会与土体发生相互作用，从而产生各种工程问题，如渗透引起土体变形的问题。由于水在土体中的渗透会对土颗粒和土体产生渗透力。当渗透力过大时就会引起土颗粒或土体的移动，产生渗透变形，甚至渗透破坏。此外土的渗透性强弱，对土体的固结、强度都有非常重要的影响，从而改变建筑物或地基的稳定条件，严重时还会酿成破坏事故。

4.4.2　达西定律

1. 达西定律

在地下水渗流过程中，当水中质点形成的流线互相平行，上、下、左、右不相交，经过空间某处流速均匀、水流平稳的流水特征称为层流；而当水中质点形成的流线互相交叉，呈曲折、混杂、不规则的流动，存在跌水和旋涡的流水特征称为紊流。

一般土（黏性土及砂土等）的孔隙较小，虽然水在土的细微孔隙中实际上是不规则运动的，但因水在其中流动的流速很小，所以可视为层流。层流状态下，土中水的渗流速度与能量损失之间服从线性渗流规律，即层流渗透定律，它由法国学者达西（H. Darcy）1856 年根据砂土实验结果而得到，也称为达西定律。

图 4.7 所示为达西渗透试验装置。装置是断面面积为 A 的直立圆筒，其侧壁装有两支相距为 L 的侧压管。滤板填放颗粒均匀的砂土。水由上端注入圆筒，多余的水从溢水管溢出，使筒内的水位维持恒定。渗透过砂层的水从短水管流入量杯中，并以此来计算渗流量 Q。

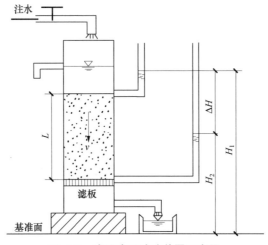

图 4.7　达西渗透试验装置示意图

试验结果证明，单位时间的渗流量 Q 与过水断面面积 A 和水力梯度 i 成正比（$Q=kAi$），也就是水在砂土中的渗透速度 v 与水力梯度 i 成正比，且与土的渗透性质有关，该定律的表达式为

$$v = ki \tag{4-25}$$

$$i = \frac{H_1 - H_2}{L} = \frac{\Delta H}{L} \tag{4-26}$$

式中 v ——渗透速度（cm/s），它不是地下水的实际流速，而是在单位时间内流过单位土截面的渗流量；

k ——渗透系数（cm/s），是反映土渗透性大小的一个很有用的似常数，可以通过实验直接测得；

i ——水力梯度，是沿着水流方向单位长度上的水头差。

需要指出的是，式（4-25）求出的渗透速度是一种假想的平均速度，因为它假定水在土中的渗透是通过整个土体截面来进行的。而实际上，渗透水是通过土体中的孔隙流动。因此，水在土体中的实际平均流速 v' 要比由式（4-25）所得的渗透速度 v 大得多，它们之间的关系可以推导如下。

设单位时间内的渗流量为 Q，整个土体截面积为 A，则实际过水面积为 $A'=nA$，这里假定面积孔隙率与体积孔隙率相等。根据水的连续性，$Q=vA=v'A'$，因此可得

$$v = v' \times \frac{A'}{A} = v'n = v'\frac{e}{1+e} \tag{4-27}$$

式中 n ——土的孔隙率；

e ——土的孔隙比。

不过，由于土体中的孔隙形状和大小非常复杂，要直接测定实际的平均流速比较困难。目前，在渗流计算中广泛采用的流速是假想平均流速。因此，本文所述的渗透速度均指假想平均流速。

2. 达西定律的适用范围

达西定律是特定水利条件下的试验结果，它是描述层流状态下渗透速度与水头损失关系的规律。进一步地研究表明，对于砂土，达西定律是适用的，但对于黏性土或颗粒较粗的砾类土会发生偏离现象，流速与水力梯度不再是简单的线性关系，超出了达西定律的适用范围。

试验证明：在砂土中水的流动符合达西定律［图 4.8（a）］，它是通过坐标原点的直线。而在密实的黏土中，只有当水力梯度超过所谓起始水力梯度后才开始发生渗透［图 4.8（b）中实线］。为简化计算，常用虚直线代替，当水力梯度 i 不大时，渗透速度 v 为零，只有当 $i>i_0$ 时，水才开始在黏土中渗透，故将 i_0 称为起始水力梯度。于是黏性土的达西定律表达式为

$$v = k(i - i_0) \tag{4-28}$$

另外，试验也表明，在粗粒土（如砾、卵石等）中，只有在较小的水力梯度下，渗透速度与水力梯度才呈线性关系，而在较大的水力梯度下，对于砾石、卵石等粗颗粒土中的渗透，一般速度较大，会有紊流发生，水在土中的流动进入紊流状态，渗

透速度与水力梯度呈非线性关系，此时达西定律也不能适用，工程中用经验公式求 v [图 4.8（c）]。

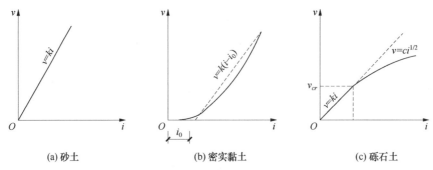

(a) 砂土　　　　　　(b) 密实黏土　　　　　　(c) 砾石土

图 4.8　土的渗透速度与水力梯度的关系

4.4.3　渗透系数的测定及影响因素

土的渗透系数是反映土的透水性能的特定的比例系数，其物理意义为：单位水力梯度，即 $i=1$ 时的渗透速度，其量纲与渗透速度相同。因此，渗透系数的大小是直接衡量土的渗水性强弱的一个重要指标，但它不能由计算求出，只能通过试验直接测定。

1. 渗透系数的测定

渗透系数的测定可以分为现场试验和室内试验两大类。一般说来，现场试验比室内试验所得到的成果要准确可靠，因此，对于重要工程常需进行现场试验。本节将主要介绍室内试验。室内测定土的渗透系数的仪器和方法较多，但就其原理而言，可分为常水头法和变水头法两种。前者适用于透水性强的粗粒土（砂质土），后者适用于渗水性弱的细粒土（黏质土和粉质土）。下面将分别介绍这两种方法的基本原理，有关它们的试验仪器和操作方法可参阅有关的试验方法标准和规程。

（1）常水头法。

常水头法是在整个试验过程中，水头保持不变，其试验装置如图 4.9 所示。

设试样的厚度即渗流长度为 L，截面积为 A，试验时的水位差为 h，这三者在试验前可以直接量出或控制。试验中我们只要用量筒和秒表测出在某一时段 t 内流经试样的水量 Q，即可求出该时段内通过土体的渗流量

$$Q = vAt = kiAt = k\frac{h}{L}At \tag{4-29}$$

由上式便可得到土的渗透系数

$$k = \frac{QL}{Aht} \tag{4-30}$$

（2）变水头法。

黏性土由于渗透系数很小，流经试样的水量很少，难以直接准确量测，因此，应采

用变水头法。变水头法在整个试验过程中，水头是随着时间而变化的，其试验装置如图 4.10 所示。

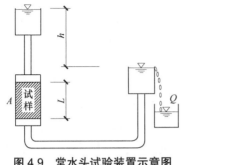

图 4.9　常水头试验装置示意图

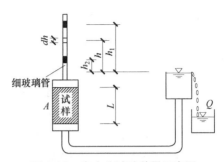

图 4.10　变水头试验装置示意图

试样的一端与细玻璃管相接，在试验过程中测出某一时段内细玻璃管中水位的变化，就可根据达西定律，求出土的渗透系数。

设细玻璃管的内截面积为 a，试验开始以后任一时刻 t 的水位差为 h，经时段 dt，细玻璃管中水位下落 dh，则在时段 dt 内流经试样的水量

$$dQ = -adh \tag{a}$$

式中负号表示渗水量随 h 的减少而增加。

根据达西定律，在时段 dt 内流经试样的水量又可表示为

$$dQ = k\frac{h}{L}Adt \tag{b}$$

令式（a）等于式（b），可得

$$dt = -\frac{aL}{kA}\frac{dh}{h} \tag{c}$$

将式（c）通过积分变换，即可得到土的渗透系数

$$k = \frac{aL}{A(t_2 - t_1)}\ln\frac{h_1}{h_2} \tag{d}$$

如用常用对数表示，则上式可写成

$$k = 2.3\frac{aL}{A(t_2 - t_1)}\lg\frac{h_1}{h_2} \tag{4-31}$$

式（4-31）中的 a，L，A 为已知，试验时只要测出与时刻 t_1 和 t_2 对应的水位 h_1 和 h_2 就可求出渗透系数。

2. 渗透系数的影响因素

影响土体渗透性的因素很多，包括土的性质和水的性质，而且也比较复杂。由于土

体的各向异性，水平向渗透系数与竖直渗透系数也不同，而且土类不同，影响因素也不尽相同。

影响砂性土渗透性的主要因素是颗粒大小、级配、密度以及土中封闭气泡。土颗粒愈粗，愈浑圆、均匀，渗透性愈大。级配良好土，细颗粒填充粗颗粒孔隙，土体孔隙减少，渗透性变小；渗透性随相对密实度 D_r 增加而减少。土中封闭气体不仅减少了土体断面上的过水通道面积，而且堵塞某些通道，使土体渗透性减小。

影响黏性土渗透性的因素比砂性土更为复杂。黏性土中含有亲水性矿物（如蒙脱石）或有机质时，由于它们具有很大的膨胀性，就会大大降低土的渗透性，含有大量有机质的淤泥几乎是不透水的。黏性土中若土粒的结合水膜厚度较厚时，会阻塞土的孔隙，降低土的渗透性。例如钠黏土，由于钠离子的存在，使黏土颗粒的扩散层厚度增加，透水性降低。又如在黏土中加入高价离子的电解质（如 Al^{3+}，Fe^{3+} 等），会使土粒扩散层厚度减小，黏土颗粒会凝聚成团粒，土的孔隙因而增大，使土的渗透性也增大。

黏土颗粒的形状是扁平的，有定向排列作用，在沉积过程中，是在竖向应力和水平向应力不相等的条件下固结的，土体各向异性和应力各向异性造成了土体渗透性的各向异性。特别对层状黏土，由于水平粉细砂层的存在，使水平向渗透系数远远大于竖直向渗透系数；西北地区的黄土，具有竖直方向的大孔隙，那么竖直方向的渗透性要比水平方向的大得多。

可见，土的矿物成分、结合水膜厚度、土的结构构造以及土中气体等都影响黏性土的渗透性。

不同温度下水的黏性和重度不同，温度对水的黏性影响很大，水的黏性随温度升高而降低，测得的 k 值也越大。因此土工试验规定在标准温度下测定土的渗透系数，否则要进行温度校正。

几种土的渗透系数参考值见表 4-8。

表 4-8　渗透系数参考值

土类	渗透系数 $k/$（cm·s^{-1}）	渗透性
纯砾	10^{-1} 以上	高渗透性
纯砾与砾混合物	$10^{-3} \sim 10^{-1}$	中渗透性
极细砂	$10^{-5} \sim 10^{-3}$	低渗透性
粉砂、砂与黏土混合物	$10^{-7} \sim 10^{-5}$	极低渗透性
黏土	10^{-7} 以下	几乎不透水

4.5　渗流的工程问题

水在土体或地基中渗流，将引起土体内部应力状态的改变。例如，对土坝地基和坝体来说，由于上下游水头差引起的渗流，一方面，可能导致土体内细颗粒被冲击、带走或土体局部移动，引起土体的变形；另一方面，渗透的作用力可能会增大坝体或地基的滑动力，导致坝体或地基滑动破坏，影响整体稳定性。这些都是渗流引起的工程问题。下面先讲动水压力的基本概念。

4.5.1　动水压力与临界水力梯度

1. 动水压力的概念

动水压力也称渗透压力（简称渗透力）。当地下水渗流时，对土的颗粒骨架产生的压力，称动水压力，用 G_d 表示，这是体积力（kN/m³）。渗流的水也受到土的颗粒骨架的阻力，其大小 $T = -G_d$，也是体积力。

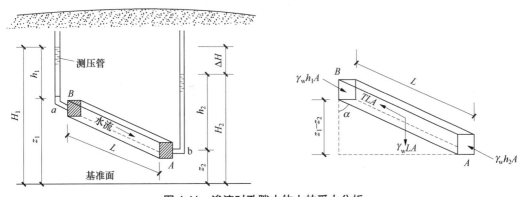

图 4.11　渗流时孔隙水体上的受力分析

如图 4.11 所示，在水头差（H_1-H_2）作用下，层流中的一条流线由 B 到 A，设想 BA 是一个水柱，长度为 L，断面为 A。在忽略渗流水惯性力的情况下（渗流速度很小），BA 水柱上作用着 4 个力，即 $f_1=\gamma_w h_1 A$，$f_2=\gamma_w h_2 A$，BA 水柱的自重在流线方向上的分力 $f_3=\gamma_w LA\cos\alpha$，$\cos\alpha=\dfrac{z_1-z_2}{L}$，土的颗粒骨架对渗流水阻力 $f_4=TLA$。根据力的极限平衡原理，在假想的渗流水柱 BA 上各力的平衡关系式为

$$\gamma_w h_1 A+\gamma_w LA\cos\alpha-\gamma_w h_2 A-TLA=0 \tag{4-32}$$

在式（4-32）中消去 A，将 $\cos\alpha=\dfrac{z_1-z_2}{L}$ 代入，整理后得到

$$\gamma_w h_1 + \gamma_w(z_1 - z_2) - \gamma_w h_2 - TL = 0 \quad (4\text{-}33)$$

注意到 $z_1+h_1=H_1$，$z_2+h_2=H_2$，$i=(H_1-H_2)/L$，代入式（4-33）整理后得 $T=\gamma_w i$，即动水压力 G_d 的大小为

$$G_d = \gamma_w i \quad (4\text{-}34)$$

动水压力 G_d 的方向和渗流方向一致。由式（4-34）可知 G_d 是体积力。

随着土中水的渗流方向的改变，动水压力对土会产生不同的作用，即渗透力对土的作用特点随其作用方向而异。渗流方向自下而上通过土层时，动水压力的作用方向与重力方向相反，土层中的有效应力减少，孔隙水压力增加；渗流方向自上而下时，动水压力的作用方向与土体的重力方向一致，土层中的有效应力增大，而孔隙水压力减少，使土颗粒压得更紧，对工程有利。

2. 临界水力梯度

在实际工程中自下而上的渗流情况很多，例如，有承压含水层的地基中，降低地下水位时钢板桩内侧的渗流；在渗流出口处倒滤层中的渗流；在饱和软黏土地基上加载，把地基中的水自下而上挤出来形成的渗流（如砂井堆载预压）。渗流自下而上，动水压力（渗透力）当然也是自下而上作用于土粒上，由式（4-34）可知，动水压力 $G_d = \gamma_w i$。在水下单位体积土的有效重力 W'，可用土体自重减去浮力求得，即

$$W' = \gamma_{sat} - \gamma_w = \gamma' \quad (4\text{-}35)$$

当土粒所受的动水压力 G_d 大于或等于土的有效重力 W' 时，即 $G_d \geq W'$ 或 $\gamma_w i \geq \gamma'$ 时，土颗粒完全失重，呈悬浮状态，并随水流动，这种现象称为流砂。此时把 G_d 等于土的有效重力 W' 时对应的水力梯度称为临界水力梯度

$$i_{cr} = \frac{\gamma'}{\gamma_w} \quad (4\text{-}36)$$

4.5.2 渗流的工程问题

土工建筑物及地基土由于渗流作用而出现的变形或破坏，称为渗透变形或渗透破坏。如土层剥落、地面隆起、土颗粒被水带出等。渗透变形是基坑工程、水工建筑物等发生破坏的重要原因之一。土的渗透变形有两种基本表现形式：流砂和潜蚀。

1. 流砂

当渗流自下而上时，动水压力自下而上作用于土颗粒上。当动水压力超过土的有效重力时，意味着颗粒间的有效接触力为零，土粒呈悬浮状态，并随渗流水一起流动，上涌，产生流荡、大规模涌水和涌土，表层土变得像液体一样，完全失去抗剪强度，地层遭到破坏，于是工程场地受到严重破坏。上述这种破坏现象称为流土，因为流土现象比较容易在粉细砂、粉土地层中发生，所以工程上常称为流砂现象。在黏土

中，因渗透系数 k 值太小，黏土颗粒间的连结强度较高，所以不容易发生流土；中粗砂、砾砂颗粒较大，要使其较大的颗粒产生流动、悬浮，必须有较大的渗流速度及渗透力。可见，流砂发生的条件不仅包括动水压力，而且与颗粒的大小、粒径级配情况也密切相关。

（1）流砂形成的条件。

① 土颗粒的粒径级配状况当土的粒径级配不均匀因数 $C_u<10$，土的孔隙率较大，在粗粒之间的细粒填料（粒径 $d>2.0mm$）所占比例大于 30% ～ 35%，且土质疏松、透水快时，容易发生流砂。如果砂类土中黏粒含量极少，透水、排水很快，水压力消散很快，则流砂状态存在时间较短，如果砂类土中有较多的黏粒含量，由于黏粒在水中所具有的胶体特征，能使流砂状态存在很长的时间。

② 水动力条件产生流砂的水动力条件为

$$G_d = \gamma_w i \geq \gamma'$$ （4-37）

即产生流砂时的水力梯度也称为流砂的临界水力梯度，同式（4-36）。

（2）流砂的工程防治措施。

流砂对岩土工程危害极大，流砂现象产生的结果是使基础产生滑移或不均匀沉降、基坑坍塌、基础悬浮等。地基土一旦发生流砂现象时，将完全失去承载能力，上部建筑物会突然陷入土中，造成严重事故。特别在粉、细砂土内设置板桩挖掘基坑时，如果设计不合理，则常会发生基坑底部土上涌的流砂现象。因此，在可能发生流砂的地区施工时，应根据不同情况采取如下必要的防治措施。

① 若在勘察中已发现存在流砂地层，应采用特殊的施工方案及相应的措施来提高土层的密实度，减少土层的渗透性，防止流砂破坏。例如采用冻结法、化学加固法等。

② 如果基坑底面下有相对不透水层，其下有承压含水层时，为防止基坑发生流砂破坏，应使基坑底面到承压含水层顶面这个范围内各层土的自重应力大于承压水的水压力，即

$$\sum \gamma_i h_i > \gamma_w H_w$$ （4-38）

$$\sum \gamma_i h_i > \gamma_w \Delta H_w$$ （4-39）

式中，γ_i、h_i 为基坑底面到承压含水层顶面各层土的重度和厚度，当取承压水的压力水头高度 H_w 时，水下的土层采用饱和重度；当取承压水的压力水头差 ΔH_w 时，水下的土层采用浮重度。

③ 通过采用特殊的施工技术措施，来改变渗流条件来降低地下水位，减少水头差。如打钢板桩或设防渗墙是防止流砂的有效措施，一方面可加固坑壁，另一方面可以改善地下水的径流条件，延长渗流路径，减少地下水水力梯度和流速。

④ 在工程现场开挖基坑中，一旦突然出现了流砂现象，应采取紧急措施。这时不能采用坑内抽排水措施，否则只会加剧破坏。应向流砂出现地点抛填粗砂、碎石、砖及

砌块等，或在坑外抽水降低地下水位，这样一方面可以以抛填料的自重作为压重来平衡动水压力，另一方面也可以形成类似反滤层的抛填顺序以防止土颗粒被带走，基坑内造成一定的积水在一定程度上也降低了水头差。（注：反滤层是由 2 ～ 4 层颗粒大小不同的砂、碎石或卵石等材料做成的，顺着水流的方向颗粒逐渐增大，任一层的颗粒都不允许穿过相邻较粗一层的孔隙。同一层的颗粒也不能产生相对移动。）

⑤ 在可能发生流砂的地区施工时，应尽量利用其上面的土层作为天然地基，也可利用桩基穿透流砂层；若要进行人工开挖，要尽量避免在水位下施工，可以采用人工降低地下水位，使地下水位降至可产生流砂的地层之下，然后再进行开挖；若必须在水下开挖，要在基坑中始终保持足够水头，尽量避免产生流砂的水头差，增加基坑侧壁的稳定性。

【例4-3】如图 4.12 所示，一基坑下黏土层厚 5m，黏土层下有承压水，测压管的水压高 9m。施工时，通过降水使坑内地下水位保持在基坑底面下 0.5m，黏土的天然重度和饱和重度分别为 $\gamma = 17\text{kN/m}^3$ 和 $\gamma_{\text{sat}} = 18.6\text{kN/m}^3$，试判断基坑底面是否会发生隆起？

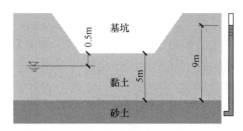

图 4.12　例 4-3 示意图

解： 方法 1，取承压水的压力水头高度 $H_\text{w} = 9\text{m}$，则承压水的水压力

$$\gamma_\text{w} H_\text{w} = 9.8 \times 9 = 88.2(\text{kPa})$$

基坑底面至承压含水层顶面各范围内水下的土层采用饱和重度，则各层土的自重应力之和为

$$\sum \gamma_i h_i = 17 \times 0.5 + 18.6 \times 4.5 = 92.2(\text{kPa})$$

可见 $\sum \gamma_i h_i > \gamma_\text{w} H_\text{w}$，不会发生隆起。

方法 2，取承压水的压力水头差 $\Delta H_\text{w} = 9 - 4.5 = 4.5(\text{m})$，则承压水的水压力差为

$$\gamma_\text{w} \Delta H_\text{w} = 9.8 \times 4.5 = 44.1(\text{kPa})$$

此时，基坑底面至承压含水层顶面范围内，水下的土层应采用浮重度，则各层土的自重应力之和为

$$\sum \gamma_i h_i = 17 \times 0.5 + (18.6 - 9.8) \times 4.5 = 48.1(\text{kPa})$$

同样，$\sum \gamma_i h_i > \gamma_w \Delta H_w$，不会发生隆起。

2. 潜蚀

在渗流情况下，地下水对岩土的矿物、化学成分产生溶蚀、溶滤后这些成分被带走，以及水流将细小颗粒从较大颗粒的孔隙中直接带走，这两种作用称为潜蚀，前者称化学潜蚀，后者称机械潜蚀。在潜蚀的作用下，久而久之，会在岩土内部形成管状流水孔道直到渗流出口形成孔穴、洞穴等，严重时会造成岩土体的塌陷变形或滑动。这些作用过程及其结果称为潜蚀破坏。潜蚀是岩土体内部的水土流失，在渗流出口处表现为管状涌水并带出细小颗粒，所以潜蚀也称管涌。在实际工程中，机械潜蚀或化学潜蚀以某一种为主或二者并存。

（1）潜蚀形成的条件。

① 土粒大小及粒径级配状况：根据工程经验，发生潜蚀的临界水力梯度 i_{cr} 和粒径级配不均匀因数 C_u 之间存在一定的函数关系，C_u 值越大，i_{cr} 越小，参见表4-9。当 $C_u > 20$ 时比较容易发生潜蚀。通常在粉细砂、粉土、黄土、砂砾石土中比较容易发生潜蚀。在砂砾石土中，除了水动力条件和粒径级配之外，细粒填料（粒径 $d < 2.0mm$）的多少对潜蚀的形成也有明显影响。填料较少时说明土不密实，如细粒填料所占比例小于 20% ～ 25% 时，更容易发生潜蚀，这里主要指的是机械潜蚀。

表 4-9　潜蚀的临界水力梯度

粒径级配不均匀因数 C_u	5	10	15	20	25
潜蚀临界水力梯度 i_{cr}	0.65	0.45	0.35	0.30	0.20

② 水动力条件：渗流及动水压力存在时，才能有潜蚀，这是最基本的条件。动水压力（$G_d = \gamma_w i$）究竟多大会发生潜蚀，即形成潜蚀的临界水力梯度 i_{cr} 应该如何确定，目前实际工程中常考虑渗流方向、土的粒径大小、内摩擦角、孔隙率、渗透系数等指标，根据经验进行判断。通常采用安全系数 1.5 ～ 2.0，得到防止潜蚀破坏允许的水力梯度。

（2）潜蚀的工程防治措施。

① 改变渗流条件：这是防治潜蚀的根本措施，如降低水头差，延长渗流路径，可使水力梯度降低；在地基中及地下工程洞周围进行灌浆固结处理。

② 控制排水及在出水口处设置反（倒）滤层：排水的过程及出水口处的处理是很重要的。如控制抽、排水速度和时间，在渗流的边坡、堤岸坡脚处采取防冲刷、防淘空的措施（包括造型设计和材料选择），在渗流出口处设置反滤层对防止细小颗粒被水流带走是很有效的。所谓倒滤层是指在渗流出口处，自来水方向到排水方向或自下而上分层铺设不同粒径的土石料，细粒料在下面（或来水方向），粗粒料在上面（或排水方向），至少分为三层。这样被渗流水携带的细小颗粒就会受到阻挡，也可能细小颗粒被带到粗粒料的孔隙中停下来，因为在渗流出口处，水已经没有压力了。细小颗粒不被带走，也就避免了潜蚀破坏。

③ 对地基中由于潜蚀形成的土洞进行堵塞：按照防重于治的原则，在边坡、堤岸、

地基等土工工程中，对材料选择、施工密实度等都要有严格、明确的要求，防患于未然。具体措施可参见《建筑地基基础设计规范》（GB 50007—2011）。

4.6 地基土的工程分类

4.6.1 土的分类原则和方法

对天然形成的土来说其成分、结构和性质千变万化，其工程性质也是千差万别。为了能适当的判别土的工程特性和评价土作为地基的适宜性，有必要对土进行科学的分类。土的工程分类是地基基础勘察与设计的前提，一个正确的设计必须建立在对土的正确评价的基础上，而土的工程分类正是工程勘察评价的基本内容。

土的分类方法很多，不同部门根据其用途采用各自的分类方法。目前国内对土进行分类的标准、规程（规范）主要有以下几种：《土的工程分类标准》（GB/T 50145—2007）；《建筑地基基础设计规范》（GB 50007—2011）；《岩土工程勘察规范（2009 年版）》（GB 50021—2001）；《公路土工试验规程》（JTG 3430—2020）；《土工试验规程》（SL 237—1999）。综合起来，目前国内有关土的工程分类系统主要有两种。

（1）建筑工程系统分类。它是以原状试样作为基本对象，在建筑工程中，土是作为地基以承受建筑物的荷载，因此着眼于土的工程性质，特别是强度与变形特性，及其与地质成因的关系进行分类。侧重于土作为建筑地基和环境来考虑，在对土的分类时除了考虑土的组成外，很注重土的天然结构性，即土的粒间连结性质和强度。

（2）材料系统分类。它是以扰动土作为基本对象，侧重于将土作为建筑材料，用于路堤、土坝和填土地基等工程，对土的分类以土的组成为主，不考虑土的天然结构性。例如我国国家标准《土的工程分类标准》（GB/T 50145—2007）。

4.6.2 《建筑地基基础设计规范》的土分类系统

《建筑地基基础设计规范》（GB 50007—2011）规范关于土的划分标准，对粗颗粒土，主要考虑其结构、强度和颗粒级配；对细颗粒土，则侧重于土的塑性和成因，并且给出了岩石的分类标准。该规范把土划分成六种类型：岩石、碎石土、砂土、粉土、黏性土和人工填土。

1. 岩石

岩石是指颗粒间牢固联结，形成整体或具有节理、裂缝的岩体。它的分类如下。

（1）按成因不同可分为岩浆岩、沉积岩和变质岩。

（2）根据坚硬程度分为坚硬岩、较硬岩、较软岩、软岩和极软岩五种，详见表 4-10。

（3）根据风化程度分为未风化、微风化、中等风化、强风化和全风化五种。其中微风化或未风化的坚硬岩石，为最优良地基；强风化或全风化的软质岩石，为不良地基。

（4）按完整性分为完整、较完整、较破碎、破碎和极破碎五种，详见表 4-11。

表 4-10　岩石按坚硬程度分类

坚硬程度类	坚硬岩	较硬岩	较软岩	软岩	极软岩
饱和单轴抗压强度标准值 f_{rk}/kPa	>60	$60 \geqslant f_{rk} > 30$	$30 \geqslant f_{rk} > 15$	$15 \geqslant f_{rk} > 5$	$\leqslant 5$

表 4-11　岩石按完整程度分类

完整程度等级	完整	较完整	较破碎	破碎	极破碎
完整性指数	>0.75	0.55～0.75	0.35～0.55	0.15～0.35	<0.15

2. 碎石土

如果粒径大于 2mm 的颗粒质量超过总质量 50% 的土，应定名为碎石土。碎石土是典型的粗粒土，按粒组含量和颗粒形状，碎石土又可进一步细分，见表 4-12。碎石土根据骨架颗粒含量与排列，可挖性与可钻性，分为密实、中密、稍密三种状态。碎石土的压缩性小，强度高，渗透性大，是良好的地基土。

表 4-12　碎石土分类

土的名称	颗粒形状	颗粒级配
漂石块石	圆形及亚圆形为主 棱角形为主	粒径大于 200mm 的颗粒质量超过总质量 50%
卵石碎石	圆形及亚圆形为主 棱角形为主	粒径大于 20mm 的颗粒质量超过总质量 50%
圆砾角砾	圆形及亚圆形为主 棱角形为主	粒径大于 2mm 的颗粒质量超过总质量 50%

注：定名时应根据粒组含量比例由大到小以最先符合者确定。

3. 砂土

粒径大于 2mm 的颗粒质量不超过总质量的 50%，粒径大于 0.075mm 的颗粒质量超过总质量 50% 的土，应定名为砂土。砂土属于细中粒土，无塑性，由细小岩石及矿物组成。按粒组含量，砂土又可进一步分为砾砂、粗砂、中砂、细砂和粉砂五类，具体见按表 4-13。通常砾砂、粗砂和中砂为良好的地基；细砂和粉砂密实状态为良好地基。另外，饱和疏松的砂土，在受到地震和其他动荷载作用时，易产生液化，在选择地基基础方案时应当注意。

表 4-13　砂土按颗粒级配分类

土的名称	颗粒级配
砾砂	粒径大于 2mm 的颗粒质量占总质量 25% ～ 50%
粗砂	粒径大于 0.5mm 的颗粒质量超过总质量 50%
中砂	粒径大于 0.25mm 的颗粒质量超过总质量 50%
细砂	粒径大于 0.075mm 的颗粒质量超过总质量 85%
粉砂	粒径大于 0.075mm 的颗粒质量超过总质量 50%

注：定名时应根据粒组含量比例由大到小以最先符合者确定。

4. 粉土

粉土是指粒径大于 0.075mm 的颗粒质量不超过总质量的 50%，塑性指数小于或等于 10 的土。必要时可根据颗粒级配分为砂质粉土（粒径小于 0.005mm 的颗粒含量不超过全重 10%）和黏质粉土（粒径小于 0.005mm 的颗粒含量超过全重 10%）。粉土是细粒土，其性质介于砂土和黏土之间。通常密实的粉土是良好地基，而饱和稍密的粉土在地震作用下，土体结构容易遭到破坏，产生液化。

5. 黏性土

塑性指数大于 10 的土定名为黏性土。黏性土按塑性指数的指标值分为黏土和粉质黏土，其分类标准见表 4-6。黏性土是典型的细粒土，硬塑状态的黏性土的承载力高，压缩性小，为良好地基；流塑状态的黏性土非常软弱，为不良地基。

6. 人工填土

人工填土是由于人类活动而堆填形成的土。由于它形成的年代较近，物质成分较杂，均匀性较差，通常工程性质不良。常见的人工填土有素填土、压实填土、杂填土和冲填土。各类填土应根据下列特征予以区别。

（1）素填土：由碎石土、砂土、粉土、黏性土等组成的填土。其中不含杂质或含杂质很少。

（2）压实填土：素填土分层填筑后，再经过人工或机械压实后形成压实填土。即将素填土按主要组成物质分为碎石素填土、砂性素填土、粉性素填土及黏性素填土，将其经分层压实后称为压实填土。

（3）杂填土：由各种垃圾混杂形成的人工填土，包括工业废料、建筑垃圾和生活垃圾等杂物的填土。按其组成物质成分和特征分为建筑垃圾土、工业废料土及生活垃圾土。

（4）冲填土：水力冲填泥砂形成的填土。

此外，自然界中还分布有许多在特定地理环境或人为条件下形成的特殊性质的土，它的分布一般具有明显的区域性。其包括软土、膨胀土、多年冻土、湿陷性土、红黏土、盐渍土、污染土等。这些土分布在我国的不同地区，其分类都有各自的规范，在实际工程中可选择相应的规范查用。

习 题

一、单项选择题

1. 土颗粒的大小及其级配，通常是用粒径级配曲线表示的，若某土样的粒径级配曲线越平缓，则说明（ ）。

A. 土颗粒大小不均匀，级配良好 B. 土颗粒大小较均匀，级配良好

C. 土颗粒大小较均匀，级配不良 D. 土颗粒大小不均匀，级配不良

2. 下列关于土的物理性质三相比例指标说法正确的是（ ）。

A. 土的孔隙率是土中孔隙的体积占总体积的百分比

B. 土的孔隙比始终不会大于 1

C. 土的含水量是指土中水的质量与总质量的比值

D. 土的天然含水量、孔隙比是可以直接测定的基本指标

3. 黏性土由半固态转入可塑态的界限为（ ）。

A. 液性指数 B. 液限 C. 塑限 D. 塑性指数

4. 根据达西定律，水在无黏性土中的渗流速度与（ ）成反比。

A. 渗透系数 B. 渗流距离 C. 水头梯度 D. 水头差

5. 流砂现象较容易发生在下列（ ）地层。

A. 黏土地层 B. 粉细砂地层 C. 碎石层 D. 中粗砂地层

二、填空题

1. 土粒结构是由土粒形成的某种结构状态，通常砂类土属于＿＿＿＿结构。

2. 常用的物理指标可分为基本指标和换算指标，其中基本指标可通过试验获得，分别为土的天然密度、土粒相对密度和＿＿＿＿三个。

3. 黏性土的界限含水量有缩限、塑限和＿＿＿＿。

4. 在地下水渗流中，水中质点形成的流线互相平行、流速均匀、水流平稳的流水特征称为＿＿＿＿。

5. 根据达西定律，砂土的渗透速度与＿＿＿＿成正比。

三、名词解释题

1. 土的粒度

2.土的粒径级配曲线

3.塑性指数

4.土的渗透性

5.动水压力

四、简答题

1.土是由哪三相组成？在什么情况下是两相组成？

2.土的塑性指数、液性指数在工程上如何应用？

3.怎样用相对密实度 D_r 评价砂类土的密实度？

4.毛细水对建筑物和土壤有哪些影响？

5.形成流砂的条件是什么？如何防治它？

五、计算题

1.已知土粒比重 d_s =2.70，饱和度 S_r =28%，孔隙比 e =0.95。试求土样的含水量 w、密度 ρ、干密度 ρ_d。

2.某工程的基坑中，由于抽水引起的水流由下往上流动，水头差 60cm，水流经土体长度 50cm，土的饱和重度为 20.5kN/m³，问是否会发生流砂？

在线答题

拓展习题

第5章

地基土体中的应力

📚 知识结构图

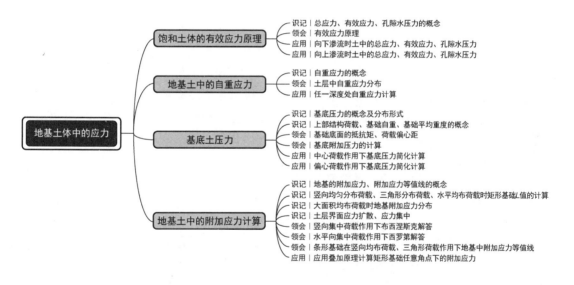

地基土体中的应力

- 饱和土体的有效应力原理
  - 识记 ┃ 总应力、有效应力、孔隙水压力的概念
  - 领会 ┃ 有效应力原理
  - 应用 ┃ 向下渗流时土中的总应力、有效应力、孔隙水压力
  - 应用 ┃ 向上渗流时土中的总应力、有效应力、孔隙水压力

- 地基土中的自重应力
  - 识记 ┃ 自重应力的概念
  - 领会 ┃ 土层中自重应力分布
  - 应用 ┃ 任一深度处自重应力计算

- 基底土压力
  - 识记 ┃ 基底压力的概念及分布形式
  - 识记 ┃ 上部结构荷载、基础自重、基础平均重度的概念
  - 领会 ┃ 基础底面的抵抗矩、荷载偏心距
  - 领会 ┃ 基底附加压力的计算
  - 应用 ┃ 中心荷载作用下基底压力简化计算
  - 应用 ┃ 偏心荷载作用下基底压力简化计算

- 地基土中的附加应力计算
  - 识记 ┃ 地基的附加应力、附加应力等值线的概念
  - 识记 ┃ 竖向均匀分布荷载、三角形分布荷载、水平均布荷载时矩形基础L值的计算
  - 识记 ┃ 大面积均布荷载时地基附加应力分布
  - 识记 ┃ 土层界面应力扩散、应力集中
  - 领会 ┃ 竖向集中荷载作用下布西涅斯克解答
  - 领会 ┃ 水平向集中荷载作用下西罗第解答
  - 领会 ┃ 条形基础在竖向均布荷载、三角形荷载作用下地基中附加应力等值线
  - 应用 ┃ 应用叠加原理计算矩形基础任意角点下的附加应力

5.1 饱和土体的有效应力原理

饱和土体的
有效应力
原理

5.1.1 土体中两种性质不同的应力

　　土体中的应力按其产生的原因可分为自重应力和附加应力；按传力介质的不同可分为土骨架承担的有效应力和孔隙（水、气）承担的孔隙应力。本书只研究饱和土体，因此，孔隙应力也就是孔隙水压力。本节先介绍有效应力与孔隙水压力，下节介绍自重应力和附加应力。

　　有效应力：将由土骨架所承担的应力称为有效应力。它是通过土颗粒之间互相传递的应力。有效应力才是土体产生变形的原因，在总应力不变的前提下，有效应力越大，土体越稳定。有效应力一般用 σ' 表示。

　　孔隙水压力：由土体孔隙中的水所承担的应力称为孔隙水压力，简称孔压。饱和土体的孔隙相互连通且充满了水，孔隙水压力在孔隙内传递，不会引起土体的变形。孔隙水压力一般用 u 表示。孔隙水压力又分为静孔压和超静孔压。静孔压一般由测压管水头所引起，因此，静孔压的大小等于测压管水头高度乘以水的重度。超静孔压可以由外荷载引起，如饱和土体在外荷施加的瞬间会产生体变，体积膨胀或收缩时土体有吸水或排水的趋势，但在短时间内吸水或排水过程还未完成，则引起土体内孔压降低或升高，即产生了超静孔压。

　　有效应力与孔隙水压力之和称为总应力，总应力不变时有效应力与孔隙水压力可以互相转化。如地震时，在地震荷载作用下，松砂会产生剪缩，孔隙水压力增大，有效应力降低，对土体的稳定性极为不利；地震结束后，孔隙水压力重新转化为有效应力，土体强度增加趋于更加稳定。

　　图 5.1 所示是两个相同的容器内装有相同高度的相同砂土试样：左图砂土试样上表面放一将砂土密闭起来的橡胶模，膜上加 h 高度的水压力；右图在砂土试样上直接加 h 高度的水压力。可以看出，左、右两图砂土试样上所承受的外荷载相等，但左图的砂土试样得到压缩，而右图的砂土试样不但没有得到压缩，反而由于水的浮力作用，土体体积有所增大。

　　两个试样受到大小相同的上覆力的作用，却产生了完全不同的变形效果。原因是左图中的上覆应力 $h\gamma_w$ 先作用在密闭的橡胶膜上，再通过橡胶膜作用在土骨架上，是土颗粒之间传递的应力，是有效应力 σ'，有效应力的增加使土体产生了压缩变形，砂土的孔隙比 e 减小，密度增加；而右图中的上覆水压力 $h\gamma_w$ 通过砂土颗粒孔隙直接作用在砂土颗粒四周，是在砂土颗粒孔隙中传递的应力，是孔隙水压力 u，孔隙水压力的增加使得土体中的有效应力降低，导致土体产生体积膨胀变形，砂土的孔隙比 e 增加，密度减小。如城市基础设施建设中，为了打造宜居、韧性、智慧城市，计算建筑工程地基沉降量时，首先需要计算出地基中的有效应力和孔隙水压力，然后用有效应力才能算出基础工程的最终沉降量。

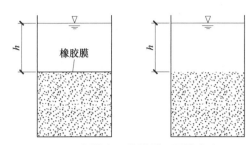

图 5.1 土样中两种性质不同的应力

5.1.2 静水条件下土体中的有效应力原理

在如图 5.2 所示的容器中放入一定厚度的土样,并注水使土样饱和。假定土样上表面的水深为 h_1,现在分析土样中深度 h_2 处力的平衡。先在深度 h_2 处取一面积为 A 的水平截面,该截面上所受到的垂直向总力为其上土柱和水柱的重量和,即

$$W = \left(\gamma_{\text{sat}}h_2 + \gamma_{\text{w}}h_1\right)A$$

则深度 h_2 处的垂直向总应力为

$$\sigma = \frac{W}{A} = \gamma_{\text{sat}}h_2 + \gamma_{\text{w}}h_1 \tag{5-1}$$

式中 γ_{sat}——土的饱和重度(kN/m³);

γ_{w}——水的重度(kN/m³);

σ——土和水的重量所产生的应力,称总应力(kPa)。

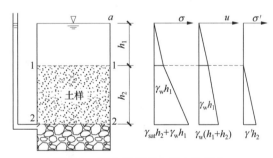

图 5.2 静水条件下土样中的应力

由于土样在深度 h_2 处的孔隙水与土样表面以上自由水相连通,因此 h_2 处的测压管水头与自由水面同高,h_2 处孔隙内的静水压力 u 为

$$u = \gamma_{\text{w}}(h_1 + h_2) \tag{5-2}$$

式中 $h_1 + h_2$——压力水头高度,或测压管水头高度,即深度 h_2 处与自由水面的竖向距离(m);

u——静水压力,也称为孔隙水压力(kPa)。

在深度 h_2 处除了有通过孔隙水所传递的孔隙水压力外，还有通过土颗粒传递的有效应力。研究表明：饱和土体中任意点单位面积上的总应力等于孔隙水压力 u 与有效应力 σ' 之和，即

$$\sigma = \sigma' + u \tag{5-3}$$

这就是著名的太沙基（Terzaghi）有效应力原理。将式（5-1）及式（5-2）代入上式得

$$\gamma_{sat}h_2 + \gamma_w h_1 = \sigma' + \gamma_w(h_1 + h_2)$$

变换后得到

$$\sigma' = \gamma_{sat}h_2 + \gamma_w h_1 - \gamma_w(h_1 + h_2) = \gamma'h_2 \tag{5-4}$$

式中　　γ'——土的浮重度（kN/m^3）；

　　　　σ'——土的有效应力（kPa）。

式（5-4）表明水下土中任一点处由土颗粒之间传递有效应力应等于土体的浮重度乘以土柱高度 h_2。

土中任一点的孔隙水压力 u 在各个方向上都是相等的，它均匀分布在土颗粒的外表面，作用在每个土颗粒外表面的孔隙水压力的合力为 0，因此，孔隙水压力的大小不会引起土骨架的变形，因而也被称为中性应力。但有效应力通过土颗粒传递应力，因此，有效应力的改变将引起土体变形。以上很好解释了图 5.1 中两个大小相同的力却引起完全不同变形的原因。

5.1.3　渗流作用下的有效应力原理

下面区分向下渗流和向上渗流两种不同情况，讨论有渗流作用时的有效应力原理。

（1）先看图 5.3 水通过土层向下渗流的情况。入水口 a 和出水口 b 的高度保持不变。土样上表面 1-1 截面处的孔隙水压力等于 $h_1\gamma_w$，土样下表面 2-2 截面处孔隙水压力等于 $(h_1 + h_2 - h)\gamma_w$，h 为 1-1 截面与 2-2 截面间的水头差。而 2-2 截面处的总应力为

$$\sigma = h_1\gamma_w + h_2\gamma_{sat} \tag{5-5}$$

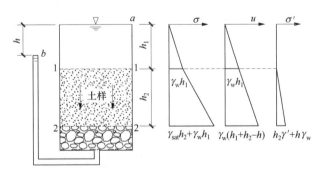

图 5.3　向下渗流时土样中的应力

根据太沙基有效应力原理，2-2 截面处的有效应力等于总应力与孔隙水压力之差，即

$$
\begin{aligned}
\sigma' = \sigma - u &= h_1\gamma_\mathrm{w} + h_2\gamma_\mathrm{sat} - (h_1 + h_2 - h)\gamma_\mathrm{w} \\
&= h_2(\gamma_\mathrm{sat} - \gamma_\mathrm{w}) + h\gamma_\mathrm{w} \\
&= h_2\gamma' + h\gamma_\mathrm{w}
\end{aligned}
\tag{5-6}
$$

（2）再看图 5.4 水通过土层向上渗流的情况。同样保持入水口 b 和出水口 a 的高度不变。土样在 2-2 截面处的孔隙水压力为 $(h_1 + h_2 + h)\gamma_\mathrm{w}$，而 2-2 截面处的总应力为式（5-5）不变。根据太沙基有效应力原理，2-2 截面处的有效应力为

$$
\begin{aligned}
\sigma' = \sigma - u &= h_1\gamma_\mathrm{w} + h_2\gamma_\mathrm{sat} - (h_1 + h_2 + h)\gamma_\mathrm{w} \\
&= h_2(\gamma_\mathrm{sat} - \gamma_\mathrm{w}) - h\gamma_\mathrm{w} \\
&= h_2\gamma' - h\gamma_\mathrm{w}
\end{aligned}
\tag{5-7}
$$

因此，在渗流作用下土颗粒间传递的有效应力与渗流作用的方向有关，当渗流方向竖向向下时，渗透力（即渗流引起的孔隙水压力）能使土的有效应力增加，有利于土体的压密；反之，当渗流方向竖向向上时渗透力能使土的有效应力减小，不利于土体的稳定。

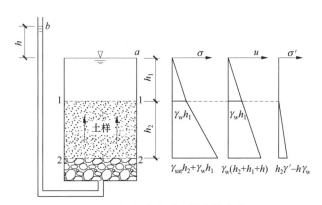

图 5.4　向上渗流时土样中的应力

5.1.4　不同截面处的应力

以上图 5.2～图 5.4 中，静水条件、向下渗流和向上渗流时土体中 1-1 截面和 2-2 截面处的总应力、有效应力和孔隙水压力值见表 5-1。

表 5-1　土体中不同截面处的总应力、有效应力和孔隙水压力值

渗流情况	计算点位置	总应力 σ	有效应力 σ'	孔隙水压力 u
静水条件	1-1 截面	$h_1\gamma_\mathrm{w}$	0	$h_1\gamma_\mathrm{w}$
	2-2 截面	$h_1\gamma_\mathrm{w} + h_2\gamma_\mathrm{sat}$	$h_2\gamma'$	$(h_1 + h_2)\gamma_\mathrm{w}$

渗流情况	计算点位置	总应力 σ	有效应力 σ'	孔隙水压力 u
向下渗流	1—1 截面	$h_1\gamma_w$	0	$h_1\gamma_w$
	2—2 截面	$h_1\gamma_w + h_2\gamma_{sat}$	$h_2\gamma' + h\gamma_w$	$(h_1 + h_2 - h)\gamma_w$
向上渗流	1—1 截面	$h_1\gamma_w$	0	$h_1\gamma_w$
	2—2 截面	$h_1\gamma_w + h_2\gamma_{sat}$	$h_2\gamma' - h\gamma_w$	$(h_1 + h_2 + h)\gamma_w$

【例 5-1】如图 5.5 所示,饱和黏土层厚 15m,其下砂土层中存在承压水,其水头高出 A 点 10m,现要在黏土层中开挖基坑,试求保证土体安全的基坑临界开挖深度 H。

解： 假定保证土体安全的最大基坑开挖深度为 H,此时,A 点的总应力为

$$\sigma_A = \gamma_{sat}(15 - H) = 18.9 \times (15 - H)$$

A 点的孔隙水压力为 $u = \gamma_w h = 9.81 \times 10 = 98.1(\text{kPa})$

基坑的临界开挖深度即要求 A 点的有效应力 $\sigma' = 0$,即

$$\sigma' = \sigma_A - u = 18.9 \times (15 - H) - 98.1 = 0$$

解得基坑的临界开挖深度为 $H=9.81\text{m}$。

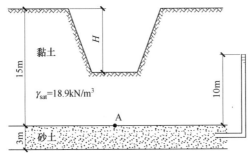

图 5.5 例 5-1 图

5.2 地基土中的自重应力

土体中的应力按其产生的原因可分为自重应力和附加应力。所谓自重应力是指地基土体自重引起的应力分布。自重应力是有效应力,从土体形成的地质年代就已经施加于土体上,除新近沉积的土外,自重应力一般不会引起新的变形。所谓附加应力是指由外荷载在土体中所引起的应力,本书中一般指建筑物基底压力在土体中所引起的应力。附加应力是地基土体产生新的压缩变形的原因。

为了研究建筑物地基或土工结构物本身的稳定性和沉降（变形），就必须计算施工

前土体中的原始应力分布（即自重应力）及施工后土体中的新增应力分布（即附加应力）。因此，本节先介绍土体的自重应力。

地基中的自重应力有竖向自重应力和水平向自重应力。一般将竖向自重应力简称为自重应力，水平向自重应力简称侧压力。

在自重应力的计算中，地基土体一般被看作半无限体，即土体在地面以下沿深度方向及在两个水平方向均为半无限长 [图 5.6（a）]。因此，在地面以下 z 深度处 I-I 截面上的各点，由土的天然重度所引起的竖向自重应力 σ_c 就等于土的天然重度 γ 与埋深 z 的乘积，即

$$\sigma_c = \gamma z \qquad (5\text{-}8)$$

因此，σ_c 随深度呈线性增大，为三角分布。

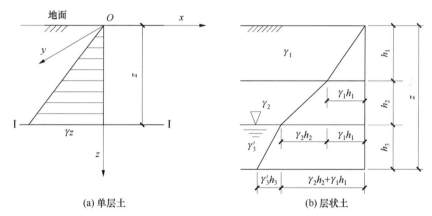

图 5.6　土体的自重应力分布

(a) 单层土　　(b) 层状土

一般情况下地基是由层状土组成的，不同土层具有不同的重度，并且存在地下水。这时地基中的应力就应按层分别求出，然后再按研究点以上土层分布数进行累加 [图 5.6（b）]。地下水位线也作为地层分界线，水位线以下土层用浮重度。地面以下任一深度 z 处的自重应力为

$$\sigma_{c(z)} = \sum_{i=1}^{n} \gamma_i h_i \qquad (5\text{-}9)$$

式中　γ_i——第 i 层土的天然重度，如在地下水位以下则用浮重度（kN/m³）；

h_i——第 i 层土的厚度（m）。

如图 5.6（b）所示，在第三层底面处土体的自重应力为

$$\sigma_{c(z)} = \gamma_1 h_1 + \gamma_2 h_2 + \gamma_3' h_3 \qquad (5\text{-}10)$$

式中，第三层土在地下水位以下，故取为浮重度。

地基土体中除以上介绍的竖向自重应力外，还存在两个水平向的自重应力，即

$$\sigma_{cx} = \sigma_{cy} = K_0 \sigma_{cz} \qquad\qquad (5\text{-}11)$$

式中　K_0——土的侧压力系数，又称为静止土压力系数，它是在没有侧向变形条件下，土体中的水平向有效应力与竖向有效应力之比，取值范围为 $0 \sim 1$。

地基中的自重应力一般均指有效自重应力，且一般只考虑竖向有效自重应力，为了简化叙述，以后各章一般将竖向有效自重应力简称为自重应力，记为 σ_c。

5.3　基底土压力

基底压力

为了研究建筑物地基或土工结构物本身的稳定性和沉降（变形），除必须计算施工前土体中的自重应力外，还必须计算施工后土体中新增应力分布（即附加应力），而计算土体中的新增应力分布就必须知道基础底面的应力分布。因此，为研究地基的沉降变形，本节介绍建筑物的基底压力。

建筑物的外加荷载和基础自重均通过基础传递给地基的。所谓基础是指建筑物与地基土体之间进行应力转换的人工构筑物；地基则是指基础下方承受建筑物荷载的土层。基底压力指建筑物的外加荷载和基础自重在基础底面对下方地基土体所形成的压力，基底压力的大小和分布是计算地基附加应力和沉降变形的前提。

5.3.1　基底压力的一般分布形式

精确地确定基底压力的分布形式是一个十分复杂的问题，室内实验和现场测试均表明，不但上部荷载的大小和分布对基底压力分布有影响，而且基础的尺寸、形状、埋深和刚度对基底压力分布也有影响，同时地基土体的级配、密度和刚度对基底压力分布也有影响。一般情况下，基底压力分布具有以下规律。

（1）若基础的刚度相比地基较小，基础的变形能够与地基表面的变形相协调，则基底压力的分布与作用在基底上的荷载分布相似。例如防洪土堤和道路路堤的荷载是梯形分布，其基底压力也接近梯形分布。

（2）若基础的刚度相比地基很大，基础通过自身的刚度可以调整和重新分配上部荷载的分布形式，如工民建中常用的钢筋混凝土浅基础，则基底压力分布形式又随荷载大小及土类而不同。若地基为无黏性土，而基础底面与埋深又都较小，则当荷载较小时，基底压力呈抛物线形分布，如图 5.7（a）中的实线所示；当荷载较大时，基底压力呈三角形分布，如图 5.7（a）中的虚线所示。

（3）若基础的宽度和埋深均较大，则一般情况下基底压力都呈马鞍形分布，如图 5.7（b）中的实线所示。若基础的宽度相对压缩土层很大，则一般情况下基底压力都呈均匀分布，如图 5.7（b）中的虚线所示。

对于刚性较大的基础，虽然基底压力分布有所不同，但在一般工民建基础荷载范围内（<0.5MPa），基底压力分布可近似按均匀分布或线性变化考虑，在地基变形计算

中这样处理所引起的误差是相关规范所允许的。本书以下将基底压力均简化成线性变化的。

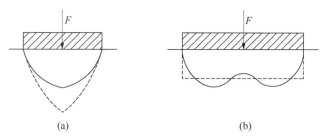

图 5.7　基底压力变化图

5.3.2　中心荷载作用下基底压力的简化计算

当基础受竖向中心荷载作用时，根据材料力学理论，基底压力可以处理成均匀分布形式，如图 5.8 所示。对于矩形基础，基底压力可以通过下式计算

$$p = \frac{F+G}{A} \qquad (5\text{-}12)$$

式中　p ——基底压力（kPa）；

　　$F+G$ ——作用于基础底面以上的荷载合力（kN）。它包括上部结构荷载 F 和基础自重 G，根据现行《建筑地基基础设计规范》（GB 50007—2011）取值：$G = \gamma_G A d$，其中 γ_G 为基础及回填土的平均重度，一般取 20kN/m³，地下水位以下应扣除水的浮力；d 是基础埋深，一般自室内外地面平均标高算起（m）；

　　A ——矩形基础基底的面积（m^2），$A = l \times b$，l 和 b 分别为矩形基础的长度和宽度。

如果基础为矩形，荷载沿长边方向没有变化，且其长宽比大于 5 时，称为条形基础。条形基础一般沿长度方向截取 1m 来计算，基底压力公式为

$$p = \frac{F+G}{b} \qquad (5\text{-}13)$$

式中　$F+G$ ——沿基础长度方向取 1m 内上部结构荷载 F 和基础自重 G 的合力（kN/m）；

　　b ——基础宽度（m）。

5.3.3　偏心荷载作用下基底压力的简化计算

当基础受竖向偏心荷载作用时，根据材料力学理论，基底压力可以处理成线性分布形式，且荷载偏心一边的基底压力大于另一边，两边荷载的增减量刚好相等。建筑上常将基底长边方向取为偏心方向，此时两个短边边沿处的最大基底压力 $p_{\max}$ 和最小基底压力 $p_{\min}$ 可按材料力学偏心受压公式计算

$$\frac{p_{max}}{p_{min}} = \frac{F+G}{A} \pm \frac{M}{W} = \frac{F+G}{A}\left(1 \pm \frac{6e}{l}\right) \tag{5-14}$$

式中　M ——作用于基础底面的力矩（kN·m），$M=(F+G)e$，其中 e 为荷载偏心距（m）；

　　　W ——基础底面的抵抗矩（m³），对于矩形基础 $W = bl^2/6$。

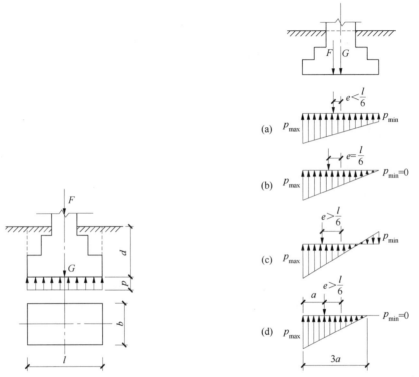

图 5.8　中心荷载下基底压力简化计算　　图 5.9　偏心荷载下基底压力简化计算

由式（5-14）可知，根据偏心距 e 的大小不同，基底压力的分布可能出现以下三种形式。

当 $e < l/6$ 时，最小压力 $p_{min} > 0$，基底压力分布为梯形 [图 5.9（a）]；当 $e = l/6$ 时，最小压力 $p_{min} = 0$，基底压力分布为三角形 [图 5.9（b）]；当 $e > l/6$ 时，最小压力 $p_{min} < 0$，即基底出现拉应力区 [图 5.9（c）]，这通常在建筑设计中是不允许的，应改变偏心距或基础宽度予以调整。

土体的抗拉强度一般忽略不计，土体与建筑基础之间的抗拉强度也几乎为零，按以上方法计算出基底出现拉应力区时，基底的实际应力分布为三角形，如图 5.9（d）所示。三角形的面积与基础底面以上的荷载合力相等，形心在荷载合力作用线的延长线上。由三角函数关系可得

$$p_{max} = \frac{2(F+G)}{3ba} \tag{5-15}$$

式中　a——偏心荷载作用点至最大压力作用边的距离（m），$a = \left(\dfrac{l}{2} - e\right)$。

如果为条形基础，建筑上常需要将基底短边方向取为偏心方向，一般沿长度方向截取 1m 来计算，偏心荷载合力在基底沿短边所引起的压力分别为

$$\begin{aligned}p_{\max} \\ p_{\min}\end{aligned} = \frac{F+G}{b}\left(1 \pm \frac{6e}{b}\right) \qquad (5\text{-}16)$$

5.3.4　基底附加压力计算

一般来说，建筑物基础都有一定的埋深，建筑物施工过程中，基础底面以上的土体需先开挖掉再施加基础和上部结构的荷载，这时基底以下土体经历了先卸载再加载的过程。只有当基础和上部结构的荷载超过基础底面以上开挖掉的土体自重后，才能引起地基土体新的变形。土力学中，将超过基础底面以上开挖掉的土体自重所引起的基底压力称为基底附加压力，也称为基底净压力，计算方法如下

$$p_0 = p - \sigma_{cd} = p - \gamma_0 d \qquad (5\text{-}17)$$

式中　p——基底压力（kPa）；

　　σ_{cd}——基底土的自重应力（kPa）；

　　γ_0——基底标高以上自然土层的加权平均重度，$\gamma_0 = (\gamma_1 h_1 + \gamma_2 h_2 + \cdots)/d$（kN/m³），其中地下水位以下土层的重度取有效重度；

　　d——基础埋深（m）一般从室外地面算起。

工程实践中，当基础面积大，基底埋深大，地基土较软，基坑开挖后暴露时间较长时，地基计算时还应适当考虑基坑底面的回弹变形。

5.4　地基土中的附加应力计算

在一般建筑物基底荷载范围内地基土体可以当成线性弹性体，采用弹性力学理论来确定地基中的附加应力和变形。所谓线性弹性体指材料满足连续性、完全弹性、均匀性、各向同性的小变形问题，严格来说土体材料不满足线性弹性体的任何一个基本条件。实践表明，当外荷载不太大时，从唯像学角度将地基土体当成线性弹性体不但可以极大地简化计算过程，而且计算精度完全可以满足工程需要。

建筑物施工过程中，基底以下土体经历了先卸载再加载的过程，只有超过基础底面以上开挖掉的土体自重所引起的基底附加压力才能引起地基土体新的变形，因此，将基底附加压力在地基中引起的应力称为地基的附加应力。基底附加压力和地基附加应力是两个性质不同的概念，前一个作用在基础的底面处，后一个作用在地基土体中。本节研究地基中的附加应力计算问题。

5.4.1 集中荷载作用下地基中的附加应力解答

1. 竖向集中荷载作用下的布西涅斯克弹性解答

在竖向集中荷载 P 作用下，地基土体中的附加应力问题如图 5.10 所示。撇开地基土体的概念，这是一个弹性半无限大体受集中荷载作用的力学解答问题。早在 1885 年，布西涅斯克（Boussinesq）就推导出了均质半无限线性弹性体内任一点 M 处，由集中力 P 所引起的竖向应力 σ_z 的计算公式

$$\sigma_z = \frac{3P}{2\pi} \times \frac{z^3}{R^5} \tag{5-18}$$

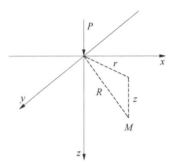

图 5.10　布西涅斯克弹性解答

在 M 点处除过竖向应力 σ_z 外，还有水平向正应力 σ_x 与 σ_y，以及剪应力 τ_{xy}，τ_{yz} 与 τ_{xz}，它们的表达式为

$$\sigma_x = \frac{3P}{2\pi}\left\{\frac{zx^2}{R^5} + \frac{1-2\mu}{3}\left[\frac{R^2-Rz-z^2}{R^3(R+z)} - \frac{x^2(2R+z)}{R^3(R+z)^2}\right]\right\} \tag{5-19}$$

$$\sigma_y = \frac{3P}{2\pi}\left\{\frac{zy^2}{R^5} + \frac{1-2\mu}{3}\left[\frac{R^2-Rz-z^2}{R^3(R+z)} - \frac{y^2(2R+z)}{R^3(R+z)^2}\right]\right\} \tag{5-20}$$

$$\left.\begin{aligned}\tau_{yz} &= \frac{3P}{2\pi} \times \frac{yz^2}{R^5} \\ \tau_{xz} &= \frac{3P}{2\pi} \times \frac{xz^2}{R^5} \\ \tau_{xy} &= \frac{3P}{2\pi}\left[\frac{xyz}{R^5} + \frac{1-2\mu}{3} \times \frac{xy(2R+z)}{R^3(R+z)}\right]\end{aligned}\right\} \tag{5-21}$$

竖向应力 σ_z 就是集中荷载 P 在地基中产生的附加应力，是地基变形计算的基础，以下重点讨论竖向应力。式（5-18）可表示为

$$\sigma_z = \frac{3}{2\pi} \times \frac{1}{\left[1 + \left(\dfrac{r}{z}\right)^2\right]^{\frac{5}{2}}} \times \frac{P}{z^2} = K \frac{P}{z^2} \qquad (5\text{-}22)$$

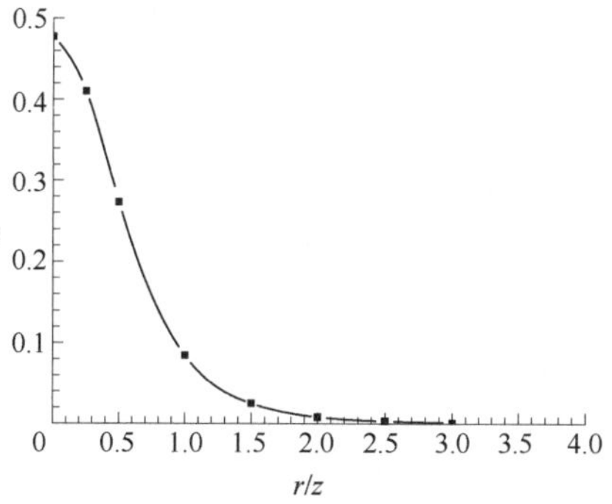

图 5.11　K 随 r/z 的变化曲线

式中　K——竖向附加应力系数，无量纲量，计算得 K 与 r/z 的关系如图 5.11 所示。

　　将地基中应力相同的点连成一条线，称为应力等值线。竖向集中荷载 P 在地基中引起的竖向应力 σ_z 等值线为一些相切的封闭曲线，称为应力泡，如图 5.12（b）所示。

　　由竖向应力等值线图可以看出，当深度 z 取定值时，附加应力系数 K 和竖向应力 σ_z 随水平距离 r 的增大而减小；当水平距离取定值（$r = 0$）时，K 和 σ_z 随深度 z 的增大而减小；当水平距离取定值（$r > 0$）时，K 和 σ_z 随深度 z 的增大先增加后减小。简而言之，就是附加应力系数 K 和竖向应力 σ_z 随着离开 p 力作用点距离的增加而减小，说明附加应力在土体中有扩散现象，如图 5.12 所示。图 5.12（a）中 $r>2z$ 以上区域的 $k<0.01$，表明此处的应力小于 $0.01p/z^2$，地基沉降计算中已经可以忽略不计。

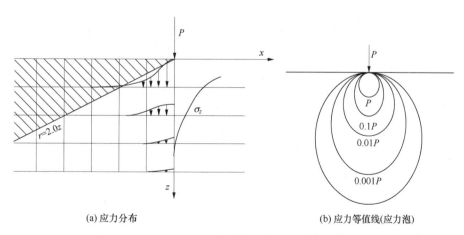

(a) 应力分布　　　　　　　　　　　(b) 应力等值线(应力泡)

图 5.12　竖向集中荷载下地基中附加应力 σ_z 分布

2. 水平向集中荷载作用下的西罗第弹性解答

水平向集中荷载 P_h 作用下，地基土体中的附加应力问题如图 5.13 所示。撇开地基土体的概念，这是一个弹性半无限大体受水平集中荷载作用的力学解答问题。西罗第（Cerruti）推导出了均质半无限线性弹性体内任一点 M 处，由水平向集中力 p_h 所引起的竖向应力 σ_z 的计算公式

$$\sigma_z = \frac{3P_h}{2\pi R^2} \cos\alpha \sin\theta \cos^2\theta \qquad (5\text{-}23)$$

只有在基底与地基之间存在足够的摩擦力或黏聚力时，水平荷载在地基中所引起的附加应力才能发挥出来。

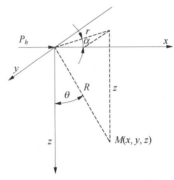

图 5.13 西罗第弹性解答

5.4.2 分布荷载作用下地基中的附加应力解答

工程实践中经常遇到的是分布荷载，很少遇到集中荷载。因基础的形状是任意的，荷载的大小是随空间位置变化的，这时可以采用等效荷载法求出地基土体中任一点 M 处的附加应力。所谓等效荷载法，就是将基础底面划分成大小不等的微分块，如图 5.14 所示，将每个块上的分布荷载（竖向或者水平向）等效成其形心处的集中荷载，分别根据式（5-22）和式（5-23）求出每个微分块上等效集中荷载在地基土体中 M 点的附加应力，再对所求出的所有附加应力求和，将求和所得应力作为分布荷载在地基中所引起的附加应力。

该方法采用了应力叠加法，是以线弹性力学为基础的，计算的精度取决于微分块的大小。一般来说，微分块划分越小，计算的精度越高，当微分块的面积趋于 0 时，积分结果即为解析解。图 5.14 是针对竖向分布荷载进行说明的，对水平向分布荷载同样适用。

下面将采用等效荷载法分别求出各种不同情况的附加应力计算公式和图表。

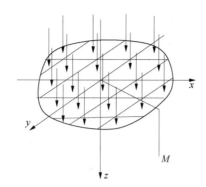

图 5.14　分布荷载的等效荷载法

1. 矩形基础下的附加应力计算

建筑物通过基础将荷载分配给下方地基土体，矩形基础依照上部荷载是否偏心及偏心距的大小，基底压力可为均匀分布、三角形分布和梯形分布三种，以下分别讨论这三种基底压力分布时的地基附加应力计算问题。

（1）竖向均匀分布荷载时的地基附加应力计算。

矩形基础承受均匀分布的竖向荷载 P 作用时（图 5.15），基础任一角点 C 下 z 深度处的地基附加应力可由等效荷载法用布西涅斯克公式求出，结果如下

$$\sigma_{zc} = \frac{P}{2\pi}\left[\frac{LBz}{\sqrt{L^2+B^2+z^2}} \times \frac{L^2+B^2+2z^2}{(L^2+z^2)(B^2+z^2)} + \arctan\left(\frac{LB}{z\sqrt{L^2+B^2+z^2}}\right)\right] \tag{5-24}$$

式中　B——始终为矩形基础的短边宽度（m）；

　　　L——始终为矩形基础的长边长度（m）。

该方法称为角点法，将荷载 P 的系数合记为 K_c，称为均布竖向荷载作用下矩形基础角点下的附加应力系数，无量纲量，为 $m=L/B$ 和 $n=z/B$ 的函数，可制成表 5-2 形式查出，也可做成电子公式使用。因此，式（5-24）可简化为

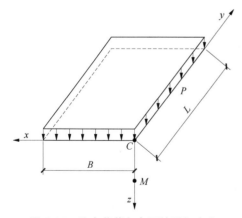

图 5.15　均布荷载角点下的附加应力

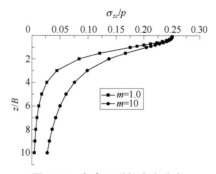

图 5.16　角点下附加应力分布

表 5-2　均布竖向荷载作用矩形基础某角点下的地基附加应力系数 K_c 值

$n=z/B$	$m=L/B$							
	1.0	1.2	1.4	1.6	2.0	3.0	6.0	10.0
0.0	0.2500	0.2500	0.2500	0.2500	0.2500	0.2500	0.2500	0.2500
0.2	0.2486	0.2489	0.2490	0.2491	0.2491	0.2492	0.2492	0.2492
0.4	0.2401	0.2420	0.2429	0.2434	0.2439	0.2442	0.2443	0.2443
0.6	0.2229	0.2275	0.2300	0.2315	0.2329	0.2339	0.2342	0.2342
1.0	0.1752	0.1851	0.1911	0.1955	0.1999	0.2034	0.2045	0.2046
1.4	0.1308	0.1423	0.1508	0.1569	0.1644	0.1712	0.1738	0.1740
2.0	0.0840	0.0947	0.1034	0.1103	0.1202	0.1314	0.1368	0.1374
3.0	0.0447	0.0519	0.0583	0.0640	0.0732	0.0870	0.0973	0.0987
5.0	0.0179	0.0212	0.0243	0.0274	0.0328	0.0435	0.0573	0.0610
10.0	0.0047	0.0056	0.0065	0.0074	0.0092	0.0132	0.0222	0.0280

$$\sigma_{zc} = K_c p \qquad (5-25)$$

矩形基础任意角点下的附加应力分布如图 5.16 所示。

应用叠加原理，可用角点法公式计算出矩形基础附近任意点下方 z 深度处的地基附加应力，称为角点叠加法。即设法用以所求点为角点的虚拟矩形基础通过叠加或扣减覆盖实际矩形基础，再求出每个虚拟矩形基础共同角点下的附加应力系数后相加减，乘以竖向荷载 P 就是实际附加应力。求解过程中，每个矩形的短边恒为 B，长边恒为 L。

如矩形基础内一点 M 下的附加应力系数 [图 5.17（a）] 为

$$K_c = K_{c\,I} + K_{c\,II} + K_{c\,III} + K_{c\,IV}$$

如矩形基础外一点 M 下的附加应力系数 [图 5.17（b）] 为

$$K_c = K_{c(Mbce)} - K_{c(Mbgf)} - K_{c(Made)} + K_{c(Mahf)}$$

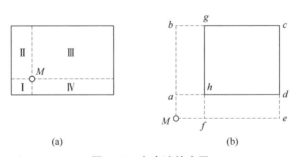

(a)   (b)

图 5.17　角点法的应用

（2）竖向三角形分布荷载时的地基附加应力计算。

矩形基础承受三角形分布的竖向荷载 P 作用时（图 5.18），基础荷载为 0 边的角点 C 下 z 深度处的地基附加应力也可由等效荷载法用布西涅斯克公式求出，结果如下

$$\sigma_z = K_{t1}p_t \tag{5-26}$$

同理可求出荷载最大边的角点下 z 深度处的地基附加应力为

$$\sigma_z = K_{t2}p_t \tag{5-27}$$

式中　　　p_t ——三角形分布荷载的最大值；

K_{t1}，K_{t2} ——三角形分布荷载下的附加应力系数，无量纲，是 $m=L/B$ 与 $n=z/B$ 的函数，可以从表 5-3 查出。K_{t1} 的表达式如下

$$K_{t1} = \frac{mn}{2\pi}\left[\frac{1}{\sqrt{m^2+n^2}} - \frac{n^2}{(1+n^2)\sqrt{m^2+n^2+1}}\right]$$

L 始终是荷载不变化边的长度。σ_z 沿竖向的分布如图 5.19 所示。

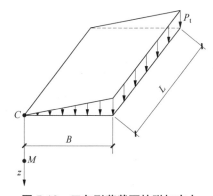

图 5.18　三角形荷载下的附加应力

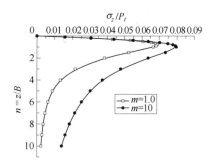

图 5.19　角点下附加应力分布

表 5-3　三角形竖向荷载作用矩形基础某角点下的地基附加应力系数

n=z/B	m=L/B						
	0.2	0.4	0.6	1.0	1.4	3.0	6.0
0.0	0.0000	0.0000	0.0000	0.0000	0.0000	0.0000	0.0000
0.2	0.0223	0.0280	0.0296	0.0304	0.0305	0.0306	0.0306
0.4	0.0269	0.0420	0.0487	0.0531	0.0543	0.0548	0.0549
0.6	0.0259	0.0448	0.0560	0.0564	0.0684	0.0701	0.0702
0.8	0.0232	0.0421	0.0553	0.0688	0.0739	0.0773	0.0776
1.0	0.0201	0.0375	0.0508	0.0666	0.0735	0.0790	0.0795
1.2	0.0171	0.0324	0.0450	0.0615	0.0698	0.0774	0.0782
1.4	0.0145	0.0278	0.0392	0.0554	0.0644	0.0739	0.0752

续表

$n=z/B$	$m=L/B$						
	0.2	0.4	0.6	1.0	1.4	3.0	6.0
1.6	0.0123	0.0238	0.0339	0.0492	0.0586	0.0667	0.0714
1.8	0.0105	0.0204	0.0294	0.0435	0.0528	0.0652	0.0673
2.0	0.0090	0.0176	0.0255	0.0384	0.0474	0.0607	0.0634
3.0	0.0046	0.0092	0.0135	0.0214	0.0280	0.0419	0.0469
5.0	0.0018	0.0036	0.0054	0.0088	0.0120	0.0214	0.0283
10.0	0.0005	0.0009	0.0014	0.0023	0.0033	0.0066	0.0111

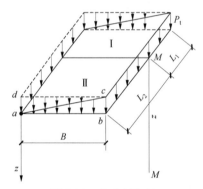

图 5.20　角点叠加法

在计算矩形基础面以内或以外任一点 M 之下的附加应力时，也可用角点叠加法进行。如可根据应力叠加原理，求出其附加应力系数。如图 5.20 所示，M 点位于最小荷载边上时

$$K_t = K_{t1(I)} + K_{t1(II)}$$

M 点位于最大荷载边上时

$$K_t = K_{t2(I)} + K_{t2(II)} \quad 或者 \quad K_t = K_{c(I)} + K_{c(II)} - K_{t1(I)} - K_{t1(II)}$$

式中　K_c——均布竖向荷载。

M 点如位于矩形基础面以内或以外时，可用相同方法求解。

（3）水平均布荷载时的地基附加应力计算。

矩形基础承受均布水平荷载 p 作用时（图 5.21），平行于荷载作用方向基础两个角点下 z 深度处的地基附加应力也可由等效荷载法用西罗第公式求出。计算表明，在角点 A 与 C 下的附加应力大小相等，荷载起点 A 下的 σ_z 为负值，表示是拉应力；而荷载终点 C 下的 p_c 为正值，表示是压应力。

$$\sigma_z = \pm K_h p_h \qquad (5\text{-}28)$$

式中　p_h——均布水平荷载集度；

K_h——均布水平荷载附加应力系数，无因次，是 $m=L/B$，$n=z/B$ 的函数，可从表 5-4 查出，也可做成电子公式使用，表达式为

$$K_h = \frac{m}{2\pi}\left[\frac{1}{\sqrt{m^2+n^2}} - \frac{n^2}{(1+n^2)\sqrt{m^2+n^2+1}}\right]$$

式中　B——始终是平行于荷载方向的边长；

L——垂直于荷载方向的边长。

表 5-4　均布水平荷载作用矩形基础角点下的附加应力系数 K_h 值

$n=z/B$	$m=L/B$						
	0.2	0.4	0.6	1.0	1.4	3.0	6.0
0.0	0.1592	0.1592	0.1592	0.1592	0.1592	0.1592	0.1592
0.2	0.1114	0.1401	0.1479	0.1518	0.1526	0.1530	0.1530
0.4	0.0672	0.1049	0.1217	0.1328	0.1356	0.1371	0.1372
0.6	0.0432	0.0746	0.0933	0.1091	0.1139	0.1168	0.1170
0.8	0.0290	0.0527	0.0691	0.0861	0.0924	0.0967	0.0970
1.0	0.0201	0.0375	0.0508	0.0666	0.0735	0.0790	0.0795
1.2	0.0142	0.0270	0.0375	0.0512	0.0582	0.0645	0.0652
1.4	0.0103	0.0199	0.0280	0.0395	0.0460	0.0528	0.0537
1.6	0.0077	0.0149	0.0212	0.0308	0.0366	0.0436	0.0446
1.8	0.0058	0.0113	0.0168	0.0242	0.0293	0.0362	0.0374
2.0	0.0045	0.0088	0.0127	0.0192	0.0237	0.0303	0.0317
3.0	0.0015	0.0031	0.0045	0.0071	0.0093	0.0140	0.0156
5.0	0.0004	0.0007	0.0011	0.0018	0.0024	0.0043	0.0057
10.0	0.00005	0.0001	0.0001	0.0002	0.0003	0.0007	0.0011

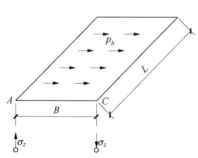

图 5.21　水平均布荷载下的附加应力

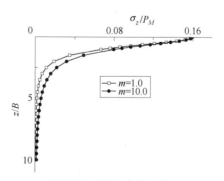

图 5.22　附加应力分布

　　均布水平荷载作用下地基中的附加应力沿深度分布如图 5.22 所示。求矩形基础荷载面以内或以外任一点下的附加应力分布，也可用角点叠加法进行，其方法同前。

　　（4）竖向梯形分布荷载时的地基附加应力计算。

　　建筑基底压力通常是梯形分布的，如图 5.23 所示。梯形竖向荷载可看成均布荷载与三角形荷载的组合，故可用角点叠加法按前节所述计算各点的附加应力。如荷载小边角点处的附加应力系数为 $K = K_c + K_{t1}$；荷载大边角点处的附加应力系数为 $K = K_c + K_{t2}$，研究点位于矩形基础面以内或以外时，可用相同方法求解。

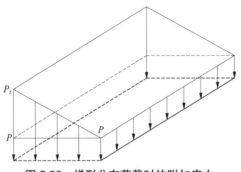

图 5.23　梯形分布荷载时的附加应力

例题 5-2
讲解

　　【例 5-2】图 5.24 为 2m × 6m 的矩形基础，承受 p=300kPa 的均布荷载，试作出基础形心处的附加应力 σ_z 分布图。若基础尺寸修改为 1m × 1m，重新求出形心处的附加应力分布，并讨论两个基础对同一压缩层的影响有何不同。若 2m × 6m 的矩形基础承受 P_t=300kPa 的三角形荷载，试作出大、小荷载边角点处的附加应力 σ_{zt} 分布图。

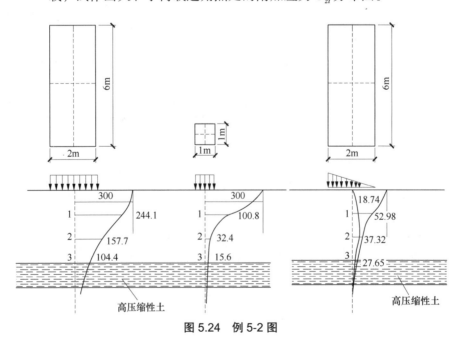

图 5.24　例 5-2 图

解：（1）过 $2m \times 6m$ 的矩形基础形心 A 点将基础划分为四个相同的 $1m \times 3m$ 的矩形，若求距地面下 $1m$、$2m$、$3m$ 深处的附加应力 σ_z，则

$$m = \frac{L}{B} = \frac{3}{1} = 3 , \quad n = \frac{z}{B} = 1、2、3$$

从表 5-2 查得 K_c=0.2034、0.1314 和 0.0870，由于四个矩形全等，故

$$\sigma_{z1} = 4K_c p = 244.1、157.7、104.4(\text{kPa})$$

（2）同理可算出过 $1m \times 1m$ 的矩形基础形心 A 点，求距地面下 $1m$、$2m$、$3m$ 深处的附加应力 σ_z，此时 m=1，n=2、4、6，K_c=0.084、0.027 和 0.013：

$$\sigma_{z2} = 4K_c p = 100.8、32.4、15.6(\text{kPa})$$

由计算的结果可见，在相同大小的均布荷载作用下，尺寸不同的两个基础在地基中引起的附加应力 σ_z 是不同的。基础底面尺寸越大，在相同深度处所引起的附加应力 σ_z 也越大，进一步引起的压缩量也越大。因此，$2m \times 6m$ 的矩形基础引起的沉降量大于 $1m \times 1m$ 的基础沉降量。

（3）若 $2m \times 6m$ 的矩形基础承受三角形荷载，求大、小荷载边角点处距地面下 $1m$、$2m$、$3m$ 深处的附加应力 σ_{zt}，此时 $m=L/B=6/2=3$，$n=z/B=0.5$、1、1.5，小、大荷载边的附加应力系数分别为 K_{t1}=0.0625、0.0790 和 0.0718，K_{t2}=0.1766、0.1244 和 0.09215，小、大荷载边的附加应力分别为：

$$\sigma_{zt1} = K_{t1} p = 18.74、23.70、21.54(\text{kPa})$$

$$\sigma_{zt2} = K_{t2} p = 52.98、37.32、27.65(\text{kPa})$$

由计算的结果可见，三角形分布荷载作用下，大、小荷载边角点处地基内的应力大小是不同的，大荷载边角点地基内的应力大，小荷载边角点地基内的应力小；应力分布规律也不同，大荷载边角点地基内的应力随深度增加逐渐减小，小荷载边角点地基内的应力随深度增加先增加后减小。

2. 条形基础下的附加应力计算

条形基础指长边长度相对于短边长度是无限长的基础。实践中，墙下基础、路堤基础等都可以看成条形基础，如图 5.25 所示。计算中，当矩形基础的长宽比大于 5：1 时，常简化为条形基础。

当条形基础受到的分布荷载沿长度方向相同时，附加应力的分布规律在与短边平行的任一截面处都相同，这时可以将此类问题简化为一个截面的平面问题研究，称为平面问题。这是一种简化计算方法。本节研究条形基础下的附加应力计算问题。

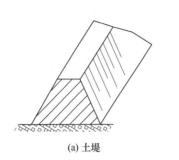
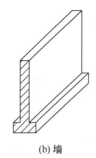

(a) 土堤　　　　　　　　　　　　　(b) 墙

图 5.25　几种条形基础示例

（1）竖向均匀分布线荷载时的地基附加应力计算——弗拉曼解答。

在研究条形基础之前，先考察均布竖向线荷载，它是条形基础在宽度很小时受均布荷载的一种特例，这种基础没有实际应用价值，但对研究条形基础具有理论意义。假设土体受到线荷载作用下，地基内一点 M 处的附加应力由弗拉曼（Flamant）推导得。它可由点荷载的布西涅斯克弹性解答对图 5.26 所示的 y 坐标从 $-\infty$ 到 $+\infty$ 积分而得：

$$\sigma_z = \int_{-\infty}^{+\infty} \frac{3pz^3 dy}{2\pi\left(\sqrt{x^2+y^2+z^2}\right)^5} = \frac{2pz^3}{\pi\left(x^2+z^2\right)^2} \tag{5-29}$$

式中　p——单位长度内的线荷载集度（kN/m）。

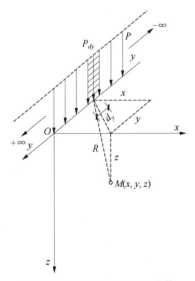

图 5.26　竖向均匀分布线荷载

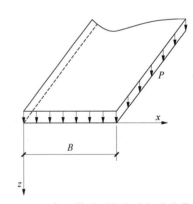

图 5.27　条形基础受竖向均匀分布荷载

（2）竖向均匀分布荷载时的地基附加应力计算。

条形基础是工程实践中经常遇到基础形式。它受均布竖向荷载作用时，地基中任一点的附加应力可由弗拉曼解答通过横截面方向从 0 到 B 的积分得到，如图 5.27 所示。

$$\sigma_z = \frac{p}{\pi}\left[\arctan\frac{m}{n} + \frac{mn}{m^2+n^2} - \arctan\frac{m-1}{n} - \frac{n(m-1)}{n^2+(m-1)^2}\right]$$　（5-30）
$$= K_z^s p$$

式中　$m=x/B$；$n=z/B$。K_z^s 是附加应力系数，可制成电子表或从表 5-5 查出。应注意的是本小节中 B 始终代表基础宽度，x 代表从基础左边点算起到计算点的水平距离，基础左边点、中心点、右边点的 $m=0$、0.5 和 1.0。

图 5.28（a）为条形基础受均布荷载时中心点和两端点之下地基中的 σ_z 沿深度分布图。图 5.28（b）为条形基础受 P_0 均布荷载时地基中 σ_z 的应力等值线图。可以看出，应力等值线为半椭圆形，越靠近基础底面，地基中的应力越大。条形基础下地基中的侧向应力和剪应力计算公式可同理得出，其应力分布规律如图 5.28（c）所示。

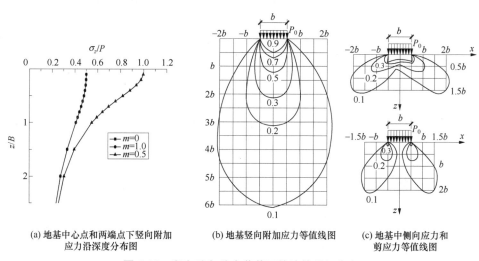

(a) 地基中心点和两端点下竖向附加　　(b) 地基竖向附加应力等值线图　　(c) 地基中侧向应力和
　　应力沿深度分布图　　　　　　　　　　　　　　　　　　　　　　　　剪应力等值线图

图 5.28　竖向均匀分布荷载下的地基附加应力

表 5-5　条形均布竖向荷载作用下附加应力系数 K_z^s 值

$n=z/B$	$m=x/B$								
	−0.50	−0.25	0.00	+0.25	+0.50	+0.75	+1.00	+1.25	+1.50
0.01	0.001	0.000	0.500	0.999	0.999	0.999	0.500	0.000	0.000
0.1	0.002	0.011	0.499	0.988	0.997	0.988	0.499	0.011	0.002
0.2	0.011	0.091	0.498	0.936	0.978	0.936	0.498	0.058	0.011
0.4	0.056	0.174	0.489	0.797	0.881	0.797	0.489	0.174	0.056
0.6	0.111	0.243	0.468	0.679	0.756	0.679	0.468	0.243	0.111
0.8	0.155	0.276	0.440	0.586	0.642	0.586	0.440	0.276	0.155
1.0	0.186	0.288	0.409	0.511	0.549	0.511	0.409	0.288	0.186
1.2	0.202	0.287	0.375	0.450	0.478	0.450	0.375	0.287	0.202
1.4	0.210	0.279	0.348	0.401	0.420	0.401	0.348	0.279	0.210
2.0	0.205	0.242	0.275	0.298	0.306	0.298	0.275	0.242	0.205

（3）竖向三角形分布荷载时的地基附加应力计算。

下面研究条形基础受竖向三角形分布荷载作用时，地基中任一点的附加应力。可由弗拉曼解答通过横截面方向从 0 到 B 的积分得到，如图 5.29（a）所示。地基内任一点的附加应力简化算式为

$$\sigma_z = K_z^t p_t \qquad (5\text{-}31)$$

式中　p_t——三角形分布大荷载边的强度；

　　　K_z^t——附加应力系数，无因次，为 $m=x/B$，$n=z/B$ 的函数，表达式为

$$K_z^t = \frac{p_t}{\pi} \left[m\left(\arctan \frac{m}{n} - \arctan \frac{m-1}{n} \right) - \frac{n(m-1)}{(m-1)^2 + n^2} \right]$$

可制成电子表或从表 5-6 查出。应注意本节中 B 始终代表基础宽度，x 代表从荷载为 0 的边点算起到计算点的水平距离，图中基础左边点、中心点、右边点的 $m=0$、0.5 和 1.0。

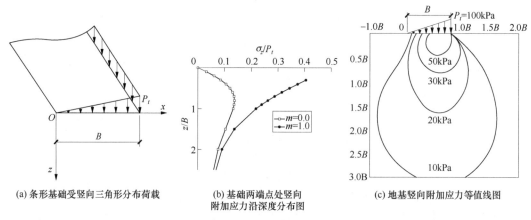

| (a) 条形基础受竖向三角形分布荷载 | (b) 基础两端点处竖向附加应力沿深度分布图 | (c) 地基竖向附加应力等值线图 |

图 5.29　条形基础受竖向三角形分布荷载

图 5.29（b）为条形基础三角形分布荷载两端点处基础内的附加应力 σ_z 沿深度分布图。图 5.29（c）为条形基础三角形分布大荷载边的强度 $p_t=100\text{kPa}$ 时的 σ_z 应力等值线。可以看出，三角形分布荷载的应力等值线也为半椭圆形，但椭圆偏向于大荷载边。随着竖向深度的增加，大荷载边下方地基中的附加应力逐渐减小；小荷载边下方地基中的附加应力先增加后减小。

表 5-6　条形三角形分布竖向荷载作用下附加应力系数 K_z' 值

n=z/B	m=x/B								
	−0.50	−0.25	+0.00	+0.25	+0.50	+0.75	+1.00	+1.25	+1.50
0.01	0.000	0.000	0.003	0.249	0.500	0.750	0.497	0.000	0.000
0.1	0.000	0.002	0.032	0.251	0.498	0.737	0.468	0.010	0.002
0.2	0.003	0.009	0.061	0.255	0.489	0.682	0.437	0.050	0.009
0.4	0.010	0.036	0.111	0.263	0.441	0.534	0.379	0.137	0.043
0.6	0.030	0.066	0.140	0.258	0.378	0.421	0.328	0.177	0.080
0.8	0.050	0.089	0.155	0.243	0.321	0.343	0.285	0.188	0.106
1.0	0.065	0.104	0.159	0.224	0.275	0.286	0.250	0.184	0.121
1.2	0.070	0.111	0.154	0.204	0.239	0.246	0.221	0.176	0.126
1.4	0.080	0.144	0.151	0.186	0.210	0.215	0.198	0.165	0.127
2.0	0.090	0.108	0.127	0.143	0.153	0.155	0.147	0.134	0.115

（4）水平均布荷载时的地基附加应力计算。

条形基础受均匀水平荷载作用时如图 5.30（a）所示，地基中任一点的附加应力简化算式为

$$\sigma_z = K_z^h p_h \tag{5-32}$$

式中　K_z^h——附加应力系数，无因次，为 $m=x/B$，$n=z/B$ 的函数，表达式为

$$K_z^h = \frac{p_h}{\pi}\left[\frac{m^2}{(n-1)^2 + m^2} - \frac{m^2}{m^2 + n^2}\right]$$

可制成电子表或由表 5-7 查出。应注意本节中 B 始终代表基础宽度，x 代表从荷载起始点算起到计算点的水平距离，图 5.30 中基础左边点、中心点、右边点的 m=0、0.5 和 1.0。

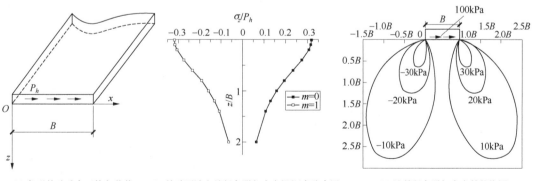

(a) 条形基础受水平均匀荷载　　(b) 基础两端点处竖向附加应力沿深度分布图　　(c) 地基竖向附加应力等值线图

图 5.30　条形基础受水平均布荷载

图 5.30（b）为条形基础均匀水平荷载两端点处基础内的附加应力 σ_z 沿深度分布图。

图 5.30（c）为条形基础受均匀水平荷载 p_h=100kPa 时的 σ_z 等值线图。可以看出，条形基础受均匀水平荷载的应力等值线，是以基底左右两端点为中心的半椭圆形，荷载起始边处为拉应力，荷载所指边处为压应力，拉压应力的值相等。随着竖向深度的增加，拉压附加应力均逐渐减小。

表 5-7　条形均布水平荷载作用下附加应力系数 K_z^h 值

n=z/B	m=x/B							
	−0.25	0.00	+0.25	+0.50	+0.75	+1.00	+1.25	+1.50
0.01	−0.001	−0.318	−0.001	0.000	0.001	0.318	0.001	0.0001
0.1	−0.042	−0.316	−0.039	0.000	0.039	0.316	0.042	0.011
0.2	−0.116	−0.306	−0.103	0.000	0.103	0.306	0.116	0.038
0.4	−0.199	−0.274	−0.159	0.000	0.159	0.274	0.199	0.103
0.6	−0.212	−0.234	−0.147	0.000	0.147	0.234	0.212	0.144
0.8	−0.197	−0.194	−0.121	0.000	0.121	0.194	0.197	0.158
1.0	−0.175	−0.159	−0.096	0.000	0.096	0.159	0.175	0.157
1.2	−0.153	−0.131	−0.087	0.000	0.078	0.131	0.153	0.147
1.4	−0.132	−0.108	−0.061	0.000	0.061	0.108	0.132	0.133
2.0	−0.085	−0.064	−0.034	0.000	0.034	0.064	0.085	0.096

（5）竖向梯形分布荷载时的地基附加应力计算。

条形基础的基底压力分布往往是梯形分布荷载，如条形基础在偏心荷载作用下的基底压力［图 5.31（a）］，再如土堤与土坝的基底压力［图 5.31（b）］。梯形分布荷载在地基中引起的竖向附加应力计算，可用荷载叠加法计算，如图 5.31（a）左、右边点下的附加应力可以用均布荷载和三角形小、大荷载边下的附加应力之和求得。基础荷载面以内或以外任一点下的附加应力分布也可同样方法求出，过程略复杂一些。

此外，针对直角梯形分布荷载，奥斯特伯格（Osterberg）给出了解析解答，有兴趣者可参考其他教材。

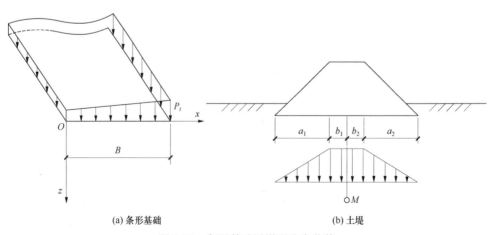

(a) 条形基础　　　　　　　　　　　　　　(b) 土堤

图 5.31　条形基础受梯形分布荷载

5.4.3 大面积均布荷载时的地基附加应力分布特征

工程实践中，常常会遇到地基压缩土层的厚度远小于基础底面尺寸的情况，将其称为无限大基础。无限大基础是一个相对概念，并不是基础真的无限大，而是基础底面尺寸远大于压缩层厚度。

随着基底尺寸的增加，地基中的附加应力分布随深度的衰减幅度逐渐减小，压缩层底部的附加应力逐渐增大；在基础基底尺寸趋于无限大时，地基中的附加应力分布随深度不再衰减，压缩层底部的附加应力与顶部的附加应力相同且等于基底压力，在地基压缩层范围内附加应力呈现均匀分布。图5.32（a）中条形基础的地基中附加应力随深度衰减幅度大；图5.32（b）中基础宽度增加1倍，地基中附加应力随深度衰减幅度减小；图5.32（c）中基础宽度趋于无限大，地基中附加应力随深度不变且等于基底压力 p_0。

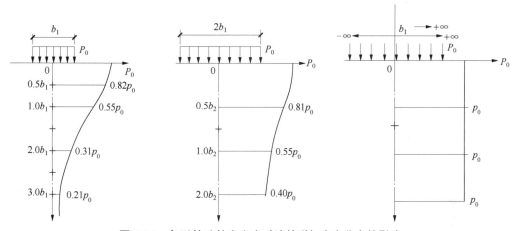

图5.32　条形基础基底宽度对地基附加应力分布的影响

5.4.4 层状地基对附加应力分布的影响

基底压力在向地基深层传递时，影响范围越来越大，但应力值越来越小，将这种现象称为层内应力扩散。工程实践中，常常会遇到成层土地基，当地基附加应力通过层状土界面时，由于两个土层的压缩模量大小不一样，导致其变形能力不一样，附加应力分布规律往往会发生变化。

以两层土地基为例，当上、下两个土层的压缩模量相同时，附加应力在土层界面按层内应力扩散规律分布，如图5.33中的1线所示；当上层土软下层土硬时，附加应力在土层界面有增加趋势，称为应力集中，如图5.33中的2线所示；当上层土硬下层土软时，附加应力在土层界面有减小趋势，称为层间应力扩散，如图5.33中的3线所示。

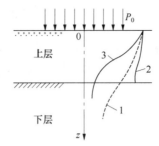

图 5.33 应力集中与应力扩散

习 题

一、单项选择题

1. 基底压力计算，计算基础自重 G 时，基础重度采用（ ）。

A. 基础底面以上土的重度
B. 基础混凝土的重度
C. 一般取为 20kN/m³
D. 由设计师根据工程实际确定

2. 引起地基中附加应力和变形的因素是（ ）。

A. 基底压力
B. 基底附加压力
C. 有效自重应力
D. 上部结构荷载引起的基底压力

3. 地下水位上升时，地基土体中的有效应力有何变化？（ ）

A. 有效应力减小
B. 有效应力增加
C. 有效应力不变
D. 根据水位线与基底的关系决定

4. 以下对基底附加压力的描述中，正确的是（ ）。

A. 基底附加压力只与上部结构荷载大小有关
B. 基底附加压力可以小于 0
C. 基底附加压力大于还是小于 0 没法判断
D. 基底附加压力总是大于 0

5. 一矩形基础，短边 b=3m，长边 l=4m，在长边方向作用一偏心荷载 $F+G$=1200kN。试问当 p_{min}=0 时，最大压应力 p_{max} 为（ ）。

A. 100kN/m²   B. 120kN/m²   C. 150kN/m²   D. 200kN/m²

二、填空题

1. 饱和土体中由土骨架所传递的力称为_____。

2. 竖向集中荷载作用下，地基土中的附加应力随着离开荷载作用点的距离增加而_____。

3. 将超过基础底面以上开挖掉的土体自重所引起的基底压力称为_____。

4. 矩形基础受竖向三角形分布荷载时，地基附加应力计算中 L 始终是荷载_____

边的长度。

5.两层土地基，当上层土软下层土硬时，附加应力在土层界面处会发生_____现象。

三、名词解释题

1.孔隙水压力
2.自重应力
3.基底压力
4.布西涅斯克（Boussinesq）解
5.地基附加应力计算的角点叠加法

四、简答题

1.土体中有自上而下的渗流场作用时，土体中的有效应力有何变化？
2.如何通过太沙基有效应力原理判断地基土是否发生了渗透破坏？
3.试叙述矩形基础受竖向均匀分布荷载作用时，地基中的附加应力分布特征？
4.地基土层的厚度固定时，地基中的附加应力分布随基础底面尺寸增大有何变化？随基底压力增大有何变化？
5.试分析地下水位下降过程中，土体中的自重应力是如何变化的？

五、计算题

1.按图 5.34 给出的资料，计算并绘制地基中的自重应力沿深度的分布曲线。如地下水位骤降至高程 35m 以下，问此时地基中的自重应力分布有何改变？并用图表示之。（当地下水位骤降时，细砂层考虑为非饱和状态，其重度 $\gamma = 17.8 \text{kN/m}^3$；黏土层因渗透性小，来不及排水，按饱和状态考虑）。

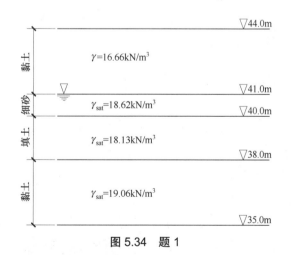

第 5 章计算题 1 讲解

图 5.34　题 1

2.图 5.35 中的柱下独立基础底面尺寸为 3m×2m，上部结构的竖向荷载 F=1500kN，

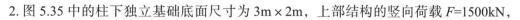

弯矩 $M=171\text{kN}\cdot\text{m}$，试按图所给资料计算基底压力 p、p_{max}、p_{min} 以及基底附加应力 p_0。并绘出基底压力的分布图。

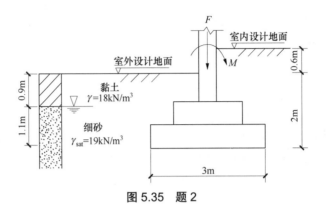

图 5.35　题 2

在线答题　　拓展习题

第6章
地基沉降计算

知识结构图

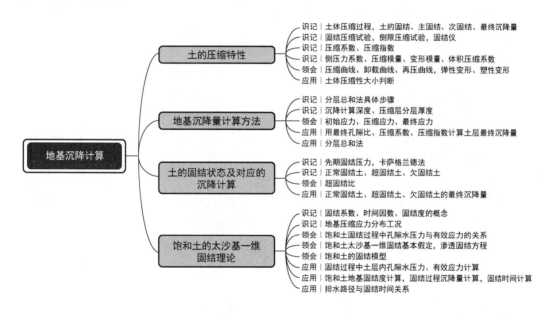

地基沉降计算

- 土的压缩特性
  - 识记 | 土体压缩过程，土的固结、主固结、次固结、最终沉降量
  - 识记 | 固结压缩试验，侧限压缩试验，固结仪
  - 识记 | 压缩系数、压缩指数
  - 识记 | 侧压力系数、压缩模量、变形模量、体积压缩系数
  - 领会 | 压缩曲线、卸载曲线、再压曲线，弹性变形、塑性变形
  - 应用 | 土体压缩性大小判断

- 地基沉降量计算方法
  - 识记 | 分层总和法具体步骤
  - 识记 | 沉降计算深度、压缩层分层厚度
  - 领会 | 初始应力、压缩应力、最终应力
  - 应用 | 用最终孔隙比、压缩系数、压缩指数计算土层最终沉降量
  - 应用 | 分层总和法

- 土的固结状态及对应的沉降计算
  - 识记 | 先期固结压力，卡萨格兰德法
  - 识记 | 正常固结土、超固结土、欠固结土
  - 领会 | 超固结比
  - 应用 | 正常固结土、超固结土、欠固结土的最终沉降量

- 饱和土的太沙基一维固结理论
  - 识记 | 固结系数、时间因数、固结度的概念
  - 识记 | 地基压缩应力分布工况
  - 领会 | 饱和土固结过程中孔隙水压力与有效应力的关系
  - 领会 | 饱和土太沙基一维固结基本假定，渗透固结方程
  - 领会 | 饱和土的固结模型
  - 应用 | 固结过程中土层内孔隙水压力、有效应力计算
  - 应用 | 饱和土地基固结度计算，固结过程沉降量计算，固结时间计算
  - 应用 | 排水路径与固结时间关系

6.1 土的压缩特性

土体是一种多孔的松散颗粒堆积体，由于土颗粒之间的连接力很小，土体中存在各种架空的孔隙，因此，即使土颗粒是刚性不可压缩体，土体也具有很大的压缩性。建造在土质地基上的建筑物会在地基中引起新的附加应力，也就会在地基中引起新的沉降，建筑物基础受偏心荷载作用在地基中引起不均匀应力，使得建筑物各部分之间也会产生一定的沉降差。沉降和沉降差轻则影响建筑物的正常使用，重则危及建筑物安全。因次，研究建筑物地基的沉降问题具有重要工程应用价值。

6.1.1 侧限压缩的基本概念

土体的压缩性是指土体在压力作用下体积减小的现象。土体是由土颗粒、孔隙及孔隙中的气体和液体组成的复合体，一般来说，在建筑基底压力（<1MPa）的作用下，土颗粒与土中水的压缩量是很小的（不到整个土体压缩量的1/400），可以忽略不计。因此，土体的压缩只能是土颗粒间的孔隙压缩，土体压缩过程中孔隙不断缩小，孔隙中的气体和液体不断被压缩和排出。土体压缩过程中，土颗粒间原有的联结在新增力的作用下受到削弱或破坏，产生相对的移动，土颗粒重新排列、相互挤密，达到新的平衡。

土体在压力作用下，体积不断压缩，密度不断增大，孔隙不断减小，孔隙水压力或孔隙气压力不断转为有效应力的过程称为土的固结。在超静孔隙水压力消散为 0 后，软黏土的体积还会有所变化。一般将超静孔隙水压力消散为 0 前的固结过程称为主固结，将其后的与孔压无关的缓慢固结过程称为次固结。土体固结过程一直延伸到土颗粒间新的联结强度能平衡外力在土体中引起的应力时为止。整个固结过程完成后对应的地基沉降量称为最终沉降量。

常规研究土压缩性大小的室内试验方法为固结压缩试验。固结压缩试验是在固结仪或称压缩仪上完成的，如图 6.1 所示，在圆柱体土样周边加了一个刚性护环，使得土体只产生垂向变形而不产生侧向变形，因此，也称这种试验为侧限压缩试验。

土的压缩
特性

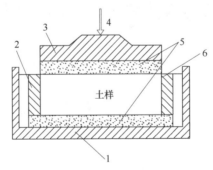

1—底座；2—刚性护环；3—加压活塞；4—荷载；5—透水石；6—环刀

图 6.1　固结压缩试验

6.1.2 侧限压缩试验和压缩性指标

侧限压缩试验时，先将试样切入环刀内，再放入一刚性护环内，在其上下面铺滤纸后加透水石以便于加压排水。试验时，通过加压板向试样分级施加压力，定时读取百分表，等压缩稳定后再加下一级压力，直至试验结束。

在模拟的建筑基底压力范围内，土颗粒的体积一般是不变的，因此，土样在各级压力 p_i 作用下的变形常用孔隙比 e 的变化来表示，试验结果常可整理为 e-p 曲线。土样的 e-p 曲线一般是双曲线形式，改用 e-$\log p$ 曲线表示时往往更为方便，这两种曲线称为土的压缩曲线。

1. 压缩系数的定义

对试样分级加载，待每级荷载下试样压缩稳定后再加下一级载荷，孔隙比随压力和时间的变化如图 6.2（a）所示。将每级荷载下压缩稳定后的孔隙比与压力绘成曲线，如图 6.2（b）所示，此线即为 e-p 曲线，常称为压缩曲线。

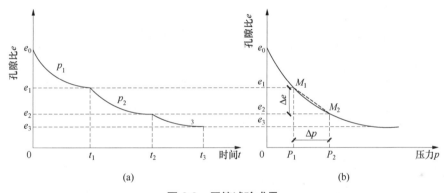

图 6.2 压缩试验成果

为了简化计算，在压力变化幅度不大时，将土的压缩曲线近似地用图 6.2（b）中的 M_1M_2 割线表示。割线的表达式为

$$e_1 - e_2 = a_v (p_2 - p_1) \tag{6-1}$$

式中 $a_v = \dfrac{e_1 - e_2}{p_2 - p_1} = -\dfrac{\Delta e}{\Delta p}$，称为压缩系数 $(\mathrm{kPa})^{-1}$，几何意义表示割线 M_1M_2 的斜率，负号表示 e 随 p 的增加而减小；

    p_1——增压前的地基应力，计算时常表示地基的自重应力（kPa）；

    p_2——增压后的地基应力，计算时常表示地基的自重应力与附加应力之和（kPa）；

  e_1、e_2——分别为增压前后荷载 p_1，p_2 所对应的孔隙比。

压缩系数 a_v 是表示土压缩性大小的重要力学指标。一般来说，土的压缩性越大，e-p 曲线越陡，割线斜率 a_v 就越大；反之，土的压缩性越小，a_v 就越小。同一压缩曲线上，a_v 的大小随割线 M_1M_2 的位置而变化，土的压缩系数不是一个常量，因此，《建筑地基基础设计规范》（GB 50007—2011）规定取 a_{1-2} 值（即取 0.1 ～ 0.2MPa 处的割线斜率）的大小，作为划分土体压缩性大小的指标。规定如下。

当 a_{1-2} < 0.1MPa^{-1} 时，属低压缩性土。

当 0.1MPa^{-1} < a_{1-2} < 0.5MPa^{-1} 时，属中压缩性土。

当 a_{1-2} > 0.5MPa^{-1} 时，属高压缩性土。

为了研究土的回弹变形，也可在加载到一定数值的压力后进行卸载试验。卸载过程也需分级逐步进行，待前一级压力下变形稳定后再卸除下一级荷载。卸载后还可重新加载，方法同首次加载压缩过程。将加载—卸载—再加载的试验过程绘制于图 6.3 中。由图可以看出，e_0a 段曲线是首次压缩过程线，平均斜率较大；ab 段曲线是卸载过程线，平均斜率较小，称为卸载曲线；ba' 段曲线是再加载过程线，平均斜率与卸载曲线相当，称为再压曲线；$a'c$ 段曲线是再加载荷载超过卸载点后的过程线，平均斜率与初压曲线相当。以上是正常固结土的一个典型压缩过程。

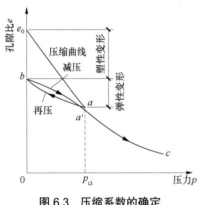

图 6.3　压缩系数的确定

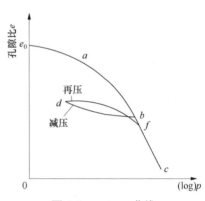

图 6.4　e-log$p$ 曲线

2. 压缩指数的定义

由土样的压缩曲线图 6.2 可以看出，土的 e-p 曲线一般是双曲线形式，若将其横坐标 p 用对数比尺表示，纵坐标 e 不变，则可得 e-log$p$ 曲线（图 6.4）。一般情况下，在建筑基底压力范围内，e-log$p$ 线可基本保持为直线，它的斜率是一个常数，非常方便数值计算。

将 e-log$p$ 曲线直线段 ab 的斜率称为土的压缩指数，用下式表示

$$C_c = \frac{e_1 - e_2}{\log p_2 - \log p_1} \tag{6-2}$$

压缩指数 C_c 是无量纲量，同压缩系数 a_v 一样可以表示土压缩性的大小，不同之处是 e-log$p$ 的值在相当大的压力范围内表现为一个常数。由式（6-2）得

$$-\Delta e = C_c \log \frac{p_2}{p_1} = C_c \log \frac{p_1 + \Delta p}{p_1} \tag{6-3}$$

因此，压缩指数与压缩系数之间存在以下关系：

$$a_v = -\frac{\Delta e}{\Delta p} = \frac{C_c}{\Delta p} \log \frac{p_1 + \Delta p}{p_1} \qquad (6\text{-}4)$$

又可将式（6-1）和式（6-2）分别写为

$$a_v = -\frac{\mathrm{d}e}{\mathrm{d}p}$$

和

$$C_c = -\frac{\mathrm{d}e}{\mathrm{d}(\log p)}$$

因此

$$-\mathrm{d}e = C_c\mathrm{d}(\log p) = \frac{C_c}{2.3}\mathrm{d}(\ln p) = \frac{C_c}{2.3}\frac{\mathrm{d}p}{p}$$

于是得压缩指数与压缩系数之间存在以下关系：

$$C_c = 2.3a_v p \quad \text{或} \quad a_v = \frac{0.435}{p}C_c \qquad (6\text{-}5)$$

式中　p——研究压力范围内的平均压力。

该关系式只是表示两种压缩性指标之间的联系，这是一种简化写法，实际上压缩系数是随 p 的增大而降低的，压缩指数随 p 的增大变化不大，两者之间关系不可简单地用上式表示。

现在重新考察图 6.4 的压缩曲线，它实际上是一个超固结土体经历加载—卸载—再加载的典型试验过程曲线。其初始段 e_0a 的斜率较小，代表土的超固结特性；而当压力接近于 p_c 时，曲线的斜率发生明显变化，其后曲线 ab 段近似地呈现为斜率较大的直线，代表正常压缩段。p_c 称为先期固结压力，关于超固结土的概念及特性将在本章第三节介绍。当加载到一定数值的压力后进行卸载试验，bd 段曲线是卸载曲线，平均斜率较小，与超固结段斜率相当；dfc 段曲线是再压曲线及延长线，再压曲线的斜率与卸载曲线相当，延长段与正常压缩段相当。

3. 土的固结过程的特点

土的固结过程需经历一定时间才能完成，如图 6.2（a）中 t_1、t_2 等。其原因是土体中的水和气体的排出以及土颗粒的重新排列都需要一定的时间，这一过程的长短与土体的渗透性密切相关。砂土的渗透性大，水和气体的排出速度快，达到压缩稳定所需的时间短；黏土的渗透性小，水和气体的排出速度慢，达到压缩稳定所需的时间长。

土的压缩变形包括弹性和塑性两部分。从图 6.3 和图 6.4 的卸载曲线可以看出，土在卸载后只有较小的一部分压缩变形可以恢复，称为弹性变形。其主要成因是土体中的封闭气体体积在减压时的复原和土中薄膜水的恢复。土在卸载后有很大的一部分不能恢复，称为塑性变形。其成因主要是土的原有结构破坏以及土体中的水和气体被挤出。

　　土的压缩性随着压力的增大而减小，这是因为在侧限条件下，随着压力的增大，土样中的可压缩孔隙愈来愈少。土的卸载曲线和再压曲线的斜率均比压缩曲线的斜率小。

6.1.3 土的侧压力系数及其与弹性参数的关系

　　土力学中将土体的水平向应力 σ_x 或 σ_y 与垂直向应力 σ_z 之比称为土的侧压力系数，用下式表示

$$K_0 = \frac{\sigma_x}{\sigma_z} = \frac{\sigma_y}{\sigma_z} \qquad (6\text{-}6)$$

　　K_0 实际上是静止土压力系数，无因次，取值范围为 $0 \sim 1$，与土的类别有关，对于饱和土体，水平向应力与垂直向应力均应为有效应力。一般来说，土的压缩模量越大，K_0 值越小；反之，K_0 值越大。饱和砂土液化时其 $K_0=1$。K_0 值还可应用一些经验公式求算，较为著名的有杰基（Jaky）公式。

$$K_0 = 1 - \sin\varphi' \qquad (6\text{-}7)$$

式中　φ'——土的有效内摩擦角。

　　土的侧压力系数 K_0 除与土性、密度等参数相关外，直接影响因素是泊松比。泊松比是指土在无侧限条件下单向压缩时，侧向应变与竖向压缩应变之比，用 μ 表示，无因次。μ 值的变化范围为 $0 \sim 0.5$。不可压缩液体的泊松比为 0.5。侧压力系数 K_0 与泊松比 μ 之间存在一定的关系，可用弹性力学理论推导出。

　　假定土的应力应变关系符合广义胡克定律：

$$\varepsilon_x = \frac{\sigma_x}{E_0} - \frac{\mu}{E_0}\left(\sigma_y + \sigma_z\right) \qquad (6\text{-}8)$$

式中　E_0——土的变形模量（kPa）。

　　在侧限条件下，$\varepsilon_x = \varepsilon_y = 0$，$\sigma_x = \sigma_y$，上式可改写为

$$\sigma_x - \mu\sigma_x - \mu\sigma_z = 0$$

或

$$\frac{\sigma_x}{\sigma_z} = \frac{\mu}{1-\mu}$$

所以

$$K_0 = \frac{\mu}{1-\mu} \qquad (6\text{-}9)$$

　　常见土的侧压力系数 K_0 与泊松比 μ 的取值见表 6-1。

表 6-1　常见土的侧压力系数 K_0 与泊松比 μ 的取值

土类	K_0	μ
砂土	0.43 ～ 0.50	0.30 ～ 0.35
轻亚黏土	0.54 ～ 0.67	0.35 ～ 0.40
亚黏土	0.67 ～ 0.82	0.40 ～ 0.45
黏土	0.82 ～ 1.00	0.45 ～ 0.50

6.1.4　土的压缩模量、变形模量及其相互关系

土力学中还常用压缩模量 E_s 和体积压缩系数 m_v 两个力学指标表示土的侧限压缩性能。土的压缩模量 E_s 是指在侧限条件下土体的竖向压缩应力 σ_z 与竖向应变 ε_z 之比，即

$$E_s = \frac{\sigma_z}{\varepsilon_z} \quad （侧限条件下） \tag{6-10}$$

由式（6-1），并且 $\sigma_z = \Delta p$，$\varepsilon_z = -\Delta e/(1+e_1)$，得

$$E_s = \frac{\Delta p}{-\Delta e/(1+e_1)} = \frac{1+e_1}{a_v} \tag{6-11}$$

土的体积压缩系数 m_v 是指在侧限条件下，单位初始厚度的土体在单位压力增量作用下所引起的压缩量，其单位以 $(\text{kPa})^{-1}$ 计。因此，m_v 为 E_s 的倒数，即

$$m_v = \frac{1}{E_s} = \frac{a_v}{1+e_1} \tag{6-12}$$

土的变形模量 E_0 与弹性力学中的杨氏弹性模量的物理意义相同，即 E_0 表示土在自由侧胀条件下（无侧限）的竖向压缩应力与竖向应变之比，由于土的变形具有部分不可复原的塑性变形，因此 E_0 称为土的变形模量。

当今土工建筑物和地基沉降计算最常用的方法是有限元法，依据的理论基础是弹性力学，所用的参数是土的变形模量 E_0，它可用现场荷载板试验或旁压试验等方法确定，也可用力学关系由土的侧限压缩试验成果进行换算。经过数学换算，可得土的压缩模量与变形模量的关系为

$$E_s = \frac{1}{\beta} E_0 \tag{6-13}$$

其中，$\beta = 1 - \dfrac{2\mu^2}{1-\mu}$。土的变形模量随土的性状而异。软黏土的 E_0 很小，一般为数个 MPa 甚至低于 1MPa；黄土的 E_0 为 20 ～ 40MPa，而密砂与砾的 E_0 可高达 40MPa 以上。

由于土的泊松比 μ 为 $0 \sim 0.5$，因此，$\beta \leqslant 1.0$，所以按压缩模量 E_s 与变形模量 E_0 的定义以及理论计算公式计算，压缩模量 E_s 一般大于变形模量 E_0。随着土体载荷的增加，侧限压缩时土体可压缩的孔隙迅速减小，土体的压缩模量会迅速增加；而无侧限压缩时随着载荷的增加土体濒临破坏，土体的结构受到损害，土体的变形模量会迅速下降。因此，载荷越大同类土的压缩模量与变形模量的差异越大。

6.2 地基沉降量计算方法

单一土层在无限连续均布竖向荷载下的压缩问题的受力和变形条件，与侧限压缩试验条件基本相同。本节先依据侧限压缩试验结果研究无限大荷载面下的土体单向固结沉降计算方法，然后将其推广到有限范围荷载分布的情况。在此基础上，介绍地基沉降计算的分层总和法。

6.2.1 用压缩系数计算土层最终沉降量

当压缩土层的厚度相对基础底面的尺寸较小时，则地基压缩土层的受力条件与以上介绍的侧限压缩试验接近，因此，可采用侧限压缩试验的 e-p 曲线求解此类土层的最终沉降量。如图 6.5 所示，假设土层压缩前后的厚度分别为 H_1 和 H_2，只考虑土层竖向的变形。

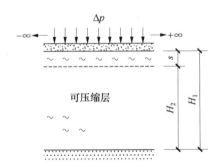

图 6.5 土层压缩前后的厚度

若令 $V_s=1$，则在压缩前后土颗粒的体积与土体总体积之比分别为

$$\frac{V_s}{V_1} = \frac{1}{1+e_1} \quad \text{和} \quad \frac{V_s}{V_2} = \frac{1}{1+e_2}$$

假设受压土体的面积为 A，土层的压缩仅由土体的孔隙体积减小引起，土颗粒的体积 V_s 在压缩前后是不变的，所以

$$\frac{1}{1+e_1}AH_1 = \frac{1}{1+e_2}AH_2$$

整理可得

$$H_2 = \frac{1+e_2}{1+e_1} H_1 \qquad (6\text{-}14)$$

因此，土层的最终沉降量可由下式表示。

$$S = H_1 - H_2 = \frac{e_1 - e_2}{1+e_1} H_1 \qquad (6\text{-}15)$$

在进行室内压缩试验获得 $e\text{-}p$ 曲线后，即可由土层初始应力 p_1 和最终应力 p_2 分别确定出土的初始和最终孔隙比 e_1 和 e_2，然后依据上式计算得最终沉降量 S。最终沉降量的含义是相对固结过程而言的，是指土体固结完成后的沉降量。将式（6-15）代入式（6-1）还可得

$$S = \frac{a_v}{1+e_1} \Delta p H_1 \qquad (6\text{-}16)$$

式中 Δp——土体的压力增量。

应用式（6-16）时，就可直接根据土层压缩系数 α_v 和压缩应力 Δp 计算出最终沉降量 S。

由式（6-12），还可将式（6-16）改写为

$$S = m_v \Delta p H_1 = \frac{1}{E_s} \Delta p H \qquad (6\text{-}17)$$

地基沉降计算中常以 cm 作为最终沉降量 S 的计算单位。

当地基受到有限范围的分布荷载作用时，地基土体中的应力条件与侧限压缩试验条件相差较大，主要差别是压缩层范围内的附加应力不是均匀分布的。此时，可以将压缩土层划分成几个相对较薄的土层，分别计算各分层的沉降量，然后相合即为压缩层的总沉降量，这种方法常称为分层总和法。

6.2.2 用压缩指数计算土层最终沉降量

在进行室内压缩试验获得 $e\text{-}\log p$ 曲线后，即可由土层初始应力 p_1 和最终应力 p_2 分别确定出土的初始和最终孔隙比 e_1 和 e_2，将式（6-15）代入式（6-2），即可得用压缩指数 C_c 计算最终沉降量 S 的公式。

$$\begin{aligned}
S &= \frac{e_1 - e_2}{1+e_1} H_1 = \frac{H_1 C_c}{1+e_1}(\log p_2 - \log p_1) \\
&= \frac{H_1 C_c}{1+e_1} \log \frac{p_2}{p_1} = \frac{H_1 C_c}{1+e_1} \log \frac{p_1 + \Delta p}{p_1}
\end{aligned} \qquad (6\text{-}18)$$

用上式的任一种方法，均可求出土层的最终沉降量，称为 $e\text{-}\log p$ 曲线法。

6.2.3 地基单向压缩沉降计算分层总和法

天然地基一般都呈层状分布，由于各土层的力学参数不一样，故需要分层计算地基的沉降量。同时，由于地基的受荷范围总是有限的，在地基的压缩层深度范围内，地基的附加应力变化也很大，需要分层计算地基的沉降量。

假设按土的力学性质和附加应力变化将压缩层划分成 n 层，然后按式（6-16）～式（6-18）计算各分层的沉降量 S_i，最后将各层的沉降量 S_i 求和，即得地基表面的最终总沉降量。

$$S = \sum_{i=1}^{n} S_i \qquad (6-19)$$

地基单向压缩沉降计算分层总和法具体步骤如下。

首先，应根据基础形状，拟定基础底面的尺寸、地基土质条件及荷载分布情况，在基底范围内选定必要数量的沉降计算断面和计算点，然后按下列步骤算出各计算点的沉降量。

1. 确定地基的沉降计算深度

由于附加应力在地基中有扩散效应，因此，当达到地基一定深度处时，附加应力很小，对地基土的压缩作用已不大。因此，在实际工程计算中，可采用基底以下某一深度 z_c 作为地基沉降计算的总深度（图 6.6）。大于深度 z_c 处的地层压缩量很小，可以不再考虑。

在工程实践中常采用式 $\sigma_z = 0.2\sigma_{cz}$ 作为确定 z_c 的条件（图 6.6），即在 z_c 处自重应力 σ_{cz} 已达附加应力 σ_z 的 5 倍。但若 z_c 以下还存在着较软的土层时，则实际计算深度还应适当加深。例如，对软黏土层可加深至 $\sigma_z = 0.1\sigma_{cz}$ 处。

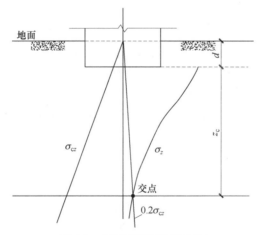

图 6.6　沉降计算深度的确定

2. 在计算深度范围内将压缩层分层

压缩层厚度分层的原则是：不同地层的分界面均作为分层面；地下水位面当成一个分层面；厚度较大的地层应人为分成多层，每一分层的厚度不宜大于 0.4B（B 为基础短边的宽度）。

3. 分层计算地基中土的初始应力

地基沉降计算时需要知道使地基产生压缩变形的初始应力和最终应力，即分别对应于压缩曲线上初始孔隙比 e_1 和最终孔隙比 e_2 的应力。

当地基土在自重应力作用下已压缩稳定时，地基中的土体自重应力分布就是初始应力 σ_{1z}，计算时取该地层自重应力的均值作为初始应力 σ_{1z}；当地基土为新近堆积土时，初始应力 σ_{1z} 应取为 0；当地基土在自重应力作用下已部分压缩但还未压缩稳定时，应将土体自重应力进行适当折减后作为初始应力 σ_{1z}。根据压缩曲线由初始应力 σ_{1z} 可以确定出地基的初始孔隙比 e_1 值。

在基坑开挖后若地基土不产生回弹，则自重应力必须从原地面高程算起；若基坑面积大，暴露时间长，则自重应力应从基底高程算起。

4. 计算地基的附加应力和最终应力分布

由基底净压力引起地基压缩变形的那部分压力称地基附加应力。将地基初始应力与地基附加应力之和称为地基最终应力，用 σ_{2z} 表示。计算时取该地层初始应力的均值与地基附加应力均值之和作为地基最终应力 σ_{2z}。由地基最终应力 σ_{2z} 可以确定出地基压缩稳定时的最终孔隙比 e_2 值。

5. 分层计算地基沉降量

根据地基中各层土的初始应力 σ_{1i} 和最终应力 σ_{2i} 查压缩曲线，确定相应的初始孔隙比 e_{1i} 和最终孔隙比 e_{2i}。第 i 分层的沉降量 S_i 可按式（6-15）确定，即

$$S_i = \frac{e_{1i} - e_{2i}}{1 + e_{1i}} H_i \tag{6-20}$$

或求出相应压力范围内的压缩系数 a_v 或压缩指数 C_c，然后分别按 $e-p$ 曲线法即式（6-16）或 $e-\log p$ 曲线法即式（6-18）确定 S_i，即

$$S_i = \frac{a_{vi}}{1 + e_{1i}} \sigma_{zi} H_i = \frac{H_i C_{ci}}{1 + e_{1i}} \log \frac{p_{1i} + \Delta p_i}{p_{1i}} \tag{6-21}$$

式中 h_i——第 i 分层的厚度。

6. 地基的最终总沉降量

按式 $S = \sum_{i=1}^{n} S_i$ 计算地基的最终总沉降量，即得地面某沉降计算点的最终沉降量 S。用上述分层总和法计算出基础某一断面任意两点的沉降量，即可求知该两点之间的沉降差。

7.《建筑地基基础设计规范》对沉降计算结果的修正

我国南北地域辽阔，土性差异很大，很难找到一种普遍适应的地基沉降量计算方法。研究发现，用以上方法计算的沉降量 S 在软黏土地基中偏小，而在硬黏土地基中又偏大，故我国《建筑地基基础设计规范》（GB 50007—2011）要求对计算所得的沉降量 S 值乘以一个沉降计算经验系数 ψ_s，ψ_s 根据地区沉降观测资料及经验确定，无地区经验时可采用表 6-2 所列的数值。

表 6-2　沉降计算经验系数 ψ_s 值　　　　　　　单位：MPa

基底附加应力	$\overline{E}_s$				
	2.5	4.0	7.0	15.0	20.0
$p_0 \geqslant f_{ak}$	1.4	1.3	1.0	0.4	0.2
$p_0 \leqslant 0.75 f_{ak}$	1.1	1.0	0.7	0.4	0.2

表 6-2 中 f_{ak} 为地基承载力特征值；$\overline{E}_s$ 为变形计算深度范围内压缩模量的当量值，应按下式计算：

$$\overline{E}_s = \frac{\sum A_i}{\sum \dfrac{A_i}{E_{si}}} \qquad (6\text{-}22)$$

式中　A_i——第 i 层土附加应力系数沿土层厚度的积分值。

【例 6-1】某厂房为框架结构，方形柱基，边长 $L=B=4\text{m}$，基础埋深 $d=1\text{m}$。上部结构传至基础顶面的荷载为 $F=1440\text{kN}$。地基土为粉质黏土，土的天然重度 $\gamma=16\text{kN/m}^3$，地下水位位于地面下 3.4m 处，土的饱和重度 $\gamma_{sat}=18.2\text{kN/m}^3$，土的压缩曲线如图 6.7 所示。计算基础中点的沉降量。

例题 6-1
讲解

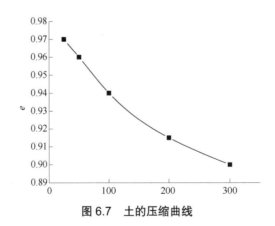

图 6.7　土的压缩曲线

解：（1）地基沉降计算分层，地下水位以上分 2 层，每层厚度 1.2m，地下水位以下分层为，第三层厚 1.6m，第四层以下各土层的厚度均为 2.0m，上述第三层以上土层的厚度均小于或等于 $0.4b=1.6$m。

（2）计算地基的自重应力，并绘制自重应力分布图，如图 6.8 所示，计算从地面开始。

基础底面处：$\sigma_{cz}=16\times 1=16$（kPa）

基底下 1.2m 处：$\sigma_{cz}=16\times 2.2=35.2$（kPa）

地下水位处：$\sigma_{cz}=16\times 3.4=54.4$（kPa）

基底下 4.0m 处：$\sigma_{cz}=16\times 3.4+（18.2-10）\times 1.6=67.5$（kPa）

基底下 6.0m 处：$\sigma_{cz}=16\times 3.4+（18.2-10）\times 3.6=83.9$（kPa）

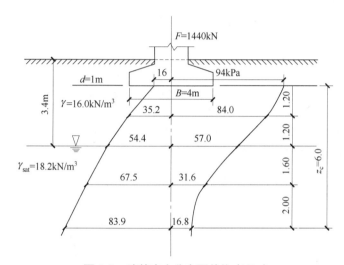

图 6.8　地基应力分布图单位（kPa）

（3）计算地基附加压力。

基底压力 $p_0=\dfrac{F+G}{A}=\dfrac{F+Ad\gamma_G}{A}=\dfrac{1440+4\times 4\times 1\times 20}{4\times 4}=110$(kPa)

基底附加压力 $p_c=p_0-\gamma d=110-16=94$(kPa)

地基内的附加应力按角点法计算，将基础分为四个小块，计算边长 $L=B=2$m，附加应力 $\sigma_z=4K_c p_c$，具体计算见表 6-3。

表 6-3　地基附加应力计算表

深度 z	L/B	z/B	附加应力系数 K_c	附加应力（$\sigma_z=4K_c p_c$）/kPa
0	1.0	0	0.2500	94.0
1.2	1.0	0.6	0.2229	84.0
2.4	1.0	1.2	0.1516	57.0
4.0	1.0	2.0	0.0840	31.6
6.0	1.0	3.0	0.0447	16.8

（4）地基沉降计算深度 z_c：第四土层底部的附加应力 $\sigma_z = 16.8\text{kPa}$，自重应力 $\sigma_{cz} = 83.9\text{kPa}$，满足 $\sigma_z < 0.2\sigma_{cz} = 16.78\text{kPa}$ 条件，故沉降计算深度 $z_c = 6\text{m}$。

（5）计算土层沉降量：由于给出的试验成果是压缩曲线，故沉降计算公式采用：

$$\Delta s_i = \frac{e_{1i} - e_{2i}}{1 + e_{1i}} h_i$$

下面以第二层为例说明其计算过程。由 $p_{1i} = \bar{\sigma}_{czi} = 44.8\text{kPa}$ 查 $e\text{-}p$ 曲线得 $e_1 = 0.960$，由 $p_{2i} = \bar{\sigma}_{czi} + \bar{\sigma}_{zi} = 115.3\text{kPa}$ 查 $e\text{-}p$ 曲线得 $e_2 = 0.936$，得到该层的沉降量：

$$\Delta s_2 = \frac{e_1 - e_2}{1 + e_1} h_2 = \frac{0.960 - 0.936}{1 + 0.960} \times 1200 = 14.69(\text{mm})$$

其他各层的沉降量计算结果见表 6-4。

表 6-4　其他各层的沉降量计算结果

土层编号	土层厚度 /mm	平均自重应力 $\bar{\sigma}_{czi}$ /kPa	平均附加应力 $\bar{\sigma}_{zi}$ /kPa	$\bar{\sigma}_{czi} + \bar{\sigma}_{zi}$ /kPa	由 $\bar{\sigma}_{czi}$ 查 e_1	由 $(\bar{\sigma}_{czi} + \bar{\sigma}_{zi})$ 查 e_2	沉降量 Δs_i /mm
1	1200	25.6	89.0	114.6	0.970	0.937	20.10
2	1200	44.8	70.5	115.3	0.960	0.936	14.69
3	1600	61.0	44.3	15.3	0.954	0.940	11.46
4	2000	75.7	24.2	99.9	0.948	0.941	7.19

（6）柱基中点的总沉降量：

$$s = \sum_{i=1}^{n} \Delta s_i = 20.10 + 14.69 + 11.46 + 7.19 = 53.44(\text{mm})$$

6.3　土的固结状态及对应的沉降计算

有些地基在其存在的历史上曾受到过比其自重应力还大的力的作用，还有一些地基在其自重应力作用下还未压缩稳定。由土的压缩曲线可以看出，压缩曲线与卸载曲线、再压曲线的斜率是不同的，因此，这些地基的沉降计算显然也有所不同。本节讨论土体的应力历史对其沉降计算的影响。

6.3.1　土的受荷历史对压缩性的影响

在自然条件下，按土在其存在的历史上曾受到过的荷载大小及固结完成的程度不同，将地基土分为三种情况：正常固结土、超固结土和欠固结土。

如土在形成和存在的历史上只受到过其自重应力 p_0（$p_0 = \gamma h_0$，γ 为上覆土的有效重度，h_0 为研究点 A 所处的深度）的作用，且在自重应力下达到完全固结，称该地基土为正常固结土，如图 6.9（a）所示。如土在形成和存在的历史上受到过大于其自重应力 p_0 的荷载 p_c（$p_c = \gamma h_c$，h_c 为研究点 A 历史上所处的最大深度）的作用，且在该荷载作用下达到完全固结，称该地基土为超固结土，其历史上所受到的最大荷载 p_c 称为先期固结压力，如图 6.9（b）所示。地基土若属于新近堆积土，如河流的三角洲地区，土体在其自重应力 p_0 作用下尚未完全固结，还将继续产生固结压缩沉降，称该地基土为欠固结土。

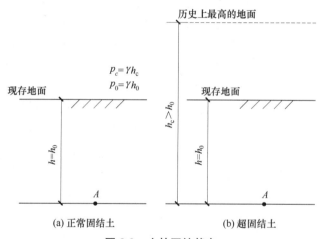

图 6.9　土的固结状态

先期固结压力 p_c 的定义是：土在其形成和存在的历史上所曾受过的最大固结压力值，且在该压力作用下曾被压缩至稳定。于是，当地基的自重应力与附加应力之和小于先期固结压力时，$p_0 + \Delta p < p_c$ 时，地基土处于再压曲线段，故曲线斜率较小，如图 6.10 中 A 点以左段。当 $p_0 + \Delta p > p_c$ 时，地基土处于正常压缩曲线段，故曲线斜率较大，地基会产生较大的压缩量，如图 6.10 中 A 点以右段。

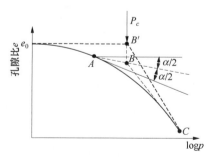

图 6.10　p_c 的确定方法

土的超固结状态用超固结比 OCR 表示，其定义为

$$OCR = \frac{p_c}{p_0} \qquad (6\text{-}23)$$

当 $OCR=1$ 时，为正常固结土；当 $OCR>1$ 时，为超固结土；当 $OCR<1$ 时，为欠固结土。

p_c 为土的历史上所曾受过的最大固结压力，历史上的压力是无法小于其自重压力的，因此，欠固结土主要指土体在自重压力作用下未压缩稳定的情况。

可以看出，为了判定土的超固结状态，必须首先确定先期固结压力 p_c。超固结土的真实受荷历史应该是史上曾加载到先期固结压力 p_c 并压缩稳定，然后卸载到土的自重应力 p_0；当前，超固结土的实验室加载过程实际上是土体再压过程，只有当荷载超过 p_c 后土样才重新进入正常压缩，如图 6.10 所示。反应在 $e\text{-}\log p$ 曲线上，就是初始加载阶段土样处于再压状态，压缩曲线较平缓，荷载超过 p_c 后土样处于正常固结状态，压缩曲线的斜率增大。根据压缩曲线的这一特点，很容易从 $e\text{-}\log p$ 曲线上确定出土体的先期固结压力 p_c。

卡萨格兰德提出一种确定 p_c 的经验方法：如图 6.10 所示，在 $e\text{-}\log p$ 曲线上找出斜率最大的某点 A，过 A 点引出两条直线，一条为平行于横坐标轴的水平线，另一条为通过 A 点压缩曲线的切线。这两条直线夹角的平分线与从压缩曲线陡峻直线段上 C 点引出的切线交于 B 点。该 B 点的横坐标就是先期固结压力 p_c。

应该指出，先期固结压力 p_c 只是反映土的压缩性能由缓变陡的一个分界点，因为该点的前后压缩曲线的斜率不一样，计算沉降的参数也就不一样。先期固结压力的成因并不一定都是由土的受荷历史所致。其他如黏土风化过程中的结构变化、粒间的化学胶结、地下水溶滤和干湿循环、黄土的结构性等因素都可能使黏土呈现一种似超固结性状。

6.3.2 正常固结土沉降计算

设某地基中有一较薄的压缩土层，土的自重所引起的初始应力为 p_0，土层中的平均压缩应力为 Δp，只考虑地基土的竖向压缩变形。第二节已经给出土层的沉降量计算公式如下：

$$S = \frac{H_1 C_c}{1+e_0} \log \frac{p_0 + \Delta p}{p_0} \qquad (6\text{-}24)$$

然而，上式中没有反映土的受荷和固结历史，C_c 的取值方法也未明确，本节以下讨论压缩指数 C_c 的取值及不同固结状态时的沉降计算问题。

先考察正常固结土，它的现存上覆压力 p_0 等于先期固结压力 p_c（即 $p_0 = p_c$），假定土层的附加应力为 Δp。计算沉降量时，一般不能直接采用室内压缩曲线陡峻段 $B'C$ 的斜率。原因是土在取样、运输、制样以及试验加载的过程中，不可避免的会受到扰动。扰动愈大，曲线的位置愈低，室内压缩曲线不能准确反映现场地基土的压缩性能。因此，必须对室内压缩曲线即 $e\text{-}\log p$ 曲线加以修正，使其尽量接近地基土的真实状态。

然后将修改后的压缩曲线 $B'C$ 作为计算地基土沉降量的依据。$B'C$ 线的确定如下：研究表明，无论土受到何等程度的扰动，室内压缩曲线 e-$\log p$ 在 $0.4e_0$ 附近都趋于一点，即图 6.11 中的 C 点。由此推断，土的现场压缩曲线也必通过 C 点，C 点始终是土的现场压缩曲线的终点。另外，假设试样的孔隙比受扰动影响不大，仍保持土在现场原位条件下的数值 e_0，而且初始应力 $p_0 = p_c$。这样，可以确定土的现场压缩曲线的起始点是 B'，其坐标为（e_0, p_c）。将直线段 $B'C$ 当成正常固结土层的压缩曲线，$B'C$ 线的斜率作为沉降量计算公式（6-24）中 C_c 的取值。

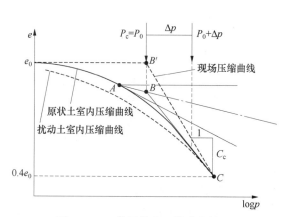

图 6.11　正常固结土压缩曲线修正

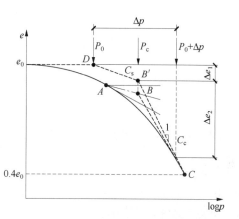

图 6.12　超固结土压缩曲线修正

6.3.3 超固结土沉降计算

超固结土的上覆压力小于先期固结压力（即 $p_0 < p_c$），它的计算比正常固结土要复杂些，原因是建筑物荷载在地基中所引起的附加应力 Δp 与土自重应力 p_0 之和 $p_0 + \Delta p$，可能大于也可能小于土层的先期固结压力 p_c。当 $p_0 + \Delta p \leq p_c$ 时，计算过程全部在超固结段，如图 6.12 所示，沉降计算的压缩指数 C_c 应取为回弹段的膨胀指数 C_s。当 $p_0 + \Delta p > p_c$ 时，计算过程跨越超固结和正常固结两部分，如图 6.12 所示。p_0 至 p_c 段属超固结段，沉降计算的压缩指数 C_c 应取为回弹段的膨胀指数 C_s；p_c 至 $p_0 + \Delta p$ 段属正常固结段，沉降计算的压缩指数 C_c 取正常固结压缩指数，这两部分应分别计算，然后求其总和即为超固结土的沉降值。

超固结土在压缩应力 Δp 作用下的压缩量由超固结段的压缩量 S_1 和正常固结段的压缩量 S_2 两部分总和而成，即

$$S = S_1 + S_2 \tag{6-25}$$

当 $p_0 + \Delta p \leq p_c$ 时，土层的压缩量计算公式为

$$S = \frac{H_1}{1+e_0}\left(C_s \log \frac{p_0 + \Delta p}{p_0}\right) \tag{6-26}$$

当 $p_0 + \Delta p > p_c$ 时，

$$S_1 = H_1 \frac{C_s}{1+e_0} \log \frac{p_c}{p_0} = \frac{H_1}{1+e_0} \Delta e_1 \qquad (6\text{-}27)$$

$$S_2 = H_1 \frac{C_c}{1+e_0} \log \frac{p_0 + \Delta p}{p_c} = \frac{H_1}{1+e_0} \Delta e_2 \qquad (6\text{-}28)$$

土层的总压缩量计算公式为

$$S = \frac{H_1}{1+e_0} \left(C_s \log \frac{p_c}{p_0} + C_c \log \frac{p_0 + \Delta p}{p_c} \right) \qquad (6\text{-}29)$$

受扰动影响，超固结土的现场压缩曲线与室内压缩曲线也有不同，对室内压缩曲线也应进行相应修正，思路与正常固结土相同，过程略复杂，不再赘述。

6.3.4 欠固结土沉降计算

欠固结土在其自重应力作用下尚未达到完全固结，如新填土地区，河流三角洲地区、滨海、滨湖地区的新近沉积土层，都可能是欠固结土。在欠固结土地基上建造建筑物，不但建筑物荷载引起的附加应力会使土层产生压缩，而且土体自重应力也会引起土的压缩。欠固结土层的压缩量计算较正常固结土复杂。

假设欠固结土的先期固结压力为 p_c，它一般小于土的自重应力 p_0，即 $p_c < p_0$。欠固结土在压缩应力 Δp 作用下的压缩量由自重应力引起的压缩量 S_1 和附加应力引起的压缩量 S_2 两部分总和组成，即

$$S = S_1 + S_2 \qquad (6\text{-}30)$$

自重应力引起的压缩量为

$$S_1 = H_1 \frac{C_c}{1+e_0} \log \frac{p_0}{p_c} \qquad (6\text{-}31)$$

附加应力引起的压缩量为

$$S_2 = H_1 \frac{C_c}{1+e_0} \log \frac{p_0 + \Delta p}{p_0} \qquad (6\text{-}32)$$

土层的总压缩量计算公式为

$$\begin{aligned} S &= \frac{H_1}{1+e_0} \left(C_c \log \frac{p_0}{p_c} + C_c \log \frac{p_0 + \Delta p}{p_0} \right) \\ &= \frac{H_1}{1+e_0} C_c \log \frac{p_0 + \Delta p}{p_c} \end{aligned} \qquad (6\text{-}33)$$

利用分层总和法计算超固结土和欠固结土地基沉降量的方法与正常固结土相同，只是将计算各单土层沉降量的公式替换为本节公式。

以上介绍了不同应力历史对地基沉降影响的计算方法。在工程建设中，在挖方区、填方区和原始地基区建造相同的建筑时，地基的沉降计算方法应该考虑应力历史的影响。例如在黄土地区的挖山填沟造城工程中，若暂不考虑黄土的结构性与湿陷性，将其当成一般的粉土，则计算地基的沉降量时，挖方卸载区应该用超固结土地基沉降量计算方法，没有压实的填方区应该用欠固结土地基沉降量计算方法，原始未扰动地基区应该用正常固结土地基沉降量计算方法。

【例 6-2】 一正常固结黏土层厚 3m，由压缩试验测得该黏土的压缩指数为 $C_c=0.55$，初始孔隙比 $e_0=0.81$，所受到的平均自重应力为 150kPa。试求该黏土层在受到平均压缩应力 Δp=200kPa 时的最终压缩量。

解：已知该黏土为正常固结土，故先期固结压力应等于平均自重应力，即

$$p_c = p_0 = 150 \text{kPa}$$

由式（6-24）知，正常固结土层沉降量为

$$S = \frac{H_1 C_c}{1+e_0} \log \frac{p_0 + \Delta p}{p_0} = \frac{300 \times 0.55}{1+0.81} \times \log \frac{150+200}{150} \approx 33.54 (\text{cm})$$

【例 6-3】 某一超固结黏土层厚为 2.0m，先期固结压力 $p_c = 300$kPa。现存上覆压力为 200kPa，设建筑物荷载在该土层中引起的平均附加应力 σ_z =400kPa。已知黏土的压缩指数 C_c=0.4，膨胀指数 C_s=0.3，它的初始孔隙比 e_0 =0.80。试求（1）该土层的最终沉降量；（2）若建筑物在该土层中引起的平均附加应力 σ_z =100kPa，该土层的最终沉降量又为多少？

解：已知 $e_0 = 0.80$；$C_c = 0.4$；$C_s = 0.3$；$p_c = 300 \text{kPa}$；$p_0 = 200 \text{kPa}$。

（1）当 $\sigma_z = 400$kPa 时

$$p_0 + \Delta p = p_0 + \sigma_z = 200 + 400 = 600 (\text{kPa})$$

$$p_0 + \Delta p > p_c = 300 (\text{kPa})$$

因此，应按式（6-29）分段计算土层压缩量。

$$S = \frac{H_0}{1+e_0} \left(C_s \log \frac{p_c}{p_0} + C_c \log \frac{p_0 + \Delta p}{p_c} \right)$$

$$= \frac{200}{1+0.8} \times \left(0.3 \times \log \frac{300}{200} + 0.4 \times \log \frac{600}{300} \right) \approx 19.25 (\text{cm})$$

（2）当 $\sigma_z = 100$kPa 时

$$p_0 + \Delta p = p_0 + \sigma_z = 200 + 100 = 300 (\text{kPa})$$

所以
$$p_0 + \Delta p = p_c$$

说明该土层在自重应力与附加应力联合作用下，仍未超过先期固结压力 p_c，因此，计算其压缩量时只需采用膨胀指数 C_s。

$$S = \frac{H_1}{1+e_0}\left(C_s \log \frac{p_0 + \Delta p}{p_0}\right) = \frac{200}{1+0.8} \times \left(0.3 \times \log \frac{300}{200}\right) \approx 5.87\text{(cm)}$$

6.4 饱和土的太沙基一维固结理论

饱和土的太沙基一维固结理论

本节假定土颗粒和水是不可压缩的，在此基础上研究饱和土体固结过程中孔隙水压力和有效应力的转化关系，介绍太沙基一维固结理论和土的固结度，最后讲述地基土的固结沉降计算方法。

6.4.1 土体固结过程中的孔隙水压力和有效应力

饱和土的固结过程实际上是土体孔隙中的水排出，土体密度与强度增大，孔隙水压力向有效应力的转化过程。超静孔隙水压力消散的程度是饱和土固结过程完成程度的标志。

饱和土孔隙中自由水的排出速度，主要取决于土的渗透性和土的厚度。土的渗透系数愈大，土层厚度愈薄，孔隙水排出所需的时间就愈短。超静孔隙水压力消散为 0 时，土体的主固结过程完成，土体的绝大部分沉降变形发生在主固结阶段；此后，随时间的增加，受土粒骨架蠕变、土颗粒重新排列等因素影响，土体还会有小量的压缩变形，称为次固结。

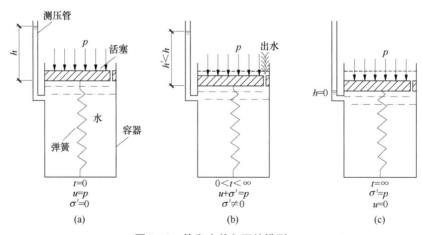

图 6.13 饱和土单向固结模型

土力学中，常用简单的力学模型来说明土的固结过程。图 6.13 为太沙基提出的饱和土单向固结模型。可以模拟饱和土体中某点的固结过程，模型的容器中充满水，水面放置一个带有排水孔的活塞，活塞底部为一弹簧所支承。用弹簧刚度表示土骨架的刚度，用排水孔的大小表示土渗透系数的大小。用 u 表示由外荷 p 在土孔隙中所引起的超静孔隙水压力，简称孔隙水压力，是中性应力。用 σ' 表示土骨架承担的应力，称为有效应力。

孔隙水压力与由位置水头所引起的孔压是不同的，本节所说的孔压均指孔隙水压力。

当压力 p 开始作用于活塞上时（相当于历时 $t=0$），如图 6.13（a）所示，容器中的水来不及排出，而水被视为不可压缩体，弹簧因而并未受力，也就没有产生压缩变形。故 $t=0$ 时所有外荷全部由水来承担，即孔隙水压力 $u=p$，而有效应力 $\sigma'=0$，且二者满足 $\sigma'+u=p$。

当压力 p 已经作用于活塞上一段时间以后（相当于历时 $t>0$），如图 6.13（b）所示，孔隙水排出，孔隙水压力 $u<p$；活塞下降，弹簧受到压缩，有效应力 $\sigma'>0$。随着水的不断排出，u 不断减小，σ' 不断增大，二者始终满足 $\sigma'+u=p$。

当压力 p 作用时间无限长以后（相当于历时 $t \to \infty$），如图 6.13（c）所示，孔隙水已经排完，孔隙水压力 $u=0$；弹簧的应力与所加压力 p 相等且处于平衡状态，活塞不再下降，固结过程完成，此时有效应力 $\sigma'=p$，且孔压与有效应力仍满足 $\sigma'+u=p$。

可以看出，饱和土的固结过程实际上是孔隙水压力向有效应力的转化过程，且始终遵循土的有效应力原理 $\sigma'+u=p$。只有有效应力才是使土产生压缩的原因，有效应力的增长程度可以反映土的固结完成程度。

6.4.2　饱和土的单向固结理论

当可压缩土层的上表面或下表面（或双表面）为排水面，在土层上表面有均布外荷作用，土层厚度相对于荷载面尺寸很小，该土层中孔隙水主要沿竖向排出，受力条件类似于土的室内侧限压缩试验，这种情况称为饱和土的单向渗透固结。

1. 饱和土的单向渗透固结理论的基本假定

（1）荷载是一次瞬时施加的。

（2）土是均质、各向同性及饱和的。

（3）在固结过程中，土颗粒和水是不可压缩的。

（4）土层仅在竖向产生排水和压缩。

（5）土的压缩速率仅取决于土中自由水排出的速度，且土中水的渗流符合达西定律。

（6）受压土层的渗透系数 k 和压缩系数 α_v 在固结过程中被视为常数。

2. 太沙基单向渗透固结方程及求解

如图 6.14 所示，可压缩饱和土层在自重应力作用下已固结完成，上表面受到瞬时施加的连续均布荷载 p 作用，它所引起的附加应力 σ_z（$=p$）不随深度变化。

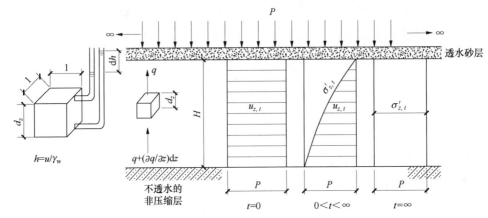

图 6.14　太沙基单向渗透固结过程

假设土层只有上表面透水，称为单面排水条件。从地基中任意深度 z 处取一微元体，三向坐标尺度为 $1 \times 1 \times dz$，在加载的 dt 时间段中，微元体的上下面流入流出的水量变化为

$$q \mathrm{d}t - \left(q + \frac{\partial q}{\partial z} \mathrm{d}z \right) \mathrm{d}t = -\frac{\partial q}{\partial z} \mathrm{d}z \mathrm{d}t \tag{6-34}$$

将达西定律代入得时间间隔 dt 内流经该微元体的水量变化为

$$-\frac{\partial q}{\partial z} \mathrm{d}z \mathrm{d}t = -k \frac{\partial}{\partial z} \left(\frac{\partial h}{\partial z} \right) \mathrm{d}z \mathrm{d}t = -k \frac{\partial^2 h}{\partial z^2} \mathrm{d}z \mathrm{d}t = -\frac{k}{\gamma_w} \frac{\partial^2 u}{\partial z^2} \mathrm{d}z \mathrm{d}t \tag{6-35}$$

由于土颗粒和水都不可压缩，故在 dt 时间段内，流经该微元体上下两面的孔隙水量变化量，应等于微元体中孔隙体积的减小量，即

$$-\frac{k}{\gamma_w} \frac{\partial^2 u}{\partial z^2} \mathrm{d}z \mathrm{d}t = -\frac{1}{1 + e_1} \frac{\partial e}{\partial t} \mathrm{d}z \mathrm{d}t \tag{6-36}$$

由于 $\mathrm{d}e = -a_v \mathrm{d}\sigma' = a_v \mathrm{d}u$，所以

$$\frac{k}{\gamma_w} \frac{\partial^2 u}{\partial z^2} = \frac{a_v}{1 + e_1} \frac{\partial u}{\partial t} \tag{6-37}$$

记 $C_v = \dfrac{k}{\gamma_w a_v} (1 + e_1)$，则得饱和土体的太沙基单向渗透固结方程为

$$C_v \frac{\partial^2 u}{\partial z^2} = \frac{\partial u}{\partial t} \tag{6-38}$$

式中　　k ——土的渗透系数 $(\mathrm{cm/yr})$；

　　　　e_1 ——土层固结前的初始孔隙比；

　　　　a_v ——土的压缩系数 $(\mathrm{cm^2/N})$；

C_v ——土的固结系数 (cm^2/yr)，可根据压缩试验成果推求。

由土的固结系数的定义可见，C_v 与渗透系数 k 成正比，而与压缩系数 a_v 成反比，所以它是表征土本身固结速率的一个参数。土体的渗透性越小，C_v 值越小。一般情况下，低塑性黏土的 C_v 值为 $1\times10^5 \sim 6\times10^4\, cm^2/yr$；中塑性黏土的 C_v 值为 $6\times10^4 \sim 3\times10^4\, cm^2/yr$；高塑性黏土的 C_v 值为 $3\times10^4 \sim 6\times10^3\, cm^2/yr$。

太沙基固结方程结合初始条件和边界条件，确定出土层中任意深度 z 处的点在任意时刻 t 的孔隙水压力值 $u_{z,t}$ 后，就可进一步算出该点的孔隙比变化，从而也可以确定任意时间内土层厚度的变化，即土层的固结过程。

太沙基固结方程一般可用分离变量法求解，解的形式可以用傅里叶级数表示。在图 6.13 所示的初始条件和边界条件下，太沙基固结方程的解为

$$u_{z,t} = \frac{4}{\pi}\sigma_z \sum_{m=1}^{\infty}\frac{1}{m}\sin\left(\frac{m\pi z}{2H}\right)e^{-m^2\frac{\pi^2}{4}T_v} \tag{6-39}$$

式中　m ——1，3，5……，正整奇数。

　　　H ——固结土层中的最大排水距离 (cm)。当土层为单面排水时，H 即为土层的厚度；当土层上下双面排水时，H 为土层厚度的一半。

　　　T_v ——时间因数，无因次。T_v 的表达式为

$$T_v = \frac{C_v}{H^2}t \tag{6-40}$$

式中　t ——土体固结时间 (yr)。

计算时可只取其第一项，一般可满足工程对解的精度要求，称为太沙基饱和土单向固结理论的简化解答，解如下。

$$u_{z,t} = \frac{4}{\pi}\sigma_z \sin\left(\frac{\pi z}{2H}\right)e^{-\frac{\pi^2}{4}T_v} \tag{6-41}$$

式（6-39）和式（6-41）中，$\sigma_z = p$，一般情况下等于地基土层的平均压缩应力。

【例 6-4】 假设在不透水的非压缩岩层上，有一厚 5m 的饱和黏土层，上表面排水，上表面作用有连续均布荷载 $p = 20\, N/cm^2$。问加荷半年后，黏土层中孔隙水压力随深度 z 的分布。已知该黏土层的力学参数为：渗透系数 k=1.4cm/yr，初始孔隙比 $e_1 = 0.8$；压缩系数 $a_v = 0.00183\, cm^2/N$。

解： 先求出黏土层的固结系数 C_v。

$$C_v = \frac{1+e_1}{\gamma_w a_v}k = \frac{1+0.8}{0.00981\times0.00183}\times1.4 = 1.4\times10^5\,(cm^2/yr)$$

再求出时间因数 T_v。

$$T_v = \frac{C_v}{H^2}t = \frac{1.4\times10^5}{500^2}\times0.5 = 0.28$$

求 T_v 的值后，就可按式（6-39）确定不同时间土层不同深度处的孔隙水压力。为简单计算，通常只取该级数解的第一项，一般可满足工程对解的精度要求。

当 $z = 0 \times H$ 时，$u_{z,t} = u_{0,t} = \dfrac{4}{\pi}\sigma_z \sin\left(\dfrac{\pi \times 0 \times H}{2H}\right) e^{-\frac{\pi^2}{4}T_v} \approx 0 (\text{N/cm}^2)$

同理可算出 $z=0.25H$、$0.5H$、$0.75H$ 及 $1.00H$ 处的 $u_{z,t}$ 分别为 4.81N/cm²、8.83N/cm²、11.48N/cm² 及 12.46N/cm²。由此即可绘出当 t 为半年时，地基中孔隙水压力随深度 z 分布如图 6.15 所示。

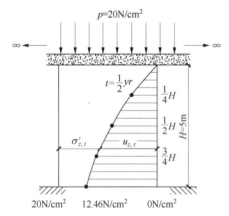

图 6.15　地基中孔隙水压力随深度子分布

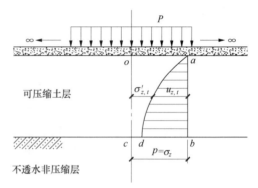

图 6.16　固结过程中的孔压和有效应力关系

6.4.3　土体的固结度

地基土体在固结过程中任意时刻 t 的沉降量 S_t 与其最终沉降量 S 之比，称为地基土体在 t 时刻的固结度，用 U_t 表示，即

$$U_t = \frac{S_t}{S} \tag{6-42}$$

地基土体的固结度随时间的增加而增加，是取值为 $0 \sim 1$ 的无量纲量，是时间的函数。若已求得某时刻 t 土层中各点的孔隙水压力分布，则可根据有效应力与孔隙水压力的关系来计算土层的固结度。

$$U_t = \frac{S_t}{S} = \frac{\dfrac{\alpha_v}{1+e_1}\displaystyle\int_0^H \sigma'_{z,t}\,\mathrm{d}z}{\dfrac{\alpha_v}{1+e_1}\displaystyle\int_0^H \sigma_z\,\mathrm{d}z} = \frac{\displaystyle\int_0^H \sigma_z\,\mathrm{d}z - \int_0^H u_{z,t}\,\mathrm{d}z}{\displaystyle\int_0^H \sigma_z\,\mathrm{d}z} = 1 - \frac{\displaystyle\int_0^H u_{z,t}\,\mathrm{d}z}{\displaystyle\int_0^H \sigma_z\,\mathrm{d}z} \tag{6-43}$$

可见，土层的固结度也就是土中孔隙水压力向有效应力转化过程的完成程度。根据定积分的几何意义，U_t 实质上就是图 6.16 中曲边梯形 $oadc$ 的面积与矩形 $oabc$ 的面积之比。

从式（6-39）解得孔隙水压力的分布后代入式（6-43），经积分可求得图 6.17 工况 0

（即附加应力随深度均匀分布）时土层的固结度为

$$U_{t0} = 1 - \frac{8}{\pi^2} \sum_{m=1}^{\infty} \frac{1}{m^2} e^{-m^2 \frac{\pi^2}{4} T_v} \tag{6-44}$$

式中，U_{t0} 中下标 0 代表工况 0，其他符号同式（6-39）。由于式（6-39）中的级数的收敛速度很快，实际上当 $T_v \geq 0.16$ 时，计算可只取其第一项，将上式即简化为

$$U_{t0} = 1 - \frac{8}{\pi^2} e^{-\frac{\pi^2}{4} T_v} \tag{6-45}$$

该式称为固结度的简化解答。由此可见，固结度 U_t 仅为时间因数 T_v 的函数。只要土性参数 k、e_1、a_v 和土层厚度 H，以及排水和边界条件已知，$U_t \sim t$ 的关系就可确定。

根据式（6-45），在压缩应力、边界条件和土性参数相同的前提下，两个不同厚度的土层要达到相同的固结度，其时间因数 T_v 应相等

$$T_v = \frac{C_v}{H_1^2} t_1 = \frac{C_v}{H_2^2} t_2 \tag{6-46}$$

由此可得

$$\frac{t_1}{t_2} = \frac{H_1^2}{H_2^2} \tag{6-47}$$

由上式可见，压缩应力、边界条件以及土性参数相同的前提下，厚度不同的两个土层达到相同固结度所需的时间之比等于两个土层最远排水距离的平方之比。相同土性和相同压缩应力条件下，将单面排水改为双面排水，则土层达到相同的固结度，所经历的时间减小为原来的 1/4。这说明缩短渗透路径是提高固结速度的有效方法。

6.4.4 不同荷载分布条件下地基固结度的求解

一般来说，地基中的附加应力沿地层深度的分布有图 6.17 中的 5 种形式。地基固结度基本公式（6-44）是根据附加应力沿地层深度均匀分布条件推出来的，对于其他 4 种应力分布形式并不适用，需对该公式进行一定的修改。

对于地基为单面排水，且土层的上下面的附加应力不相等的情况，可按下列方法计算。经过复杂的数学推导，得到地基的固结度为

$$U_t = 1 - \frac{\left(\frac{\pi}{2} \alpha - \alpha + 1 \right)}{1 + \alpha} \frac{32}{\pi^3} e\left(-\frac{\pi^2}{4} T_v \right) \tag{6-48}$$

式中　$\alpha = \dfrac{\sigma_{z1}}{\sigma_{z2}}$，$\sigma_{z1}$、$\sigma_{z2}$ 分别为透水面、不透水面上的附加应力。α 的大小代表不同的

附加应力分布，主要有图 6.17 中的 5 种工况。

（1）工况 0，$\alpha=1$：对应于土层在自重应力作用下已固结完成，当前受到大面积的荷载作用，或虽有局部荷载作用但压缩土层很薄的情况，其附加应力沿地层深度均匀分布。

（2）工况 1，$\alpha=0$：对应于大面积新近堆积的土层，在自重应力下未固结，压缩应力即为土层的自重应力，附加应力沿深度呈三角形分布。

（3）工况 2，$\alpha=\infty$：对应于土层在自重应力作用下已固结完成，受到当前新的荷载作用，土层很厚，不排水面上的附加应力衰减为零，附加应力为倒三角形分布。

（4）工况 3，$0<\alpha<1$：对应于土层在自重应力作用下尚未固结完成，又受到新的上部荷载的作用，附加应力为正梯形分布。

（5）工况 4，$1<\alpha<\infty$：对应于土层在自重应力作用下已固结完成，土层厚度不大，附加应力在不排水面上未衰减为零，附加应力为倒梯形分布。

如果压缩应力为均匀分布，即将 $\alpha=1$ 代入式（6-48），则计算式可简化为

$$U_{t0} = 1 - \frac{8}{\pi^2} e\left(-\frac{\pi^2}{4}T_v\right) \tag{6-49}$$

说明式（6-48）是计算固结度的通用公式。

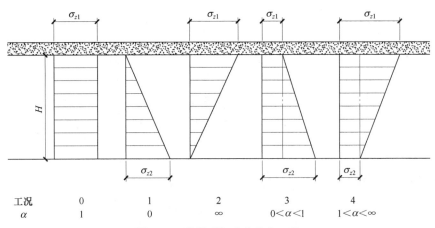

图 6.17 地基附加应力分布工况

基础沉降随时间变化的计算一般分为两种情况。

第一种计算类型：已知历时 t，求经过历时 t 的固结度 U_t 或者沉降量 s_t。其计算步骤为：将 t 代入时间因数公式求出 T_v，将 T_v 和 α 代入式（6-45）求固结度 U_t；

第二种计算类型：已知固结度 U_t 或者沉降量 s_t，求达到 U_t 所需的历时 t。其计算步骤为：将式（6-45）移项、化简，并取对数，求出时间因数 T_v 和历时 t。

【例 6-5】已知某地基的附加应力分布如图 6.18 所示。地基为饱和黏土，厚度 $H=5\text{m}$，底面为不透水层，该黏土的 $e_1=0.8$，压缩系数 $a_v=0.004\text{cm}^2/\text{N}$，$k=2\text{cm/yr}$，试计算：（1）地基的最终沉降量；（2）加荷一年时地基的沉降量；（3）沉降量为 10cm 所

需的时间；（4）若地基为双面排水，沉降量为 10cm 所需的时间又是多少。

解：（1）地基的最终沉降量。

土层的平均附加应力：

$$\sigma_z = \frac{120+100}{2} = 110\text{kpa} = 11 \ (\text{N/cm}^2)$$

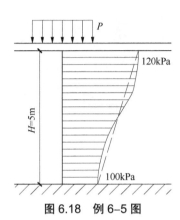

图6.18 例6−5图

最终沉降量为

$$s = \frac{a_v}{1+e_1}\sigma_z H = \frac{0.004}{1+e_1}\times 11\times 500 = 12.2(\text{cm})$$

（2）计算加荷一年时地基的沉降量。

固结系数：$C_v = \dfrac{k(1+e_1)}{\gamma_w a_v} = \dfrac{2\times(1+0.8)}{0.00981\times 0.004} = 0.92\times 10^5(\text{cm}^2/\text{yr})$

时间因数：$T_v = \dfrac{C_v t}{H^2} = \dfrac{0.92\times 10^5\times 1}{500^2} = 0.368$

本地基适合于工况3 $\quad \alpha = \dfrac{120}{100} = 1.2$

由式（6-48）得地基的固结度为

$$U_t = 1 - \frac{\left(\dfrac{\pi}{2}\alpha - \alpha + 1\right)}{1+\alpha}\frac{32}{\pi^3}e^{-\frac{\pi^2}{4}T_v}$$

$$= 1 - \frac{\left(\dfrac{\pi}{2}\times 1.2 - 1.2 + 1\right)}{1+1.2}\times\frac{32}{\pi^3}\times e^{-\frac{\pi^2}{4}\times 0.368} \approx 0.68$$

故加荷一年时地基的沉降量为 $s_t = U_t\times s = 0.68\times 12.2 = 8.3(\text{cm})$

（3）计算沉降量为 10cm 时所需的时间。

先求地基的固结度 $U_t = s_t/s = 10/12.2 = 0.82$

由式（6-46）移项、合并、取对数，求得时间因数 $T_v = 0.60$。

得所需的时间 $\quad t = \dfrac{T_v H^2}{C_v} = \dfrac{0.60 \times 500^2}{0.92 \times 10^5} = 1.63 \text{(yr)}$

（4）计算若地基为双面排水，沉降量为 10cm 所需的时间。

双面排水时，地基的最大排水距离为 250cm，根据式（6-47）所需的时间为

$$t_2 = \frac{H_2^2}{H_1^2} t_1 = \frac{250^2}{500^2} \times 1.63 = 0.4075 \text{ (yr)}$$

一、单项选择题

1. 以下关于土的泊松比的说法中，错误的是（　　　）。
A. 泊松比等于 0 代表刚体　　　　B. 泊松比等于 0.5 代表水
C. 泊松比最大等于 0.5　　　　　　D. 泊松比最大等于 1

2. 以下关于土的侧压力系数的说法中，错误的是（　　　）。
A. 土越软侧压力系数越大　　　　B. 土的侧压力系数最大等于 0.5
C. 土的侧压力系数最大等于 1　　D. 土的侧压力系数最小等于 0

3. 土的变形模量的合理取值大小，正确的是（　　　）。
A. 10MPa　　　　B. 10GPa　　　　C. 10kPa　　　　D. 10Pa

4. 饱和土体的太沙基单向渗透固结方程中的固结系数与以下哪个参数无直接关系？
（　　　）
A. 渗透系数 k　　B. 初始孔隙比 e_1　　C. 压缩系数 a_v　　D. 压缩模量 E_s

5. 以下哪个条件不符合饱和土单向渗透固结理论的基本假定？（　　　）
A. 荷载是一次瞬时施加的
B. 土是均质、各向同性及饱和的
C. 土层中水是沿水平方向排出的
D. 在固结过程中，土颗粒和水是不可压缩的

二、填空题

1. 分层总和法计算地基的沉降量，确定地基的沉降计算深度时，一般土要求自重应力大于附加应力的_____。

2. 太沙基单向渗透固结理论的基本假定，认为土层仅在_____产生排水和压缩。

3. 超固结比 $OCR > 1$ 时，土体称为_____。

4. 土的压缩曲线越陡，表明土的可压缩性_____。

5. 土体的渗透系数越大，其固结系数_____。

三、名词解释题

1. 土体的固结
2. 压缩系数
3. 侧压力系数
4. 先期固结压力
5. 固结度

四、简答题

1. 饱和土体固结过程中的孔隙水压力与有效应力有什么关系？
2. 加快软黏土固结速度的措施有哪些？
3. 叙述地基单向压缩沉降计算分层总和法的主要步骤。
4. 太沙基单向渗透固结理论假定，受压土层的渗透系数和压缩系数在固结过程中是不变的常数，这个假定对土体的固结过程有何影响，并分析原因。
5. 两个地基土层的土性参数和压缩应力条件均相同，若将土层由单面排水改为上下双面排水时，达到相同固结度所需的时间有什么关系？

五、计算题

1. 进行黏土堆载压缩模型试验，已知黏土层厚度相比均布垂向荷载作用范围很薄。在均布垂向荷载 p_1 作用下的沉降量为 2.0cm，孔隙比为 0.80；均布垂向荷载增加至 p_2 时的沉降量为 10.0cm，孔隙比为 0.60。求此黏土层的初始孔隙比 e_0 和初始厚度 h_0。

2. 三个建筑基础在地基中引起的附加应力分布及排水条件如图 6.19 所示。三个地基均为饱和黏土层且土性相同，即其竖向固结系数 C_v、压缩系数 a_v 以及初始孔隙比 e_1 均相同，试求。

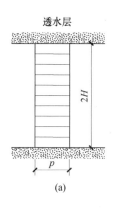
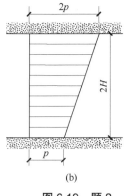
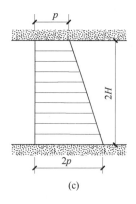

(a)　　　　　　　　(b)　　　　　　　　(c)

图 6.19　题 2

（1）三个地基达到相同固结度所需的时间 t_a、t_b、t_c 之间的比例关系。

（2）三个地基的最终沉降量 s_a、s_b、s_c 之间的比例关系。

（3）试判断三个地基的渗透系数有何关系。

3. 某饱和黏土层厚 3m，上下两面透水，在其中部取一土样进行固结压缩试验，试样厚 2cm，20min 后固结度达到 0.50。求：（a）固结系数 C_v；（b）该土层在大面积均布垂向压力作用下，固结度达到 0.90 所需的时间。

在线答题

拓展习题

第7章

土的抗剪强度与地基承载力

知识结构图

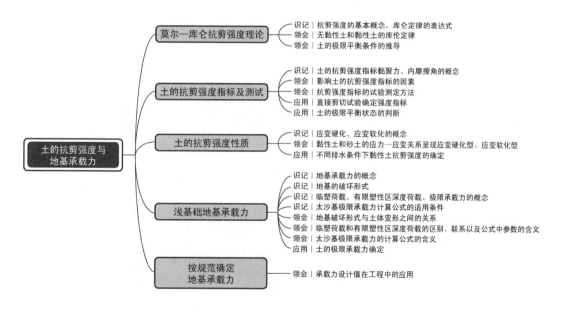

7.1 莫尔—库仑抗剪强度理论

7.1.1 莫尔—库仑强度准则

　　土的抗剪强度是指土体对于外荷载所产生的剪应力的极限抵抗能力，是土力学的重要力学性质之一。当土中某点由外力所产生的剪应力达到土的抗剪强度时，土体就会发生一部分相对于另一部分的移动，该点便发生了剪切破坏。工程实践和室内试验都验证了建筑物地基和土工建筑物的破坏绝大多数属于剪切破坏。例如堤坝或路堤边坡的坍滑，挡土墙墙后填土失稳，建筑物地基的失稳，都是由沿某一些面上的剪应力超过土的抗剪强度所造成，因此土的抗剪强度是决定地基或土工建筑物稳定性的关键因素。土是否达到剪切破坏状态，除了取决于它本身的基本性质（土的组成、土的状态和土的结构等）外，还与所受的应力组合密切相关。所以研究土的抗剪强度的规律对工程设计、施工和管理都具有非常重要的理论和实际意义。目前，我国建成世界最大的高速铁路网和高速公路网，机场港口、水利、能源、信息等基础设施建设取得重大成就。而抗剪强度的准确是确保基础设施工程顺利建设的关键。

　　长期以来，人们根据对材料破坏现象的分析，提出了各种不同的强度理论，其中适用于土的强度理论有多种，不同的理论各有其优缺点。

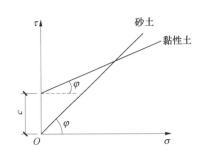

图 7.1　砂土和黏性土的剪切试验结果

　　法国学者库仑（C.A. Coulomb）根据砂土的剪切试验结果（图 7.1），总结出砂土的抗剪强度可以表示为滑动面上法向应力的函数。

$$\tau_{\mathrm{f}} = \sigma \tan \varphi \qquad (7\text{-}1)$$

式中　τ_{f}——砂土的抗剪强度（kPa）；

　　　σ——剪切面的法向应力（kPa）；

　　　φ——土的内摩擦角（°）；

　　后来库仑又根据黏性土的剪切试验结果（图 7.1），提出了更为普遍的抗剪强度表达式。

$$\tau_f = \sigma \tan \varphi + c \qquad (7\text{-}2)$$

式中　c——黏性土的黏聚力（kPa）。

上述土的抗剪强度公式又称为库仑定律，它表明在一定的应力水平下，土的抗剪强度与滑动面上的法向应力之间呈直线关系，土的抗剪强度由土的内摩擦力 $\sigma \tan \varphi$ 和内聚力 c 两部分组成，其中 φ、c 为土体的抗剪强度指标。

上述土的抗剪强度表达式中所采用的法向应力为总应力，称为总应力抗剪强度表达式。根据有效应力原理，土中某点的总应力 σ 等于有效应力 σ' 和孔隙水压力 u 之和，即 $\sigma = \sigma' + u$。若法向应力采用有效应力，则可以得到有效应力表示的抗剪强度一般表达式。

$$\tau_f = \sigma' \tan \varphi' + c' \qquad (7\text{-}3)$$

式中　φ'——土的有效内摩擦角（°）；

　　　c'——土的有效黏聚力（kPa）。

1910 年莫尔（Mohr）提出材料的破坏是剪切破坏理论，认为土产生剪切破坏时，破坏面（或剪切面）上的 τ_{max} 等于该面上的抗剪强度 τ_f，而 τ_f 是该面上法向应力的函数，即

$$\tau_f = f(\sigma) \qquad (7\text{-}4)$$

根据大量的试验资料，该函数在直角坐标系中是一条曲线（图 7.2），为莫尔包络线（抗剪强度包线）。土的莫尔包络线在大多数情况下可近似地用直线表示，其表达式就是库仑所表示的直线方程。由库仑公式表示莫尔包络线的土体抗剪强度理论称为莫尔—库仑（Mohr–Coulomb）强度理论。

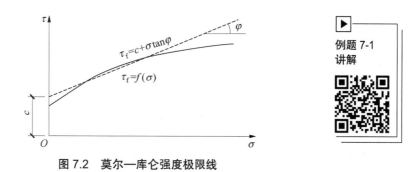

图 7.2　莫尔—库仑强度极限线

例题 7-1
讲解

7.1.2 土的极限平衡条件

土的抗剪强度包线与莫尔应力圆位置关系如图 7.3 所示，可以看出随着土中应力状态的改变，莫尔应力圆与强度包线之间的位置将发生以下三种变化情况，土也将处于不同的平衡状态。

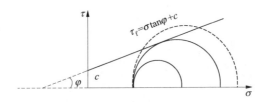

图 7.3　土的抗剪强度包线与莫尔应力圆位置关系

（1）整个莫尔应力圆位于抗剪强度包线的下方，表明该点在任何平面上的剪应力都小于土的抗剪强度，此时该点处于稳定平衡状态，不会发生剪切破坏。

（2）抗剪强度包络线是莫尔应力圆的一条割线，表明该点某些平面上的剪应力已超过了土的抗剪强度，此时该点已发生剪切破坏，由于此时土中应力将发生重新分布，所以实际上这种情况是不可能存在的。

（3）莫尔应力圆与抗剪强度包线相切，表明在切点处所代表的平面上，剪应力正好等于土的抗剪强度的临界状态。此状态称为极限平衡状态。此状态下土的应力状态和土的抗剪强度指标之间的关系称为土的极限平衡条件，求解土的极限平衡条件通常利用莫尔应力圆法，平衡状态所对应的应力圆称为极限应力圆。

根据土的极限应力圆和抗剪强度包线之间的几何关系，可以建立土中主应力表示的土的极限平衡条件。设土中某点剪切破坏时的破裂面与大主应力的作用面成 α 角，该点处于极限平衡状态时的莫尔应力圆与抗剪强度包线相切的 A 点处，如图 7.4 所示，由此可知

$$\sin\varphi = \frac{\sigma_1 - \sigma_3}{\sigma_1 + \sigma_3 + 2c\cot\varphi} \tag{7-5}$$

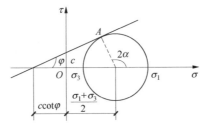

图 7.4　土的极限平衡状态

根据式（7-5），可以得到如下形式的极限平衡条件。

$$\frac{1}{2}(\sigma_1 - \sigma_3) = \frac{1}{2}(\sigma_1 + \sigma_3)\sin\varphi + c\cot\varphi \tag{7-6}$$

上式称为极限平衡条件方程。若土中一点的大小主应力能满足上述方程，则该点的应力已达到极限平衡状态。当土达到极限平衡条件发生破坏时，根据图 7.4 的几何关系可知，破裂面与大主应力的作用面夹角为

$$\alpha = 45° + \frac{\varphi}{2} \tag{7-7}$$

此时破裂面上的法向应力 σ 和剪应力 τ 为

$$\sigma = \frac{1}{2}(\sigma_1 + \sigma_3) + \frac{1}{2}(\sigma_1 - \sigma_3)\cos 2\alpha \tag{7-8a}$$

$$\tau = \frac{1}{2}(\sigma_1 - \sigma_3)\sin 2\alpha \tag{7-8b}$$

在工程实践中，若已知土实际上所受的应力和土的抗剪强度指标 c、φ，利用极限平衡条件方程，可以判断土是否发生破坏。将式（7-6）写成如下形式：

$$\sigma_1 = \sigma_3 \tan^2\left(45° + \frac{\varphi}{2}\right) + 2c \tan\left(45° + \frac{\varphi}{2}\right) \tag{7-9a}$$

$$\sigma_3 = \sigma_1 \tan^2\left(45° - \frac{\varphi}{2}\right) - 2c \tan\left(45° - \frac{\varphi}{2}\right) \tag{7-9b}$$

若采用有效应力，则可以得到有效应力表示的极限平衡条件方程：

$$\sigma'_1 = \sigma'_3 \tan^2\left(45° + \frac{\varphi'}{2}\right) + 2c' \tan\left(45° + \frac{\varphi'}{2}\right) \tag{7-9c}$$

$$\sigma'_3 = \sigma'_1 \tan^2\left(45° - \frac{\varphi'}{2}\right) - 2c' \tan\left(45° - \frac{\varphi'}{2}\right) \tag{7-9d}$$

当大主应力的计算值 σ_{1f}（σ'_{1f}）小于已知值 σ_1（σ'_1）或当小主应力的计算值 σ_{3f}（σ'_{3f}）大于已知值 σ_3（σ'_3）时，表示土已被剪破。

【例 7-1】设黏性土地基中某点的主应力 $\sigma_1 = 300\text{kPa}$，$\sigma_3 = 100\text{kPa}$，土的抗剪强度指标 $c = 20\text{kPa}$，$\varphi = 26°$，试问该点处于什么状态？

解： 由式（7-9b），可得土体处于极限平衡状态而大主应力为 σ_1 时，所对应的小主应力为

$$\sigma_{3f} = \sigma_1 \tan^2\left(45° - \frac{\varphi}{2}\right) - 2c \tan\left(45° - \frac{\varphi}{2}\right) = 92.14(\text{kPa})$$

因为 $\sigma_{3f} < \sigma_3$，故可判定该点处于稳定状态。

或由式（7-9a），得

$$\sigma_{1f} = 320.12\text{kPa}`$$

因为 $\sigma_{1f} > \sigma_1$，故该点处于稳定状态。

7.2 土的抗剪强度指标及测试

7.2.1 土的抗剪强度指标

土的抗剪强度指标 c 和 φ 是通过试验得出的。它们的大小反映了土的抗剪强度的高低。$\tan\varphi=f$ 为土的内摩擦系数，$\sigma\tan\varphi$ 则为土的内摩擦力，通常由两部分组成。一部分剪切面上颗粒与颗粒接触面所产生的摩擦力，即滑动摩擦力，滑动摩擦由颗粒接触面粗糙不平所引起；另一部分则是由颗粒之间的相互嵌入和联锁作用产生的咬合力，即咬合摩擦力。黏聚力 c 是由于黏土颗粒之间的胶结作用，结合水膜以及分子引力作用等生成的，按照库仑定律，对于某一种土，它们是作为常数来使用的。一般认为无黏性土不具有黏聚强度。实际上，它们均随试验方法和土样的试验条件等的不同而发生变化，即使是同一种土，φ、c 值也不是常数。

影响土的抗剪强度的因素是多方面的，主要有下述几个方面。

（1）土粒的矿物成分、形状、颗粒大小与颗粒级配。土的颗粒越粗，形状越不规则，表面越粗糙，φ 越大，内摩擦力越大，抗剪强度也越高。黏土矿物成分不同，其黏聚力也不同。土中含有多种胶合物，可使 c 增大。

（2）土的原始密度。土的原始密度越大，土粒间接触就越紧，土粒表面摩擦力和咬合力也越大，剪切试验时需要克服这些土的剪力也越大。黏性土的紧密程度越大，黏聚力 c 值也越大。

（3）含水量。土中含水量的多少，对土的抗剪强度的影响十分明显。土中含水量大时，会降低土粒表面上的摩擦力，使土的内摩擦角 φ 值减小。黏性土含水量增大时，会使结合水膜加厚，因而也就降低了黏聚力。

（4）土体结构的扰动情况。黏性土的天然结构如果被破坏，其抗剪强度就会明显下降，原状土的抗剪强度高于同密度和含水量的重塑土。所以施工时要注意保持黏性土的天然结构不被破坏，特别是开挖基槽时更应保持持力层的原状结构，不进行扰动。

（5）物理化学作用。细粒土的颗粒细微，颗粒表面存在着吸附水膜，颗粒间可以在接触点处直接接触，也可以通过吸附水膜而间接接触，所以它的摩擦强度分析要比粗粒土复杂。除了由于相互移动和咬合作用所引起的摩擦强度外，接触点处的颗粒表面，因为物理化学作用而产生吸引力，对土的摩擦强度也有影响。

（6）孔隙水压力的影响。根据有效应力原理，作用于试样剪切面上的总应力等于有效应力与孔隙水压力之和。孔隙水压力由于作用在土中自由水上，不会产生土颗粒之间的内摩擦力，只有作用在土的颗粒骨架上的有效应力，才能产生土的内摩擦强度。然而，在剪切试验中试样内的有效应力（或孔隙水压力）将随剪切前试样的固结程度和剪切中的排水条件而异。因此，同一种土，如试验条件不同，那么，即使剪切面上的总应力相同，也会因土中孔隙水是否排出与排出的程度，即有效应力的数值不同，使试验结果的抗剪强度不同。因而在土工工程设计中所需要的强度指标试验方法必须与现场的施工加荷实际相符合。目前，为了近似地模拟土体在现场可能受到的受剪条件，而把剪切试验按固结和排水条件的不同分为不固结不排水，固结不排水和固结排水三种基本试验类型。但是在试验中采用的仪器直接剪切仪，其构造却无法做到任意控制土样是否排水。在试验中，便通过采用不同的加荷速率来达到排水控制的要求，即采用快剪、固结快剪和慢剪三种试验方法。

7.2.2　土的抗剪强度指标测定

抗剪强度试验的方法有室内试验和野外试验等，目前室内最常用的试验有直接剪切试验、常规三轴压缩试验和无侧限抗压强度试验等，其优点是应力和边界条件清楚、试验易重复；野外试验有十字板剪切试验等，其优点是原状土的原位强度不变，但精度不高。

1. 直接剪切试验

测定土的抗剪强度的最简单方法是直接剪切试验。这种试验使用的仪器称为直接剪切仪（简称直剪仪），仪器主要有应变控制式和应力控制式两种：前者以等应变速率使试样产生剪切位移直至剪破；后者是分级施加水平剪应力并测定相应的剪切位移（图 7.5）。该仪器的主要部件由固定的上盒和活动的下盒构成的剪切盒、垂直加荷设备、剪切传动装置、测力计和位移量测系统组成，试样放在盒内上、下两块透水石之间。试验时由杠杆系统通过加压活塞和透水石对试样施加某一垂直压力（或称法向应力）

例题 7-2
讲解

σ，然后等速水平推动下盒，使试样在沿上、下盒之间的水平面上受剪直至破坏，剪应力 τ 的大小可借助于与上盒接触的量力环测定。在直接剪切试验中，不能测得两侧孔隙水压力，也不能控制排水，所以只能用总应力法来表示土的抗剪强度，通过控制剪切速率近似模拟排水条件。但是为了考虑固结程度和排水条件对抗剪强度的影响，根据加荷速率的快慢将直接剪切试验划分为快剪、固结快剪和慢剪三种试验类型。

（1）快剪。竖向压力施加后立即施加水平剪力进行剪切，使土样在 3～5 分钟内剪坏。由于剪切速度快，可认为土样在这样短暂时间内没有排水固结或者说模拟了"不排水"剪切情况。得到的强度指标用 c_q、φ_q 表示。

（2）固结快剪。竖向压力施加后，给以充分时间使土样排水固结。固结终了后施加水平剪力，快速地（为 3～5 分钟）把土样剪坏，即剪切时模拟不排水条件。得到的强度指标用 c_{cq}、φ_{cq} 表示。

（3）慢剪。竖向压力施加后，让土样充分排水固结，固结后以慢速施加水平剪力，使土样在受剪过程中一直有充分时间排水固结，剪切速率很慢 <0.02mm/ 分钟，以保证没有孔隙水压力，直到土被剪破，得到的强度指标用 c_s、φ_s 表示。

由上述三种试验方法可知，即使在同一垂直压力作用下，由于试验时的排水条件不同，作用在受剪面积上的有效应力也不同，所以测得的抗剪强度指标也不同。一般情况下，$\varphi_s > \varphi_{cq} > \varphi_q$。

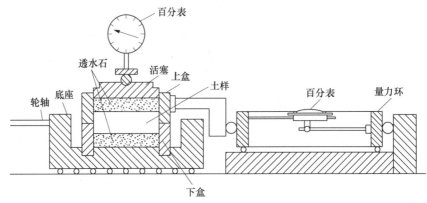

图 7.5　应力控制式直剪仪结构示意图

上述三种试验方法对黏性土是有意义的，但效果要视土的渗透性大小而定。对于非黏性土，由于土的渗透性很大，即使快剪也会产生排水固结，所以常只采用一种剪切速率进行"排水"剪试验。

直接剪切试验的优点是仪器构造简单，操作方便，结果便于整理，测试时间短，其主要缺点如下。

（1）试样应力状态复杂，受剪面积逐渐减小。

（2）不能控制排水条件。

（3）剪切面是人为固定的，该面不一定是土样最薄弱的面。

（4）剪切面上的应力、应变分布不均匀，主应力方向旋转。

因此，为了克服直接剪切试验存在的问题，后来又发展了常规三轴压缩试验方法，三轴压缩仪是目前测定土抗剪强度较为完善的仪器。

2. 常规三轴压缩试验

三轴是指一个竖向和两个侧向，由于压力室和试样均为圆柱形，因此，两个侧向（或称周围）的应力相等并为小主应力 σ_3，而竖向（或轴向）的应力为大主应力 σ_1。在增加 σ_1 时保持 σ_3 不变，这样条件下的试验称为常规三轴压缩试验。

（1）试验仪器和试验方法。

常规三轴压缩试验使用的仪器为三轴压缩仪（也称三轴剪力仪），其结构示意图如图 7.6 所示，其核心部分是压力室。此外，还配备有：①轴压系统，即三轴剪切仪的主机台，用以对试样施加轴向附加压力，并可控制轴向应变速率；②侧压系统，通过液体（通常是水）对土样施加周围压力；③孔隙水压力测读系统，用以测量土样孔隙水压力及其在试验过程中的变化。

试验所用土样为圆柱形试件，一般所采用的高度与直径之比为 2～2.5。土样用薄橡皮膜包裹，以免压力室的水进入。试样上、下两端可根据试样要求放置透水石或不透水板。试验中试样的排水情况由排水阀控制（图 7.6）。试样底部与孔隙水压力测读系统相接，必要时藉以测定试验过程中试样的孔隙水压力变化。

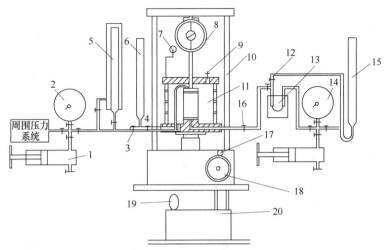

1—调压阀；2—周围压力表；3—周围压力阀；4—排水阀；5—体变管；6—排水管；7—表形量表；8—量力环；

9—排气孔；10—轴向加压设备；11—压力室；12—量管阀；13—零位指示器；14—孔隙压力表；15—量管；

16—孔隙压力阀；17—离合器；18—手轮；19—马达；20—变速箱

图 7.6　三轴压缩仪结构示意图

试验时，先打开阀门，向压力室压入液体，使土样在三个轴向受到相同的周围压力 σ_3，此时土样中不受剪力。然后由轴压系统通过活塞对土样施加竖向压力 $\sigma_1 - \sigma_3$，此时试样中将产生剪应力。在周围压力 σ_3 不变情况下，不断增大 $\sigma_1 - \sigma_3$，直到土样剪坏。其破坏面发生在与大主应力作用面成 $\sigma_f = 45° + \varphi/2$ 的夹角处。这时作用于土样的轴向应力 σ_1 为最大主应力，周围压力 σ_3 为最小主应力。用 σ_1 和 σ_3 可绘得土样破坏时的一个极限应力圆。若取同一种土的 3～4 个试样，在不同周围压力 σ_3 下进行剪切得到相应的 σ_1，便可绘出几个极限应力圆。这些极限应力圆的公切线，即为抗剪强度包线。它一般呈直线形状，从而可求得指标 c、φ 值，如图 7.7 所示。

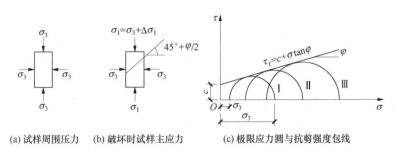

(a) 试样周围压力　　(b) 破坏时试样主应力　　(c) 极限应力圆与抗剪强度包线

图 7.7　常规三轴压缩试验基本原理

若在试验过程中，通过孔隙水压力测读系统分别测得每一个土样剪切破坏时的孔隙水压力的大小，就可以得出土样剪切破坏时的有效应力，然后绘制出相应的有效极限应力圆，根据有效极限应力圆，即可求得有效强度指标 φ'、c'。

（2）常规三轴压缩试验方法。

根据土样在固结和剪切时的排水条件，常规三轴压缩试验可分为以下三种试验方法。

① 不固结不排水（UU）试验：先向土样施加周围压力 σ_3，随后即施加偏应力 $\sigma_1-\sigma_3$ 直至剪坏。在施加 $\sigma_1-\sigma_3$ 过程中，自始至终关闭排水阀门不允许土中水排出，即在施加周围压力和剪切力时均不允许土样发生排水固结。从开始加压直到试样剪坏全过程中土中含水量保持不变，避免产生超静孔压力。这种试验方法所对应的实际工程条件相当于饱和软黏土中快速加荷时的应力状况。

② 固结不排水（CU）试验：试验时先对土样施加周围压力 σ_3，并打开排水阀门，使土样在 σ_3 作用下充分排水固结。然后施加轴向应力 $\sigma_1-\sigma_3$，此时，关上排水阀门，使土样在不能向外排水条件下受剪直至破坏为止。固结不排水试验适用的实际工程条件常常是一般正常固结土层在工程竣工时或以后受到大量、快速的活荷载或新增加的荷载的作用时所对应的受力情况。

③ 固结排水（CD）试验：在施加周围压力 σ_3 和轴向压力 $\sigma_1-\sigma_3$ 的全过程中，土样始终是排水状态，土中孔隙水压力始终处于消散为 0 的状态，使土样剪切破坏。

常规三轴压缩试验和直接剪切试验的三种试验方法在工程实践中的选用应根据工程情况、加荷速度快慢、土层厚薄、排水情况、荷载大小等综合确定。一般来说，对不易透水的饱和黏性土，当土层较厚，排水条件较差，施工速度较快时，结构荷载增长速率较快，为使施工期土体稳定可采用不固结不排水试验。反之，对土层较薄，透水性较大，排水条件好，施工速度不快的短期稳定，结构荷载增长速率较慢的工程，宜根据建筑物的荷载及预压荷载作用下地基的固结程度，采用固结不排水试验。击实填土地基或路基以及挡土墙及船闸等结构物的地基，一般认为采用固结不排水试验。此外，如确定施工速度相当慢，土层透水性及排水条件都很好，建筑物加荷速率较慢，可考虑用固结排水试验。当然，这些只是一般性的原则，实际情况往往要复杂得多，能严格满足试验条件的很少，因此还要针对具体问题作具体分析。

3. 无侧限抗压强度试验

常规三轴压缩试验中当周围压力 $\sigma_3=0$ 时，即为无侧限试验条件，这时只有 σ_1 作用，所以也可称为单轴压缩试验。由于试样的侧向压力为零，在轴向受压时，其侧向变形不受限制，故又称为无侧限压缩试验。同时，又由于试样是在轴向压缩的条件下破坏的，因此，把这种情况下土所能承受的最大轴向压力称为无侧限抗压强度，用 q_u 表示。试验时仍用圆柱状试样，可在专门的无侧限仪上进行，也可在三轴压缩仪上进行。

4. 十字板剪切试验

十字板剪切试验是一种土的抗剪强度的原位测试方法，这种试验方法适合于在现场测定饱和软黏土的原位不排水抗剪强度。十字板剪切试验采用的试验设备主要是十字板剪力仪，一般适用于测定软黏土的不排水强度指标。试验时，先将十字板压入土中至测试的深度，然后由地面上的扭力装置对钻杆施加扭矩，使埋在土中的十字板扭转，直至土体剪坏（破坏面为十字板旋转所形成的圆柱面）。

7.3　土的抗剪强度性质

7.3.1　砂性土的强度特性

1. 砂土的内摩擦角

由于砂土的透水性强，它在现场的受剪过程大多相当于固结排水情况，由固结排水试验求得的抗剪强度包线一般为通过坐标原点的直线。砂土的抗剪强度将受到其密度、颗粒形状、表面粗糙度和级配等因素的影响。对于一定的砂土来说，影响抗剪强度的主要因素是其初始孔隙比（或初始干密度）。初始孔隙比越小，即土越紧密，则抗剪强度越高；反之，初始孔隙比越大，即土越疏松，则抗剪强度越低。此外，同一种砂土在相同的初始孔隙比下饱和时的内摩擦角比干燥时稍小（一般小 2° 左右）。

2. 砂土的应力–应变–体变

砂土的初始孔隙比不同，在受剪过程中将显示出非常不同的性状，如图 7.8 所示。松砂受剪时，颗粒排列得更紧密，强度随应变的增大而增大，并逐渐趋于一定值，应力—应变关系呈现应变硬化型；其体积在受剪时不断缩小，这种因剪切而体积缩小的现象称为剪缩性；密砂受剪时，强度随应变的增大而快速增大到某个峰值，而后随着剪切的进行强度逐渐降低，最后趋于一定值，应力—应变关系呈应变软化型，其体积开始时稍有减小，继而增加，超过了它的初始体积，这种因剪切而体积膨胀的现象称为剪胀性。然而，密砂的这种剪胀趋势随着周围压力的增大、土粒的破碎而逐渐消失。在高周围压力下，不论砂土的松紧如何，受剪都将出现剪缩现象。

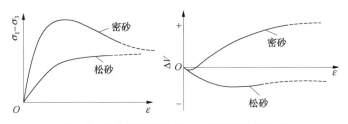

图 7.8　砂土受剪时的应力—应变及体变关系

砂土在低周围压力下由于初始孔隙比的不同，剪坏时的体积可能小于初始体积，也可能大于初始体积。假若砂土在某一初始孔隙比下受剪，剪切破坏时的体积将等于初始体积，把这一初始孔隙比称为砂土的临界孔隙比。砂土的临界孔隙比并非一固定值，而是随周围压力的增加而减小。

饱和砂土在低周围压力下受剪时，如果不允许它的体积发生变化，即进行不排水试验，则密实的砂为了抵消受剪时的剪胀趋势，将通过土样内部的应力调整，即产生负孔隙水压力，使有效周围压力增加，以保持试样在受剪阶段体积不变。所以，在相同初始周围压力下，由固结不排水试验测得的强度要比固结排水试验的高。反之松砂为了抵消受剪时的体积缩小趋势，将产生正孔隙水压力，使有效周围压力减小，以保持试样在受剪阶段体积不变。所以，在相同初始周围压力下，由固结不排水试验测得的强度要比固结排水试验的低。

3. 砂土的液化

液化被定义为任何物质转化为液体的行为或过程。对于大多数砂土来说，当试样受剪时，一般都能在短时间内排水固结，因而，砂土的抗剪强度相当于固结排水或慢剪试验的结果。但是对于饱和疏松的粉细砂，当受到突发的动力荷载时，例如地震荷载，一方面由于动剪应力的作用有使体积缩小的趋势，另一方面由于时间短来不及向外排水，因此就产生了很大的孔隙水压力。根据有效应力原理，当动荷载引起的超静孔隙水应力 u 达到 σ 时，则有效应力 $\sigma'=0$，其抗剪强度 $\tau_f=0$，这时，无黏性土地基将丧失其承载力，土坡将流动塌方。

7.3.2 黏性土的强度特性

黏性土的强度由黏聚力和内摩擦力所组成，确定其抗剪强度指标是研究黏性土强度特性的关键问题。抗剪强度指标可以采用本章前节所述的直接剪切试验和常规三轴压缩试验进行测定。但是应该着重指出，同一种土，用同一台仪器做试验，如果采用的试验方法，特别是排水条件不同，测得的结果往往差别很大，这是土区别于其他材料的一个很重要的特点。

1. 不固结不排水抗剪强度（简称不排水抗剪强度）

不固结不排水试验方法和过程如前节所述，其试验结果如图 7.9 所示，图中三个实线半圆 A、B、C 分别表示三个试件在不同的周围压力 σ_3 作用下破坏时的总应力圆。试验结果表明，虽然三个试件的周围压力 σ_3 不同，但破坏时的主应力差相等，在 τ-σ 图上表现出三个总应力圆直径相同，因此其抗剪强度包线是一水平线。

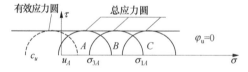

图 7.9 饱和黏性土的不固结不排水试验结果

$$\varphi_u = 0 \qquad (7\text{-}10a)$$

$$\tau_f = c_u = (\sigma_1 - \sigma_3)/2 \qquad (7\text{-}10b)$$

式中　　φ_u——不排水内摩擦角（°）；

　　　　c_u——不排水黏聚力（kPa）。

根据有效应力原理，通过所测得的孔隙水压力可以整理出其有效应力圆，如图中虚线所示，结果表明，三个试件只能得到同一个有效应力圆，并且有效应力圆的直径与三个总应力圆直径相等，这是由于在不排水条件下，试样在试验过程中含水量不变，体积不变，改变周围压力增量只能引起孔隙水压力的变化，并不会改变试样中的有效应力，各试件在剪切前的有效应力相等，因此抗剪强度不变。由于是一组试件试验的结果，有效应力圆是同一个，因而不能得到有效应力破坏包线和 c'、φ' 值，所以这种试验一般只用于测定饱和土的不排水强度。

工程实践中，土的不排水抗剪强度 c_u 通常用于确定饱和黏性土的短期承载力或短期稳定性问题。

2. 固结不排水抗剪强度

饱和黏性土的固结不排水抗剪强度在一定程度上受应力历史的影响，因此在研究黏性土的抗剪强度时，要区别试件是正常固结还是超固结。如果试件受到的周围压力 σ_3 大于它受到的先期固结应力 p_c，则属于正常固结试样；如果 $\sigma_3 < p_c$，则属于超固结试样。实验结果表明这两种固结状态的试样，其抗剪性状是完全不同的。

饱和黏性土固结不排水应力应变和孔压应变关系如图 7.10 所示。正常固结试样剪切时体积有减少的趋势（剪缩），但由于不允许排水，故产生正孔隙水压力。由试验得出孔隙压力系数都大于零，而超固结试样在剪切时体积有增加的趋势（剪胀），强超固结试样在剪切过程中，开始产生正孔隙水压力，以后转为负值。

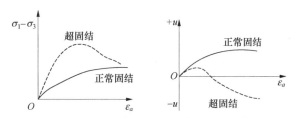

图 7.10　饱和黏性土固结不排水应力应变和孔压应变关系

图 7.11 为正常固结饱和黏性土固结不排水试验结果，从图中可以看出有效应力圆与总应力圆直径相等、仅位置不同，两者之间的距离为 u_f；由于正常固结试样在剪切破坏时产生正孔隙水压力，故有效应力圆在总应力圆的左方。总应力破坏包线和有效应力破坏包线都通过原点，即 $c_{cu} = c' = 0$，说明未受任何固结压力的土（如泥浆状土）不会具有抗剪强度。总应力破坏包络线的倾角用 φ_{cu} 表示，一般为 $10° \sim 20°$，有效应力破坏包络线的倾角 φ' 称为有效内摩擦角，通常 φ' 比 φ_{cu} 大一倍左右。

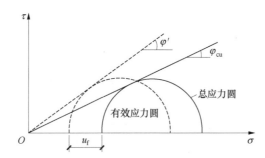

图 7.11　正常固结饱和黏性土固结不排水试验结果

图 7.12 为超固结土的固结不排水试验结果，其破坏包线是一条略平缓的曲线，可近似用直线 ab 代替，与正常固结土破坏包线 bc 相交，bc 线的延长线仍通过原点，实际上将 abc 折线近似取为一条直线，如图 7.12（b）所示。于是固结不排水试验的总应力破坏包线可表达为

$$\tau_f = c_{cu} + \sigma \tan\varphi_{cu} \tag{7-11a}$$

有效应力强度包络线可表达为

$$\tau_f = c' + \sigma' \tan\varphi' \tag{7-11b}$$

由于超固结土在剪切破坏时，产生负孔隙水压力，有效应力圆在总应力圆的右方，正常固结试样产生正孔隙水压力，故有效应力圆在总应力圆的左方。通常 $c' < c_{cu}$，$\varphi' > \varphi_{cu}$。

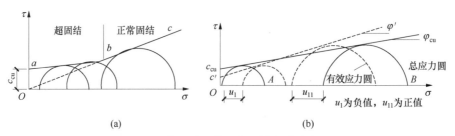

(a)　　　　　　　　　　　　　　　(b)

图 7.12　超固结土的固结不排水试验结果

3. 固结排水抗剪强度

黏性土在固结排水试验的剪切过程中，正常固结黏性土产生剪缩，而超固结试样则是先压缩，继而主要呈现剪胀的特征，如图 7.13 所示。

饱和黏性土在固结排水试验中孔隙水压力始终为零，其有效应力等于总应力。图 7.14 为饱和黏性土固结排水试验结果，正常固结土的破坏包线通过原点，如图 7.14（a）所示，黏聚力 $c_d=0$，内摩擦角 φ_d 为 20°～40°，塑性指数越大，φ_d 越小；而超固结土的破坏包线略弯曲，实用上近似取一条直线，如图 7.14（b）所示，黏聚力 c_d 为 5～25kPa，且先期固结压力越大，c_d 也越大，但 φ_d 比正常固结土的内摩擦角要小。

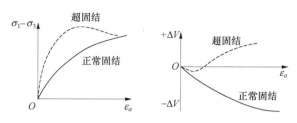

(a) 偏应力与轴向应变的关系　　　(b) 体积变化与轴向应变的关系

图 7.13　固结排水试验的应力—应变关系和体积变化

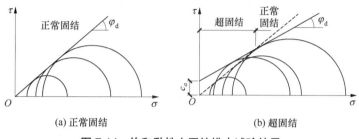

(a) 正常固结　　　　　　　　　　(b) 超固结

图 7.14　饱和黏性土固结排水试验结果

根据上述分析可以看出，当以总应力表示黏性土强度时，不同试验方法引起的强度差异是通过不同的强度参数来反映的，即在总应力强度参数中包含了孔隙水压力的影响；而当以有效应力表示强度时，不同试验方法测得的有效强度参数一般彼此接近，如图 7.15 所示。由图可见，对采用前述三种不同的试验方法，总应力强度线或总应力强度参数是不同的，有 $\varphi_d > \varphi_{cu} > \varphi_u$。若以有效应力表示，则不论采用哪种试验方法，都得到近乎同一条有效应力破坏包线，说明抗剪强度与有效应力有唯一的对应关系。

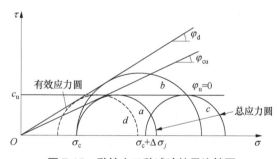

图 7.15　黏性土三种试验结果比较图

4. 黏性土的结构性与灵敏度

黏性土的强度（或其他性质）随着其结构的改变而发生变化的特性称为土的结构性。因此，对具有明显结构性的黏性土，要注意避免扰动或破坏其结构。某些在含水量不变的条件下其原有结构受彻底扰动的黏性土，称为重塑土。黏性土对结构扰动的敏感程度可用灵敏度表示。灵敏度定义为原状试样的无侧限抗压强度与相同含水量下重塑试样的无侧限抗压强度之比。

$$s_t = \frac{q_u}{q_u'}$$

（7-12）

式中　S_t ——黏性土的灵敏度；

　　　q_u ——原状试样的无侧限抗压强度（kPa）；

　　　q_u' ——重塑试样的无侧限抗压强度（kPa）。

黏性土可根据灵敏度按表 7-1 进行分类。

表 7-1　黏性土按灵敏度分类

S_t	黏性土分类	S_t	黏性土分类
1	不灵敏	4 ~ 8	灵敏
1 ~ 2	低灵敏	8 ~ 16	很灵敏
2 ~ 4	中等灵敏	>16	流动

对于灵敏度高的黏性土，经重塑后停止扰动，静置一段时间后其强度又会部分恢复。在含水量不变的条件下黏土因重塑而软化（强度降低），软化后又随静置时间的延长而硬化（强度增长）的这种性质称为黏性土的触变性。

7.4　浅基础地基承载力

7.4.1　地基的变形与失稳

地基承载力是指地基在变形容许和维系稳定的前提下，地基土单位面积上所能承受荷载的能力，一般分为允许承载力和极限承载力。根据地基承载力的定义可知，地基承载力与地基的变形条件和稳定状态是密切相关的。建筑物因地基问题引起破坏，一般有两种形式：一种是地基在建筑物荷载作用下产生较大变形或者不均匀沉降，从而导致建筑物严重下沉、倾斜或挠曲，这类破坏和地基的变形相关；另一种是建筑物的荷载过大，使得地基土体内出现剪切破坏区，当剪切破坏区不断扩大，发展成贯穿地表的连续滑移面时，建筑物将发生严重的坍塌、倾倒等灾难性破坏。

对于特定的地基土及基础形式，允许承载力可以根据建筑物的允许变形值确定，它是一个同时兼顾强度和变形的承载力值，可以根据允许变形值的不同而取不同的值。而极限承载力是指地基土所能提供的最大支撑力，取值是唯一的。研究地基承载力的目的就是为了工程设计中确定基础底面压力，使其满足承载力和变形要求，不致建筑物因基础产生过大的沉降或差异沉降而影响其正常使用，从而确保地基的安全。

地基的变形主要是指地基的竖向变形（或地基沉降）以及由此连带产生的地基横向变形。工程经验和试验都表明，地基的破坏有三种基本形式：整体剪切破坏、局部剪切破坏、冲剪破坏，如图 7.16 所示。

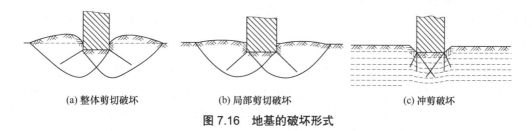

(a) 整体剪切破坏 (b) 局部剪切破坏 (c) 冲剪破坏

图 7.16 地基的破坏形式

1. 整体剪切破坏

如图 7.16（a）所示的地基整体剪切破坏，土体的变形包含三阶段。当地基所受荷载 p 比较小时，沉降 s 也比较小，基础下一定范围内的土体处于压密状态，p-s 曲线基本保持直线关系，可以认为地基处于弹性变形阶段，如图 7.17 曲线 1 的 oa 段；随着荷载的增加，基底下的压密区向两侧挤压，地基内部出现塑性区（通常是从基础边缘开始的），土体进入弹塑性变形阶段，p-s 曲线变为曲线段，如图 7.17 曲线 1 的 ab 段；当荷载继续增大时，塑性区不断扩大，在地基内部形成连续的滑动面，在一定条件下，滑动面可以延伸到地表，p-s 曲线斜率急剧增大，形成陡降段，如图 7.17 曲线 1 的 bc 段。因此整体剪切破坏时 p-s 曲线有明显的三个阶段，即直线段、曲线段、陡降段。基础两侧或者一侧的土体有明显的隆起，破坏时，基础急剧下降或者向一边倾倒。对于压缩性比较小的地基土，如比较密实的砂类土和坚硬程度在中等以上的黏土中，一般会发生整体剪切破坏。

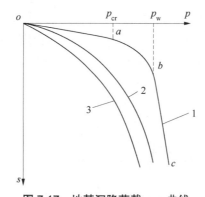

图 7.17 地基沉降荷载 p-s 曲线

2. 局部剪切破坏

局部剪切破坏是介于整体剪切破坏和冲剪破坏之间的一种破坏模式。局部剪切破坏的过程与整体剪切破坏相似，破坏也从基础边缘开始，随着荷载增大，剪切破坏地区也相应地扩大。但是塑性区仅发生在地基中，滑动面不延伸到地表。p-s 曲线不是直线，如图 7.17 曲线 2 所示。地基发生局部剪切破坏时，一般 p-s 曲线从一开始就是非直线关系，没有明显的线弹性阶段，滑动面始终在地基内部某一位置，基础两侧的土体有微微隆起，不如整体剪切破坏时明显，破坏时基础一般不会发生坍塌或者倾斜破坏。对于压缩性较大的松砂、一般黏性土等，会在一定的荷载条件下出现局部剪切破坏。

3. 冲剪破坏

冲剪破坏也叫刺入破坏，在荷载的作用下，基础发生破坏时的形态往往是沿着基础边缘的垂直剪切破坏，好像基础"切入"土中。一般发生在基础刚度很大，同时地基土十分软弱的情况下，其 p-s 曲线类似于局部剪切破坏情况，没有明显的线弹性阶段，如图 7.17 曲线 3 所示。地基发生冲剪破坏时，地基内部不形成连续的滑动面，基础两侧的土体不但没有隆起现象，还随着基础的"切入"微微下沉，基础破坏时只伴随着过大的沉降，没有倾斜发生。对于饱和软黏土、稀松的粉土、细砂、湿陷性黄土和新填土等地基，常会出现冲剪破坏。

应当指出，上述几种地基的破坏形式只适用于均匀地基、条形基础、中心荷载、一般加荷条件的情况。地基发生何种形式的破坏，既取决于地基土的类型和性质，又与基础的特性和埋深以及受荷条件等有关。例如，对于密实砂土，在基础埋深较深，并施加瞬时荷载时，也会发生局部剪切破坏。对于正常固结的饱和黏土，施加瞬时荷载时会发生整体剪切破坏。如果地基中有深厚软黏土层而厚度又严重不均匀，再加上一次加载过多，则会发生严重不均匀沉降直至建筑物倾倒。

7.4.2 临塑荷载

一般地基的破坏首先是从基础边缘开始的，在荷载较小的阶段，地基内部无塑性点（区）出现，当荷载增大到某一值时，基础边缘的点首先达到极限平衡条件，将进入弹塑性变形阶段，地基将要产生塑性区，此时对应的荷载称为临塑荷载，用 p_{cr} 表示；当荷载继续增加，地基中的塑性区不断发展扩大，当塑性区达到一定规模时，必然导致整体剪切破坏。

图 7.18 为宽度 B、埋深 d 的条形基础，作用均布荷载 p。由地基应力可知 M 点的大小主应力为

$$\sigma_{1,3} = \frac{p - \gamma_0 d}{\pi}(\beta_0 \pm \sin\beta_0) \tag{7-13}$$

式中 β_0——任意点 M 到均匀荷载两端点的夹角（°）。

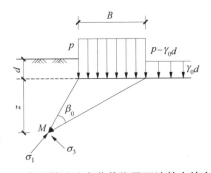

图 7.18 条形基础均布荷载作用下地基中的主应力

M 点的总应力是自重应力与附加应力之和。为简化起见，假定地基的自重应力场如同静水应力场，侧压力系数等于 1.0，则 M 点处的总应力为

$$\sigma_{1,3} = \frac{p - \gamma_0 d}{\pi}(\beta_0 \pm \sin\beta_0) + \gamma_0 d + \gamma z \qquad (7\text{-}14)$$

式中　γ_0 ——基底以上土的平均重度（kN/m³）；

　　　γ ——基底以下地基土的平均重度（kN/m³）。

当 M 点达到极限平衡条件时，则 M 点处于临塑状态，M 点的总应力满足莫尔—库仑极限平衡条件，将式（7-14）代入极限平衡条件式（7-6）中，并整理，可得到地基中塑性区域的深度为

$$z = \frac{p - \gamma_0 d}{\gamma\pi}\left(\frac{\sin\beta_0}{\sin\varphi} - \beta_0\right) - \frac{c}{\gamma}\cot\varphi - d\frac{\gamma_0}{\gamma} \qquad (7\text{-}15)$$

式中　c ——基底以下地基土的内聚力（kPa）；

　　　φ ——基底以下土的内摩擦角（°）。

上式为塑性区的边界方程，它表示塑性区边界上一点的 z 与 β_0 的关系。如果基础埋深 d、荷载 p 以及土的性质指标 φ、γ、c 均已知，根据式（7-15）可绘出塑性区的边界线。

塑性区的最大深度 $z_{\max}$ 可由 $\frac{dz}{d\beta_0} = 0$ 求得，可得

$$\beta_0 = \frac{\pi}{2} - \varphi \qquad (7\text{-}16)$$

式（7-16）代入式（7-15）得

$$z_{\max} = \frac{p - \gamma_0 d}{\gamma\pi}\left(\cot\varphi + \varphi - \frac{\pi}{2}\right) - \frac{c}{\gamma}\cot\varphi - d\frac{\gamma_0}{\gamma} \qquad (7\text{-}17)$$

由上式可得临塑荷载为

$$p_{cr} = \gamma_0 d N_q + c N_c \qquad (7\text{-}18)$$

式中：

$$N_q = 1 + \frac{\pi}{\cot\varphi + \varphi - \dfrac{\pi}{2}} \qquad (7\text{-}19a)$$

$$N_c = \frac{\pi\cot\varphi}{\cot\varphi + \varphi - \dfrac{\pi}{2}} \qquad (7\text{-}19b)$$

由上式可知，临塑荷载 p_{cr} 仅与 φ、γ_0、c、d 有关，而与基础宽度无关。

7.4.3 有限塑性区深度荷载

大量工程实践表明，用 p_{cr} 作为地基承载力设计值是比较保守和不经济的。经验表明，在大多数情况下，即使地基中出现一定的塑性范围，只要其范围不超过某一容许范围，就不致危及建筑物的安全和正常使用。一般认为，在中心荷载作用下，可允许塑性区最大深度控制在基础宽度的 1/4；在中小偏心荷载作用下，可允许塑性区最大深度控制在基础宽度的 1/3，将这些条件代入式（7-17）可得出相应的荷载值，分别用 $p_{1/4}$ 和 $p_{1/3}$ 表示，其被称为有限塑性区深度荷载。

将 $z_{max}=(1/4)B$ 和 $z_{max}=(1/3)B$ 分别代入式（7-17）得

$$p_{1/4} = \frac{1}{2}\gamma B N_{1/4} + \gamma_0 d N_q + c N_c \quad （7\text{-}20a）$$

$$p_{1/3} = \frac{1}{2}\gamma B N_{1/3} + \gamma_0 d N_q + c N_c \quad （7\text{-}20b）$$

$$N_{1/3} = \frac{\pi}{3\left(\cot\varphi + \varphi - \frac{\pi}{2}\right)} \quad （7\text{-}21a）$$

$$N_{1/4} = \frac{\pi}{4\left(\cot\varphi + \varphi - \frac{\pi}{2}\right)} \quad （7\text{-}21b）$$

式中 $N_{1/4}$、$N_{1/3}$、N_q、N_c——地基承载力系数。

由于有限塑性区深度荷载是在一定假设的基础上推导而得到的，应当指出。

（1）公式：$[p]=\frac{1}{2}\gamma B N_\gamma + \gamma_0 d N_q + c N_c$，是在均质地基的情况下得到的，如果基底上、下是不同的土层，则此式中的第一项采用基底以下各土层加权平均重度；第二项应采用基底以上各土层加权平均重度；有地下水位时，地下水位以下的应采用浮重度计算。式中 c、φ 是地基土的计算常数，如果地基土有分层或有地下水，c、φ 也应取加权平均值。

（2）以上公式由条形基础均布荷载推导得来，对矩形或圆形基础偏于安全。

（3）公式应用弹性理论，对已出现塑性区情况条件不严格；但因塑性区的范围不大，其影响为工程所允许，故将有限塑性区深度荷载视为地基承载力，应用仍然较广。

【例 7-2】有一条形基础，宽度 b=3m，埋深 d=1m，地基土天然重度 γ=19kN/m³，饱和重度 γ_{sat}=21kN/m³，φ=10°，c=10kPa。（1）试求地基的容许承载力 $p_{1/4}$、$p_{1/3}$ 值。（2）若地下水位上升至基础底面，承载力有何变化？

解：（1）当 φ=10° 时，承载力系数 $N_{1/4}$=0.36，$N_{1/3}$=0.48，N_q=1.73，N_c=4.17。

$$p_{1/4} = \frac{1}{2}\gamma B N_{1/4} + \gamma_0 d N_q + c N_c$$

$$= \frac{1}{2} \times 19 \times 3 \times 0.36 + 19 \times 1 \times 1.73 + 10 \times 4.17$$

$$\approx 84.8 \text{(kPa)}$$

$$p_{1/3} = \frac{1}{2}\gamma B N_{1/3} + \gamma_0 d N_q + c N_c$$

$$= \frac{1}{2} \times 19 \times 3 \times 0.48 + 19 \times 1 \times 1.73 + 10 \times 4.17$$

$$\approx 88.3 \text{(kPa)}$$

（2）假若 N_q、N_c 不变，则：

$$\gamma' = \gamma_{sat} - \gamma_w = 21 - 9.8 = 11.2 \text{(kN/m}^3\text{)}$$

$$p_{1/4} = \frac{1}{2}\gamma' B N_{1/4} + \gamma_0 d N_q + c N_c$$

$$= \frac{1}{2} \times 11.2 \times 3 \times 0.36 + 19 \times 1 \times 1.73 + 10 \times 4.17$$

$$\approx 80.6 \text{(kPa)}$$

$$p_{1/3} = \frac{1}{2}\gamma' B N_{1/3} + \gamma_0 d N_q + c N_c$$

$$= \frac{1}{2} \times 11.2 \times 3 \times 0.48 + 19 \times 1 \times 1.73 + 10 \times 4.17$$

$$\approx 82.6 \text{(kPa)}$$

可见，当地下水位上升时，地基的承载力将降低。

7.4.4 极限承载力

地基的极限荷载是地基内部整体达到极限平衡时候的荷载。目前，求解极限荷载的方法有两种，一种是根据静力平衡和极限平衡条件建立微分方程，根据边界条件求出地基整体达到极限平衡时各点的应力精确解，这种方法不常用。另一种求解极限荷载的方法为假定滑动面法，此法先假设滑动的形状，然后以滑动面所包围的土体作为隔离体，根据静力平衡条件解出极限荷载。此法计算简单，得到广泛应用。下面介绍第二种方法。

太沙基（Karl Terzaghi）基于普朗特（L. Prandtl）所提出地基破坏机理和极限平衡分析方法，提出了确定条形浅基础的极限荷载公式。太沙基认为从实用考虑，当基础的长宽比 $l/b \geqslant 5$ 及基础的埋深 $d \leqslant b$ 时，就可视为是条形浅基础。基底以上的土体看作作用在基础两侧的均布荷载 $q = \gamma_0 d$。

太沙基在普朗特研究的基础上做了如下的假定。

（1）地基土是均匀的，各向同性的有重量介质，即 $\gamma \neq 0$。

（2）基底可以是粗糙的。

（3）当基底完全粗糙时，滑动区由径向剪切区Ⅱ和朗肯被动区Ⅲ组成。

（4）当基础埋深为 d 时（不考虑基底以上填土的抗剪强度，把它看作超载），基底以上两侧土重用当量均布超载 $q = \gamma_0 d$ 代替。

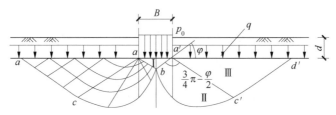

图 7.19　太沙基理论计算图

根据以上假设，地基滑动面近似假定如图 7.19 所示形状，分区如下。

Ⅰ区：在基础底面下的土楔，由于假定基底是粗糙的，具有很大的摩擦力，阻止了基底下Ⅰ区土楔体 aba' 的剪切破坏（图 7.19），它像一个"弹性核"随着基础一起向下移动，因此不会发生剪切位移，Ⅰ区内土体不是处于朗肯主动状态，而是处于弹性压密状态，它与基础底面一起移动。太沙基假定滑动面 ab（$a'b$）与基础底面的夹角等于地基土的内摩擦角 φ。

Ⅱ区：是Ⅰ区向两侧Ⅲ区推挤的过渡区，滑动面一组是通过 ab（$a'b$）点的辐射线，另一组是对数螺旋曲线（bc'）。如果考虑土的重度，滑动面就不会是对数螺旋曲线，目前尚不能求得两组滑动面的解析解。因此，太沙基忽略了土的重度对滑动面形状的影响，是一种近似解。

Ⅲ区：朗肯被动状态区，该区处于被动极限平衡状态。在该区内任意一点的最大主应力 σ_1 均是水平向的，故滑动面与水平面的夹角为 $45° - \dfrac{\varphi}{2}$。

根据弹性土楔 aba' 的静力平衡条件，可求得地基的极限承载力为

$$p_u = \frac{1}{2}\gamma b N_\gamma + q N_q + c N_c \tag{7-22}$$

$$N_q = \frac{e^{\left(\frac{3}{2}\pi - \varphi\right)\tan\varphi}}{2\cos^2\left(45° + \dfrac{\varphi}{2}\right)} \tag{7-23a}$$

$$N_c = (N_q - 1)\cot\varphi \tag{7-23b}$$

式中　N_γ、N_q、N_c——地基承载力系数，都是土的内摩擦角 φ 的函数。

但对于 N_γ，太沙基并未给出公式。太沙基将 N_γ、N_q、N_c 绘制成曲线如图 7.20 所示，由 φ 值查图中的实线确定，也可通过表 7-2 太沙基地基承载力系数表查得。

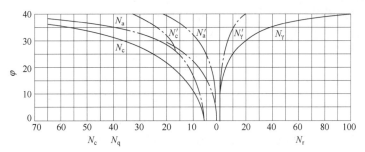

图 7.20　太沙基地基承载力系数

表 7-2　太沙基地基承载力系数表

φ (°)	N_c	N_q	N_γ	φ (°)	N_c	N_q	N_γ	φ (°)	N_c	N_q	N_γ
0	5.7	1.00	0.00	14	12.0	4.00	2.20	28	31.6	17.8	15.0
2	6.5	1.22	0.23	16	13.6	4.91	3.00	30	37.0	22.4	20.0
4	7.0	1.48	0.39	18	15.5	6.04	3.90	32	44.4	28.7	28.2
6	7.7	1.81	0.63	20	17.6	7.42	5.00	34	52.8	36.6	36.0
8	8.5	2.20	0.86	22	20.2	9.17	6.50	36	63.6	47.2	50.0
10	9.5	2.68	1.20	24	23.4	11.4	8.60	38	77.0	61.2	90.0
12	10.9	3.32	1.66	26	27.0	14.2	11.50	40	94.8	80.5	130.0

式（7-22）是在地基整体剪切破坏的条件下推导得到的，适用于压缩性较小的密实地基。对于松软的压缩性较大的地基，可能发生局部剪切破坏，沉降量较大，其极限承载力较小。对于此种情况，可以采用降低抗剪强度指标 φ、c 的方法对公式进行修正，令

$$c' = \frac{2}{3}c \qquad\qquad （7\text{-}24a）$$

$$\tan\varphi' = \frac{2}{3}\tan\varphi \qquad\qquad （7\text{-}24b）$$

再用修正后的 c'、φ'，就可计算局部剪切破坏时松软土的地基承载力。

$$p_u = c'N_c' + qN_q' + \frac{1}{2}\gamma bN_\gamma' \qquad\qquad （7\text{-}25）$$

式中　N_q'、N_γ'、N_c'——修正后的地基承载力系数，仅与基底土上的内摩擦角 φ 有关，由修正后的 φ' 查图 7.20 中的虚线确定。

根据太沙基理论计算地基极限承载力，一般取它的（$1/3 \sim 1/2$）作为地基容许承载力，它的取值大小与结构类型、建筑物重要性、荷载的性质等有关，太沙基理论的安全系数一般取 $K=2 \sim 3$。

【例 7-3】某办公楼采用砖混结构基础。设计基础宽度 $b=1.50$m，基础埋深 $d=1.4$m，地基为粉土，$\gamma=18.0$kN/m³，$\varphi=30°$，$c=10$kPa，地下水位深 7.8m，计算此地基的极限承载力。

解：基础为条形基础，用太沙基公式求解。

因为 $\varphi = 30°$ ，查图 7.20 实线得， $N_\gamma=20$ ， $N_c=37.5$ ， $N_q=22$ 。

代入公式：

$$p_u = \frac{1}{2}\times18.0\times1.5\times20+18\times1.4\times22+10\times37.5 = 1199.4(kPa)$$

【例 7-4】 有一条形基础，宽度 b=6m，基础埋深 d=1.5m，其上作用有中心荷载 p=1500kN/m，地基土质均匀，γ=19kN/m³，土的抗剪强度指标 c=20kPa，φ=20°，试验算地基的稳定性（假定基底完全粗糙）。

解：（1）基底压力为

$$p=P/B=1500/6=250（kPa）$$

（2）由 φ=20°，查图 7.20 实线得， N_γ=4，N_c=19，N_q=7。

$$p_u = \frac{1}{2}\gamma b N_\gamma + q N_q + c N_c$$

$$= \frac{1}{2}\times19\times6\times4+19\times1.5\times7+20\times19$$

$$= 807.5(kPa)$$

若取安全系数：F_s=2.5，则 $[p] = \dfrac{p_u}{F_s} = 323(kPa)$

因为 p=250kPa< $[p]$=323kPa，所以地基是稳定的。

7.5　按规范确定地基承载力

《建筑地基基础设计规范》（GB 50007—2011）规定：当基础宽度大于 3m 或埋深大于 0.5m 时，从载荷试验或其他原位测试、经验值等方法确定的地基承载力特征值，尚应按下式修正：

$$f_a = f_{ak} + \eta_b \gamma (b-3) + \eta_d \gamma_m (d-0.5) \tag{7-26}$$

式中　f_a ——修正后的地基承载力特征值（kPa）；

　　　f_{ak} ——地基承载力特征值（kPa），地基承载力特征值可由载荷试验或其他原位测试、公式计算，并结合工程实践经验等方法综合确定；

　　　η_b、η_d ——基础宽度和埋深的地基承载力修正系数，按基底下土的类别查表 7-3 取值；

　　　γ ——基础底面以下土的重度（kN/m³），地下水位以下取浮重度；

　　　b ——基础底面宽度（m），当基础底面宽度小于 3m 时按 3m 取值，大于 6m 时按 6m 取值；

γ_{m} ——基础底面以上土的加权平均重度（kN/m³），位于地下水位以下的土层取有效重度；

d ——基础埋深（m），宜自室外地面标高算起。在填方整平地区，可自填土地面标高算起，但填土在上部结构施工后完成时，应从天然地面标高算起。对于地下室，当采用箱形基础或筏基时，基础埋深自室外地面标高算起；当采用独立基础或条形基础时，应从室内地面标高算起。

当荷载偏心距 e 小于或等于 0.033 倍基础底面宽度（即 $e \leqslant 0.033b$，b 是弯距作用平面内的基础底面尺寸）时，根据由试验和统计得到的土的抗剪强度指标标准值，可按下式计算地基承载力特征值。

$$f_{\mathrm{a}} = M_{\mathrm{b}}\gamma b + M_{\mathrm{d}}\gamma_{\mathrm{m}}d + M_{\mathrm{c}}c_{\mathrm{k}} \qquad (7\text{-}27)$$

式中 f_{a} ——由土的抗剪强度指标确定的地基承载力特征值（kPa）；

M_{b}、M_{d}、M_{c} ——承载力系数，按表 7-4 确定；

b ——基础底面宽度（m），大于 6m 时按 6m 取值，对于砂土小于 3m 时按 3m 取值；

c_{k} ——基底下一倍短边宽度的深度范围内土的黏聚力标准值（kPa）。

关于上述公式的几点说明。

（1）该公式仅适用于 $e \leqslant 0.033b$ 的情况，这是因为用该公式确定承载力相应的理论模式是基底压力呈均匀分布。

（2）该公式中的承载力系数 M_{b}、M_{d}、M_{c} 是以界限塑性荷载 $P_{1/4}$ 理论公式中的相应系数为基础确定的。考虑到内摩擦角大时理论值 M_{b} 偏小的实际情况，所以对一部分系数按试验结果作了调整。

（3）按该公式确定地基承载力时，只保证地基强度有足够的安全度，未能保证满足变形要求，故还应进行地基变形验算。

表 7-3 承载力修正系数

土的类别		η_{b}	η_{d}
淤泥和淤泥质土		0	1.0
人工填土 e 或 I_{L} 大于等于 0.85 的黏性土		0	1.0
红黏土	含水比 $\alpha_{\mathrm{w}} > 0.8$	0	1.2
	含水比 $\alpha_{\mathrm{w}} \leqslant 0.8$	0.15	1.4
大面积压实填土	压实系数大于 0.95、黏粒含量 $\rho_{\mathrm{c}} \geqslant 10\%$ 的粉土	0	1.5
	最大干密度大于 2100kg/m³ 的级配砂石	0	2.0
粉土	黏粒含量 $\rho_{\mathrm{c}} \geqslant 10\%$ 的粉土	0.3	1.5
	黏粒含量 $\rho_{\mathrm{c}} < 10\%$ 的粉土	0.5	2.0

续表

土的类别	η_b	η_d
e 及 I_L 均小于 0.85 的黏性土	0.3	1.6
粉砂、细砂（不包括很湿与饱和时的稍密状态）	2.0	3.0
中砂、粗砂、砾砂和碎石土	3.0	4.4

注：①强风化和全风化的岩石，可参照所风化成的相应土类取值，其他状态下的岩石不修正。

②地基承载力特征值按规范附录 D 深层平板载荷试验确定时 η_d 取 0。

③含水比是指土的天然含水量与液限的比值。

④大面积压实填土是指填土范围大于两倍基础宽度的填土。

表 7-4　承载力系数 M_b、M_d、M_c

土的内摩擦角标准值 φ_k（°）	M_b	M_d	M_c
0	0	1.00	3.14
2	0.03	1.12	3.32
4	0.06	1.25	3.51
6	0.10	1.39	3.71
8	0.14	1.55	3.93
10	0.18	1.73	4.17
12	0.23	1.94	4.42
14	0.29	2.17	4.69
16	0.36	2.43	5.00
18	0.43	2.72	5.31
20	0.51	3.06	5.66
22	0.61	3.44	6.04
24	0.80	3.87	6.45
26	1.10	4.37	6.90
28	1.40	4.93	7.40
30	1.90	5.59	7.95
32	2.60	6.35	8.55
34	3.40	7.21	9.22
36	4.20	8.25	9.97
38	5.00	9.44	10.80
40	5.80	10.84	11.73

注：φ_k——基底下一倍短边宽度的深度范围内土的内摩擦角标准值（°）。

在岩土工程中岩和土很难划清界限，如果地基不是土而是岩石，如何确定地基承载力。《建筑地基基础设计规范》（GB 50007—2011）规定：对于完整、较完整、较破碎的岩石地基承载力特征值可按岩基载荷试验方法确定；对破碎、极破碎的岩石地基承载力特征值，可根据平板载荷试验确定。对完整、较完整和较破碎的岩石地基承载力特征值，也可根据室内饱和单轴抗压强度按下式进行计算。

$$f_a = \psi_r f_{rk} \qquad\qquad (7\text{-}28)$$

式中　f_a ——岩石地基承载力特征值（kPa）；

　　　f_{rk} ——岩石饱和单轴抗压强度标准值（kPa），可按规范附录 J 确定；

　　　ψ_r ——折减系数。根据岩体完整程度以及结构面的间距、宽度、产状和组合，由地方经验确定。无经验时，对完整岩体可取 0.5；对较完整岩体可取 0.2 ～ 0.5；对较破碎岩体可取 0.1 ～ 0.2。

需要说明的是上述折减系数值未考虑施工因素及建筑物使用后风化作用的继续；对于黏土质岩，在确保施工期及使用期不致遭水浸泡时，也可采用天然湿度的试样，不进行饱和处理。

习　题

一、单项选择题

1. 土的抗剪强度是土力学的重要力学性质之一，是指土体对于外荷载所产生的（　　）的极限抵抗能力。

A. 剪应力　　　　　B. 拉应力　　　　　C. 弯曲应力　　　　　D. 压应力

2. 黏性土在固结排水试验的剪切过程中，正常固结黏性土产生（　　）。

A. 剪胀　　　　　　　　　　　　B. 剪缩

C. 先压缩后出现剪胀特性　　　　D. 先膨胀后出现剪缩特性

3. 黏性土在固结排水试验的剪切过程中，超固结试样则是（　　）。

A. 剪胀　　　　　　　　　　　　B. 剪缩

C. 先压缩后出现剪胀特性　　　　D. 先膨胀后出现剪缩特性

4. 饱和黏性土在正常固结排水试验中，其有效应力与总应力的关系为（　　）。

A. 有效应力等于总应力　　　　　B. 有效应力大于总应力

C. 有效应力小于总应力　　　　　D. 不能确定。

5. 在含水量不变的条件下黏土因重塑强度_____，软化后又随静置时间的延长强度_____的这种性质称为黏性土的触变性。（　　）

A. 增长；降低　　　　　　　　　B. 增长；不变

C. 降低；增长　　　　　　　　　D. 降低；不变

二、填空题

1. 由库仑公式表示抗剪强度包线的土体抗剪强度理论称为_____。

2. 当土体达到极限平衡条件发生破坏时，破坏面与大主应力作用面的夹角为_____。

3. 土的抗剪强度指标 $\sigma\tan\varphi$ 则为土的内摩擦力，通常由_____和咬合摩擦力两部分组成。

4. 地基破坏的三种形式：_____、局部剪切破坏、冲剪破坏。

5. _____是地基内部整体达到极限平衡时候的荷载。

三、名词解释题

1. 土的抗剪强度
2. 临塑荷载
3. 砂土液化
4. 超固结土
5. 土的灵敏度

四、简答题

1. 简述土体剪切破坏的行为，举例说明实际工程中因土体剪切破坏造成的工程问题。
2. 简述土在不同平衡状态下，土的抗剪强度包线与莫尔应力圆的位置关系。
3. 简述影响土的抗剪强度的因素。
4. 地基失稳有哪几种破坏形式，各有什么特征？
5. 简述由于地基问题引起的建筑物破坏的形式。

五、计算题

第7章计算题1讲解　第7章计算题2讲解

1. 某条形基础宽 1.5m，基础埋深 1.0m，地表下土层依次为素填土厚 0.8m（重度 $\gamma_1=18\text{kN/m}^3$，含水量 35%），黏土厚 6m（重度 $\gamma_2=18.2\text{kN/m}^3$，含水量 38%，土粒相对密度 $d_s=2.72$，黏聚力 $c=10\text{kPa}$，内摩擦角 $\varphi=13°$）。假设地下水位在地表以下 1.0m 处，试求地基承载力 p_{cr}、$p_{1/4}$ 和 $p_{1/3}$。

2. 某条形基础，宽度 1.5m，基础埋深 1.2m，地基土为黏土（$\gamma=18.4\text{kN/m}^3$，$\gamma_{sat}=18.8\text{kN/m}^3$，$c=8\text{kPa}$，$\varphi=15°$），根据太沙基极限承载力计算公式，求问。

（1）计算整体剪切破坏下的地基承载力和安全系数为 2.5 时的容许承载力。

（2）试比较埋深为 1.6m 和 2.0m 时的地基承载力。

3. 有一组土样，剪切试验结果如下。

在线答题

拓展习题

σ/kPa	50	100	200	300
τ_f/kPa	23.4	36.7	63.9	90.8

（1）试求该土样的内摩擦角和黏聚力？

（2）当该土样中某点 $\sigma=280\text{kPa}$，$\tau=80\text{kPa}$ 时，是否发生破坏？

第8章

土压力与土坡稳定

知识结构图

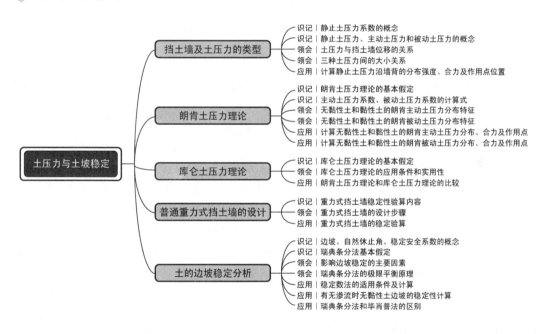

8.1　挡土墙及土压力的类型

8.1.1　挡土墙的类型

挡土墙是用来支撑天然或人工斜坡以保持土体稳定的一种构筑物。它在房屋建筑、桥梁工程、隧道工程、铁道交通、水利水电、港口码头、市政道路等土木工程建设中应用十分广泛。例如挡土墙常用于支挡建筑物周围的填土或山区修筑道路时防止边坡坍塌，以及用作地下室的侧墙、基坑开挖支护、边坡抗滑支护、桥台、隧道、路堤、水闸等。挡土墙按其结构形式及受力特点不同，一般有如下类型：重力式挡土墙、悬臂式挡土墙、扶壁式挡土墙、锚定板挡土墙、加筋土挡土墙等，如图 8.1 所示。此外，还有混合式挡土墙、板桩墙挡土墙和土工合成材料挡土墙等。不论是哪种挡土结构，它们都承受着其后填土的侧向土压力，即作用在挡土墙上的土压力。

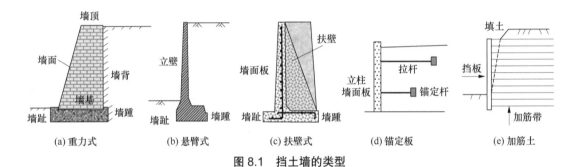

图 8.1　挡土墙的类型

挡土墙按其刚度和位移方式不同又可分为刚性挡土墙、柔性挡土墙和临时支撑三类。刚性挡土墙是指墙体本身刚度较大，在土压力作用下墙体基本不变形或变形很小的挡土墙，比如用砖、石、混凝土、钢筋混凝土等材料建筑的重力式挡土墙、悬臂式挡土墙、扶壁式挡土墙等。在计算这类挡土墙上的土压力时，可以不考虑墙体变形对土压力及其分布的影响。柔性挡土墙是指墙体的刚度不大，在土压力作用下墙体本身会产生变形的挡土墙，比如锚定板挡土墙、板桩墙挡土墙等，在计算这种挡土墙上的土压力时，应考虑墙体变形对土压力及其分布的影响。

8.1.2　土压力的类型

任何一种挡土结构物，其作用就是挡住墙后填土并承受来自其墙后填土的侧向土压力。土压力就是指挡土墙后的填土因自重或外荷载作用对墙背产生的侧向压力。为了保证挡土结构物设计的经济合理，关键要确定作用在墙背上的土压力的大小、方向和作用点位置，以便进行挡土墙的设计。土压力的大小及其分布规律不仅取决于挡土结构物的形状和高度，以及填土的性质，还取决于挡土结构物的位移状况。根据挡土结构物的水平位移方向、大小及墙后填土所处的应力状态的不同，分有三种土压力：静止土压力、主动土压力和被动土压力，如图 8.2 所示。

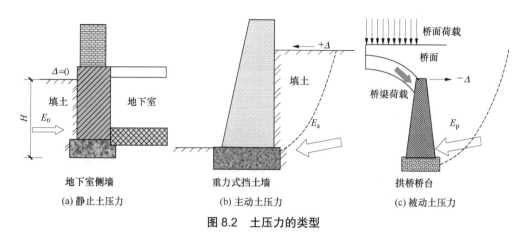

图 8.2　土压力的类型

1. 静止土压力

土压力的
类型

若刚性的挡土墙保持原来位置静止不动，即当墙身不产生任何位移（$\Delta=0$）或转动时［图 8.2（a）］，墙后土体处于弹性平衡状态，则作用在墙上的土压力称为静止土压力。作用在每延米挡土墙上静止土压力的合力用 E_0（kN/m）表示，静止土压力强度用 p_0（kPa）表示。比如当地下室侧墙不产生任何方向的位移（$\Delta=0$）时，作用在地下室外墙的土压力的合力为静止土压力合力 E_0。

静止土压力计算比较简单，由于挡土墙静止不动，土体无侧向位移，墙后土体处于弹性平衡状态，故可按计算水平向自重应力的公式来计算土体表面下任意深度 z 处的静止土压力强度，即

$$p_0 = K_0\sigma_{cz} = K_0\gamma z \tag{8-1a}$$

每延米挡土墙上静止土压力的合力为

$$E_0 = \frac{1}{2}K_0\gamma H^2 \tag{8-1b}$$

式中　σ_{cz}——在深度 z 处土的自重应力（kPa）；

γ——土的重度（kN/m³）；

z——计算点离填土表面的距离（m）；

H——挡土墙的高度（m）；

K_0—静止土压力系数。

K_0 的确定：在理论上可根据 $K_0 = \dfrac{\mu}{1-\mu}$（μ 为土体的泊松比）计算；工程上常根据常规三轴压缩试验测定，由经验公式 $K_0 = 1-\sin\varphi'$（φ' 为土的有效内摩擦角）估算；当缺乏

试验资料时，参考值有砂土 $K_0=0.34 \sim 0.45$，黏土 $K_0=0.5 \sim 0.7$。

静止土压力及合力的分布如图 8.3 所示，E_0 的作用点在距墙底 $H/3$ 高度处。

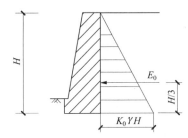

图 8.3　静止土压力及合力的分布图

若墙后填土中有地下水，则水下土应考虑水的浮力作用，水下土的重度应取为浮重度（有效重度），同时还应考虑作用在挡土墙上的静水压力。

2. 主动土压力

若挡土墙在墙后填土压力作用下，背离填土方向向前推移（$+\Delta$）或转动时 [图 8.2（b）]，作用在墙上的土压力将由静止土压力（E_0）逐渐减小，直至墙后土体内出现滑动面，使滑动土楔沿着该滑动面开始向前下滑，这时作用在墙背上的土压力减至最小值，土体内的应力状态达到主动极限平衡状态，此时的土压力称为主动土压力。作用在每延米挡土墙上主动土压力的合力用 E_a（kN/m）表示，主动土压力强度用 p_a（kPa）表示。

3. 被动土压力

若挡土墙在外力作用下，向着填土方向移动（$-\Delta$）或转动时 [图 8.2（c）]，除了承受桥梁荷载作用外，桥台后土体受到挤压，故还承受桥台后填土压力。当作用在墙上的土体受到推压时，土压力将由静止土压力（E_0）逐渐增大，若墙的位移量足够大，直至墙后土体内出现滑动面，使滑动土楔沿着该滑动面开始向上挤出隆起，这时作用在墙背上的土压力增至最大值，土体内的应力状态达到被动极限平衡状态，此时的土压力称为被动土压力。作用在每延米挡土墙上被动土压力的合力用 E_p（kN/m）表示，被动土压力强度用 p_p（kPa）表示。

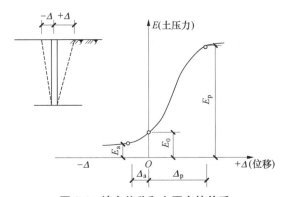

图 8.4　墙身位移和土压力的关系

在墙背上土压力作用下，墙体的位移方向决定了土压力的类型（性质）。墙体位移量的大小决定着土压力数值的大小，墙体向前或向后位移并达到一定值时，墙后土体才能达到主动或被动极限平衡状态。达到主动极限平衡状态时，土压力值最小，再向前位移，就破坏了，滑动面明显出现。达到被动极限平衡状态时，土压力值最大，再向后挤压，就破坏了，滑动面明显出现。墙体没有位移时，墙背上的接触应力即为静止土压力。墙身位移和土压力的关系如图 8.4 所示。由图 8.4 可以看出：如果墙体向前位移但没有达到极限平衡状态时，墙背上的实际土压力要比达到极限平衡时的主动土压力 E_a 大；如果墙体向后位移但没有达到极限平衡状态时，墙背上的实际土压力要比达到极限平衡时的被动土压力 E_p 小得多。静止土压力处在 E_a 和 E_p 之间，即 $E_a < E_0 < E_p$。试验研究也表明，在相同条件下，$E_a < E_0 < E_p$，且达到被动土压力时所需的位移量远远大于达到主动土压力时所需的位移量。

可见，土压力的类型和大小随着墙体位移的方向及大小而变化。因此，在分析中要有系统观念，只有用普遍联系的、全面系统的、发展变化的观点观察并理解土压力的发展过程，才能把握土压力与墙体位移之间相互联系、相互依存的变化规律。

【例 8-1】如图 8.5（a）所示有一挡土墙，墙身不产生任何位移，图中标有地下水位位置。假设土的天然重度为 γ、静止土压力系数为 K_0，试求：（1）每延米静止土压力强度沿墙高的分布及其合力和合力的作用点位置；（2）水压力强度沿墙高的分布及其合力和合力的作用点位置；（3）作用在墙背上的总合力和作用点位置。

解：（1）假设墙顶面、地下水位、墙踵处分别用 a、b、c 表示，则静止土压力强度为

a 点：$p_{0a} = 0$

b 点：$p_{0b} = K_0 \gamma H_1$

c 点：$p_{0c} = K_0 \gamma H_1 + K_0 \gamma' H_2$

其沿墙高分布如图 8.5（b）所示，静止土压力的合力为

$$E_0 = E_1 + E_2 + E_3 = \frac{1}{2} K_0 \gamma H_1^2 + K_0 \gamma H_1 H_2 + \frac{1}{2} K_0 \gamma' H_2^2$$

假设各合力距墙底的高度分别为 y_1、y_2、y_3，则合力作用点距墙踵的高度为

$$y_0 = \frac{E_1 y_1 + E_2 y_2 + E_3 y_3}{E_0} = \frac{\frac{1}{2} K_0 \gamma H_1^2 \times \left(\frac{1}{3} H_1 + H_2 \right) + K_0 \gamma H_1 H_2 \times \frac{1}{2} H_2 + \frac{1}{2} K_0 \gamma' H_2^2 \times \frac{1}{3} H_2}{\frac{1}{2} K_0 \gamma H_1^2 + K_0 \gamma H_1 H_2 + \frac{1}{2} K_0 \gamma' H_2^2}$$

（2）水压力的计算为

b 点：$p_{wb} = 0$

c 点：$p_{wc} = \gamma_w H_2$

其沿墙高分布如图 8.5（c）所示，水压力的合力为

$$E_w = \frac{1}{2} \gamma_w H_2^2$$

合力作用点距墙踵的高度为

$$y_w = \frac{1}{3} H_2$$

（3）作用在墙背上的总合力如图 8.5（d）所示。

$$E = E_0 + E_w = \frac{1}{2} K_0 \gamma H_1^2 + K_0 \gamma H_1 H_2 + \frac{1}{2} K_0 \gamma' H_2^2 + \frac{1}{2} \gamma_w H_2^2$$

合力作用点距墙踵的高度为

$y = \dfrac{E_0 y_0 + E_w y_w}{E_0 + E_w}$，将 y_0、y_w、E_0、E_w 分别代入即可求出。

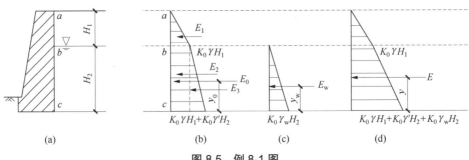

图 8.5   例 8-1 图

　　土压力问题的理论研究，从 18 世纪末即已开始。根据研究途径的不同大致可分为两类。一是假定土体为松散介质，依据土中一点的极限平衡条件确定土压力强度和破裂面方向。这类土压力理论是由英国学者朗肯（W.J. Rankine）于 1857 年首先提出的，故称朗肯土压力理论。二是假定破裂面形成，依据极限状态下破裂楔体的静力平衡条件来确定土压力。这类土压力理论最初是由法国学者库仑（C.A. Coulomb）于 1773 年提出的，故称库仑土压力理论。在这两种研究途径中，朗肯土压力理论在理论上较为严密，但考虑的边界条件较简单，故在应用上受到一定的限制。库仑土压力理论是一种简化理论，计算简便，能适用于各种较为复杂的实际边界条件，因此应用较为广泛。

8.2   朗肯土压力理论

8.2.1   基本原理

　　朗肯土压力理论是从研究半空间无限体内的应力状态出发，根据土的极限平衡理论得出计算土压力的方法。该理论假设地基土层为表面水平的半无限土体，即土体向下和沿水平方向都伸展至无穷，如图 8.6（a）所示。在半无限土体中任取一竖直面 AB，在深

度 z 处取一微单元体 M，若土的重度为 γ，竖向应力就等于该处的自重应力值。朗肯土压力理论认为当墙后填土达到极限平衡状态时，与墙背接触的任一土体单元都处于极限平衡状态，根据土体单元处于极限平衡状态时应力所必须满足的条件可建立土压力的计算公式。其基本假定如下。

（1）墙是刚性的，不考虑墙身变形。

（2）墙背填土表面是水平的，且无限延伸。

（3）墙背是竖直的、光滑的，墙后土体达到极限平衡状态时的两组破裂面不受墙身的影响。

图 8.6（a）所示为墙后深度为 z 处的土单元体所受的应力。如果挡土墙不发生位移，墙后土单元体应力处于弹性平衡状态，可用图 8.6（d）中的莫尔应力圆 A 表示，此时 $\sigma_1=\sigma_{cz}$，$\sigma_3=\sigma_{cx}=K_0\sigma_{cz}$，为静止土压力状态。

如果墙体向背离填土方向移动时，右侧土体的竖向自重应力 σ_{cz}（σ_1）保持不变，而水平自重应力 σ_{cx}（σ_3）逐渐减小，使得莫尔应力圆的直径向左逐渐增大。当莫尔应力圆与土体的抗剪强度包线相切时，该土单元体达到朗肯主动极限平衡状态，如图 8.6（d）所示。此时，作用在墙上的土压力，即为主动土压力。p_a 大小就等于该单元体的水平应力最小值 σ_{xmin}（即破坏时的小主应力 σ_{3f}）。因此，当土体达到主动极限平衡状态时，竖直应力为大主应力，其作用的水平面就为大主应力作用面。土体中产生的两组滑动面的方向即破坏面与大主应力作用面（即水平面）的夹角为 $\theta_f=45°+\varphi/2$，如图 8.6（b）所示，其中 φ 为土的内摩擦角。

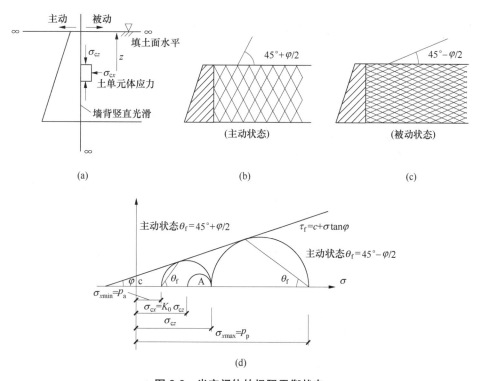

图 8.6　半空间体的极限平衡状态

反之，如果在外力作用下墙体向填土方向移动时，使土体挤压，随着位移量的增加，竖向自重应力 σ_{cz} 保持不变，水平自重应力 σ_{cx} 则逐渐增大，当 $\sigma_{cx} > \sigma_{cz}$ 时，大小主应力转换，即 σ_{cz} 转为小主应力。随着位移的继续增大，使得莫尔应力圆的直径向右逐渐增大，当莫尔应力圆与土体的抗剪强度包线相切时，该单元体达到朗肯被动极限平衡状态，如图 8.6（d）所示。此时，作用在墙上的土压力，即为被动土压力。p_p 大小就等于该单元体的水平应力最大值 σ_{xmax}（即破坏时的大主应力 σ_{1f}）。此时墙背上的水平法向应力为大主应力，其作用的竖直面就为大主应力作用面。土体中产生的两组滑动面的方向即破坏面与大主应力作用面（即竖直面）的夹角为（$45° + \varphi/2$），而与小主应力 σ_3 作用面（水平面）之间的夹角为（$45° - \varphi/2$）。故当土体达到被动极限平衡状态时，则破坏面与水平面的夹角 $\theta_f = 45° - \varphi/2$，如图 8.6（c）所示。

8.2.2 朗肯主动土压力计算式

根据土的强度理论，由图 8.6（d）可知，土体中某点达到极限平衡状态时，大、小主应力 σ_1 和 σ_3 之间有如下关系。

无黏性土：
$$\sigma_1 = \sigma_3 \tan^2\left(45° + \frac{\varphi}{2}\right) \tag{8-2a}$$

或
$$\sigma_3 = \sigma_1 \tan^2\left(45° - \frac{\varphi}{2}\right) \tag{8-2b}$$

黏性土：
$$\sigma_1 = \sigma_3 \tan^2\left(45° + \frac{\varphi}{2}\right) + 2c \tan\left(45° + \frac{\varphi}{2}\right) \tag{8-3a}$$

或
$$\sigma_3 = \sigma_1 \tan^2\left(45° - \frac{\varphi}{2}\right) - 2c \tan\left(45° - \frac{\varphi}{2}\right) \tag{8-3b}$$

如图 8.6（a）所示的挡土墙，设墙背竖直光滑，填土面水平。当挡土墙偏离墙后填土时，在墙后土体表面下某一深度 z 处取单元体，其竖向自重应力 $\sigma_{cz} = \gamma z$ 不变，也即大主应力 σ_1 不变，而水平法向应力 σ_x 却逐渐减小直至产生主动极限平衡状态，此时 σ_x 是最小主应力 σ_3，也就是要计算的主动土压力强度 p_a。因而，将 $\sigma_1 = \gamma z$、$\sigma_3 = p_a$ 代入极限平衡条件式（8-2b）和式（8-3b）即可求得朗肯主动土压力强度 p_a 为

无黏性土：
$$p_a = \sigma_{cz} \tan^2\left(45° - \frac{\varphi}{2}\right) = \gamma z K_a \tag{8-4}$$

黏性土：
$$p_a = \sigma_{cz} \tan^2\left(45° - \frac{\varphi}{2}\right) - 2c \tan\left(45° - \frac{\varphi}{2}\right) = \gamma z K_a - 2c\sqrt{K_a} \tag{8-5}$$

式中　　p_a——沿深度方向的主动土压力强度（kPa）；

K_a——主动土压力系数，$K_a = \tan^2\left(45° - \dfrac{\varphi}{2}\right)$；

γ ——填土的重度（kN/m³）；

z ——计算点离填土表面的距离（m）；

c、φ ——填土的黏聚力（kPa）及内摩擦角（°）。

由式（8-4）可知，无黏性土的主动土压力强度 p_a 与 z 成正比，沿墙高呈三角形线性分布（图 8.7）。设挡土墙高度为 H，则每延米挡土墙上的主动土压力的合力 E_a(kN/m) 为图 8.7 中三角形的面积，即

$$E_a = \frac{1}{2}\gamma H^2 K_a \tag{8-6}$$

其作用点位于图形的形心处，距墙底 $H/3$ 处。

如果填土表面有连续均布荷载 q 作用时，如图 8.8 所示。计算时相当于深度 z 处土单元体所受竖向应力增加 q 值，则竖向应力为 $\sigma_{cz} = \gamma z + q$，代入式（8-4），就得到填土表面有超载时的主动土压力强度计算公式。

$$p_a = (\gamma z + q)K_a = \gamma z K_a + q K_a \tag{8-7}$$

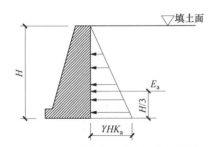

图 8.7　无黏性土主动土压力分布图

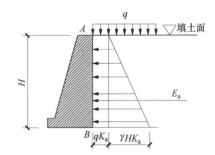

图 8.8　有均布荷载时无黏性土主动土压力分布图

超载时主动土压力强度沿墙背呈梯形分布，作用在墙背上的总主动土压力大小按梯形分布图的面积计算，即

$$E_a = \frac{1}{2}\gamma H^2 K_a + q H K_a \tag{8-8}$$

其作用点位于梯形形心处。

再由式（8-5）可知，黏性土的主动土压力强度由两部分组成：一是由填土自重产生的主动土压力 $\gamma z K_a$，它沿墙高的分布是一个三角形；二是由填土的黏聚力 c 所产生的负土压力 $-2c\sqrt{K_a}$，它沿墙高的分布是一个矩形。两部分叠加后的结果如图 8.9 所示，其中 ade 部分是负侧压力，相对于墙背产生拉应力。由于填土与挡土墙之间不可能承受拉应力，所以实际上填土表面以下深度为 z_0 的范围内将出现裂缝，挡土墙墙背上并不受力，即实际的土压力为零，故图中的 ade 部分应略去不计，则作用在墙背上的实际主动土压力的分布为图 8.9 中的 $\triangle abc$ 部分。

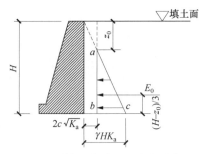

图 8.9 黏性土主动土压力力分布图

由于黏性土黏聚力的存在，使得主动土压力在某一深度范围内会出现负值，即存在拉力区，拉力区的高度 z_0 为 $p_a=0$ 处的 z 值，由式（8-5）：

$$p_a = \gamma z_0 K_a - 2c\sqrt{K_a} = 0$$

得

$$z_0 = \frac{2c}{\gamma\sqrt{K_a}} \tag{8-9}$$

此时，每延米挡土墙上黏性土的主动土压力合力可按 $\triangle abc$ 的面积计算，即

$$E_a = \frac{1}{2}\left(\gamma H K_a - 2c\sqrt{K_a}\right)(H - z_0) = \frac{1}{2}\gamma(H - z_0)^2 K_a \tag{8-10}$$

E_a 的作用点位于墙底面以上（$H-z_0$）/3 处。

如果填土表面有连续均布荷载 q，则深度 z 处单元体所受竖向应力为 $\sigma_{cz} = \gamma z + q$，代入式（8-5）得黏性土的主动土压力为

$$p_a = (q + \gamma z)K_a - 2c\sqrt{K_a} = \gamma z K_a + q K_a - 2c\sqrt{K_a} \tag{8-11}$$

由式（8-11），令 $p_a=0$，可以得到填土受拉区深度为

$$z_0 = \frac{2c}{\gamma\sqrt{K_a}} - \frac{q}{\gamma} \tag{8-12}$$

对于有均布荷载的黏性土主动土压力有可能出现拉力区，也可能不出现拉力区。如果 z_0 大于 0，则填土中存在拉力区，主动土压力为三角形分布，如图 8.10（a）所示下部阴影的三角形。总的主动土压力大小计算公式仍为式（8-10），作用点位于墙底面以上 $(H-z_0)/3$ 处。如果 z_0 等于 0，则填土中不存在拉力区，主动土压力为三角形分布，作用点位于墙底面以上 $H/3$。如果 z_0 小于 0，则均布荷载引起的土压力使填土中不出现拉力区，主动土压力为梯形分布，如图 8.10（b）中的阴影部分所示。总的主动土压力大小按梯形面积计算，即

$$E_a = \frac{1}{2}\gamma H^2 K_a + q H K_a - 2c H\sqrt{K_a} \tag{8-13}$$

其作用点位于梯形形心处。

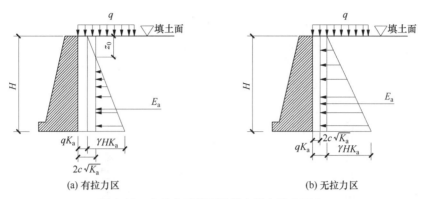

图 8.10　有均布荷载时黏性土的主动土压力

（a）有拉力区　　　　　　　　　　　（b）无拉力区

8.2.3　朗肯被动土压力计算式

如图 8.6（a）所示的挡土墙，设墙背竖直光滑，填土面水平。当挡土墙受到外力作用而推向墙后填土时，在墙后土体表面下某一深度 z 处取单元体，其竖向自重应力 $\sigma_{cz}=\gamma z$ 仍不变，也即大主应力 σ_1 不变，而水平法向应力 σ_x 却逐渐增大直至产生被动极限平衡状态，此时 σ_x 是最大主应力 σ_1，也就是要计算的被动土压力强度 p_p。因而，将 $\sigma_1=p_p$、$\sigma_{cz}=\gamma z$ 代入极限平衡条件式（8-2a）和式（8-3a）即可求得朗肯被动土压力强度 p_p 为

无黏性土：
$$p_p = \sigma_{cz}\tan^2\left(45°+\frac{\varphi}{2}\right) = \gamma z K_p \tag{8-14}$$

黏性土：
$$p_p = \sigma_{cz}\tan^2\left(45°+\frac{\varphi}{2}\right) + 2c\tan\left(45°+\frac{\varphi}{2}\right) = \gamma z K_p + 2c\sqrt{K_p} \tag{8-15}$$

式中　p_p——沿深度方向的被动土压力强度（kPa）；

　　　K_p——被动土压力系数，$K_p = \tan^2\left(45°+\dfrac{\varphi}{2}\right)$。

其余符号同前。

由上式可知，被动土压力强度 p_p 沿深度 z 呈直线变化。其中无黏性土的呈三角形分布，如图 8.11（a）所示；对于黏性土，被动土压力由两部分组成，第一部分是由填土自重产生的被动土压力 $\gamma Z K_p$，它沿墙高的分布是一个三角形，第二部分是由填土的黏聚力所产生的正土压力 $2c\sqrt{K_p}$，将两部分叠加则作用在墙背上的被动土压力呈梯形分布如图 8.11（b）所示。设挡土墙高度为 H，则作用在每延米挡土墙上的被动土压力的合力即为 p_p 的分布图的面积，分别计算为

无黏性土：
$$E_p = \frac{1}{2}\gamma H^2 K_p \qquad (8\text{-}16)$$

黏性土：
$$E_p = \frac{1}{2}\gamma H^2 K_p + 2cH\sqrt{K_p} \qquad (8\text{-}17)$$

其作用点位置分别通过三角形或梯形形心。

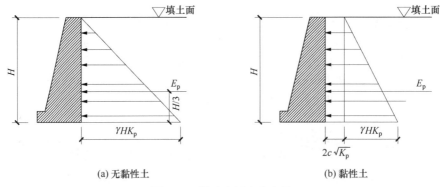

(a) 无黏性土   (b) 黏性土

图 8.11　被动土压力分布图

若填土表面有均布荷载 q，则深度 z 处土单元体所受竖向应力为 $\sigma_{cz} = \gamma z + q$，则作用在地面深度 z 处墙背上的无黏性土的被动土压力，根据式（8-14）为

$$p_p = (\gamma z + q)K_p = \gamma z K_p + q K_p \qquad (8\text{-}18)$$

此时，作用在墙背上的总被动土压力可由 p_p 的分布梯形图的面积计算，即

$$E_p = \frac{1}{2}\gamma H^2 K_p + qHK_p \qquad (8\text{-}19)$$

其作用点位于梯形形心处。

对于黏性土，如果填土表面有均布荷载 q，则被动土压力根据式（8-15）为

$$p_p = (\gamma z + q)K_p + 2c\sqrt{K_p} = \gamma z K_p + q K_p + 2c\sqrt{K_p} \qquad (8\text{-}20)$$

此时，总的被动土压力大小可由 p_p 的分布梯形图面积计算，即

$$E_p = \frac{1}{2}\gamma H^2 K_p + qHK_p + 2cH\sqrt{K_p} \qquad (8\text{-}21)$$

其作用点位于梯形形心处。

【例 8-2】 计算如图 8.12（a）所示挡土墙上的主动土压力的分布图及其合力。已知墙背竖直光滑，填土面水平，其上作用有均布荷载 q=20kPa，墙后填土的重度 γ=18kN/m³，黏聚力 c=12kPa，内摩擦角 φ=20°。

解： 计算墙上 1 点、2 点的主动土压力。已知 φ=20°，故

$$K_a = \tan^2(45° - \varphi/2) \approx 0.49$$

$$p_{a1} = qK_a - 2c\sqrt{K_a} = 20 \times 0.49 - 2 \times 12 \times 0.7 = -7.0(\text{kPa})$$

$$p_{a2} = (q + \gamma H)K_a - 2c\sqrt{K_a} = (20 + 18 \times 5) \times 0.49 - 2 \times 12 \times 0.7 = 37.1(\text{kPa})$$

计算墙背上部拉力区高度 z_0，可令 p_a=0，即

$$(q + \gamma z_0)K_a - 2c\sqrt{K_a} = 0$$

解得：

$$z_0 = \frac{2c}{\gamma\sqrt{K_a}} - \frac{q}{\gamma} = \frac{2 \times 12}{18 \times 0.7} - \frac{20}{18} \approx 0.79(\text{m}) > 0$$

说明填土中存在拉力区，主动土压力为三角形分布。

按上述结果绘得主动土压力分布图如图 8.12（b）所示，其中合力 E_a 为图中实线三角形的面积。

$$E_a = \frac{1}{2} \times 37.1 \times (5 - 0.79) \approx 78.1(\text{kN/m})$$

E_a 的作用点距墙底面 y 为

$$y = \frac{1}{3}(H - z_0) = \frac{1}{3} \times (5 - 0.79) \approx 1.40(\text{m})$$

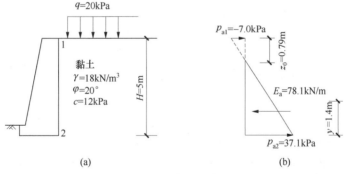

图 8.12 例 8-2 图

8.2.4 几种情况下的土压力计算

1. 填土中有地下水时的土压力计算

当挡土墙墙背竖直光滑、填土面水平，填土表面以下深度 H_1 处有地下水时，如图 8.13 所示。填土表面以下 H_1 深度范围内填土重度为天然重度 γ，黏聚力 c=0，内摩

擦角为 φ；地下水位以下 H_2 深度范围内填土重度为浮重度 γ'，黏聚力 $c=0$，内摩擦角仍为 φ。

地下水位以上（图 8.13 中 AB 段）的主动土压力计算与无水时相同，即 B 点的主动土压力为

$$(p_a)_B = (\sigma_z)_B K_a = \gamma H_1 K_a \tag{8-22}$$

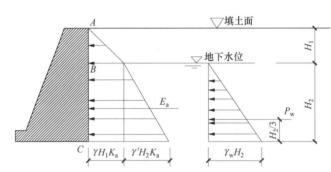

图 8.13 填土中有水时的主动土压力分布图

地下水位以下（图 8.13 中 BC 段）部分，在计算土单元体竖向应力 σ_z 时，需将土的重度改为浮重度 γ'。假设水下 K_a 值不变，则 C 点的主动土压力为

$$(p_a)_C = (\sigma_z)_C K_a = \gamma H_1 K_a + \gamma' H_2 K_a \tag{8-23}$$

总的主动土压力大小由图 8.13 所示的土压力分布图的面积求得，即

$$E_a = \frac{1}{2}\gamma H_1^2 K_a + \gamma H_1 H_2 K_a + \frac{1}{2}\gamma' H_2^2 K_a \tag{8-24}$$

其作用点位于分布图形的形心处。

作用在墙背面的水压力合力为

$$P_w = \frac{1}{2}\gamma_w H_2^2 \tag{8-25}$$

作用在墙背上的总压力为

$$E = E_a + P_w = \frac{1}{2}\gamma H_1^2 K_a + \gamma H_1 H_2 K_a + \frac{1}{2}\gamma' H_2^2 K_a + \frac{1}{2}\gamma_w H_2^2 \tag{8-26}$$

【例 8-3】已知一挡土墙墙高为 6m，图中标有地下水位位置。墙背竖直光滑，填土面水平。填土的物理力学指标如图 8.14（a）所示。试求总被动土压力 E_p、水压力的大小及作用点的位置，并绘出被动土压力和水压力的分布图。

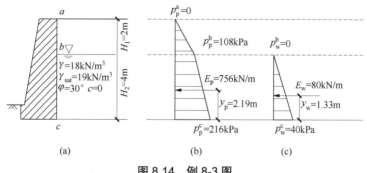

图 8.14　例 8-3 图

解：墙上各点的被动土压力计算为

$$p_p^a = 0$$

$$p_p^b = K_p \gamma H_1 = \tan^2\left(45° + 30°/2\right) \times 18 \times 2 \approx 108(\text{kPa})$$

$$p_p^c = K_p \gamma H_1 + K_p \gamma' H_2 = \tan^2\left(45° + 30°/2\right) \times (18 \times 2 + 9 \times 4) \approx 216(\text{kPa})$$

由计算结果绘得被动土压力分布图，如图 8.14（b）所示。根据压力分布图可求得每延米墙长的被动土压力合力 E_p 为

$$E_p = \frac{1}{2} \times 108 \times 2 + \frac{1}{2} \times (108 + 216) \times 4 = 756(\text{kN/m})$$

合力作用点距墙踵的高度为

$$y_p = \frac{\frac{1}{2} \times 108 \times 2 \times \left(4 + \frac{2}{3}\right) + 108 \times 4 \times 2 + \frac{1}{2} \times (216 - 108) \times 4 \times \frac{4}{3}}{756} \approx 2.19(\text{m})$$

墙上各点的水压力计算为

$$p_w^b = 0$$

$$p_w^c = \gamma_w H_2 = 10 \times 4 = 40(\text{kPa})$$

由计算结果绘得水压力分布图，如图 8.14（c）所示。根据压力分布图可求得每延米墙长的水压力合力 E_w 为

$$E_w = \frac{1}{2} \times 40 \times 4 = 80(\text{kN/m})$$

合力作用点距墙踵的高度为

$$y_{\text{w}} = \frac{1}{3}H_2 \approx 1.33\text{(m)}$$

2. 填土为成层土时土压力计算

如果墙后填土是由不同土层组成的，仍可按式（8-4）和式（8-5）计算主动土压力，或按式（8-14）和式（8-15）计算被动土压力。在确定成层土的土压力时，需注意两点：一是由于各层填土重度不同，使得填土竖向应力分布在土层交界面上出现转折；二是由于各层填土黏聚力和内摩擦角不同，所以在计算主动或被动土压力时，需采用计算点所在土层的黏聚力和内摩擦角。因此，在计算成层土的土压力时，任意深度 z 处土单元体所受的竖向应力为其上覆土的自重应力之和，即 $\sigma_{cz} = \sum\limits_{i=1}^{n} \gamma_i h_i$。其中，$\gamma_i$、$h_i$ 为第 i 层土的重度和厚度，地下水位以上用天然重度，地下水位以下用浮重度。将计算得到的自重应力代入式（8-4）和式（8-5）计算主动土压力，或代入式（8-14）和式（8-15）计算被动土压力。在土层分界面上，由于两层土的抗剪强度指标不同，其传递由于自重引起的土压力作用不同，使土压力的分布有突变，计算时分上、下分别用其所在土层的强度指标代入可得成层土的主动土压力计算式。

$$p_a^1 = \sigma_{cz}\tan^2\left(45° - \frac{\varphi_1}{2}\right) - 2c_1\tan\left(45° - \frac{\varphi_1}{2}\right) = \sum_{i=1}^{n}\gamma_i h_i K_{a1} - 2c_1\sqrt{K_{a1}} \quad （8\text{-}27）$$

$$p_a^2 = \sigma_{cz}\tan^2\left(45° - \frac{\varphi_2}{2}\right) - 2c_2\tan\left(45° - \frac{\varphi_2}{2}\right) = \sum_{i=1}^{n}\gamma_i h_i K_{a2} - 2c_2\sqrt{K_{a2}} \quad （8\text{-}28）$$

式中　K_{a1}、K_{a2}——第一层与第二层填土的主动土压力系数。

【例 8-4】 已知一挡土墙高 $H=5\text{m}$，墙背垂直光滑，填土面水平。填土分两层，各层的物理力学指标见图 8.15（a）。试求总主动土压力 E_a 的大小及作用点的位置，并绘出主动土压力分布图。

解： 墙上各点的主动土压力计算为

$$p_a^1 = 0$$

$$p_a^{2\text{上}} = \gamma_1 H_1 \tan^2\left(45° - \varphi_1/2\right) - 0 = 17 \times 2 \times \tan^2\left(45° - 32°/2\right) \approx 10.45\text{(kPa)}$$

$$\begin{aligned}
p_a^{2\text{下}} &= \gamma_1 H_1 \tan^2\left(45° - \varphi_2/2\right) - 2c_2\tan\left(45° - \varphi_2/2\right) \\
&= 17 \times 2 \times \tan^2\left(45° - 16°/2\right) - 2 \times 10 \times \tan\left(45° - 16°/2\right) \approx 4.24\text{(kPa)}
\end{aligned}$$

$$\begin{aligned}
p_a^3 &= \left(\gamma_1 H_1 + \gamma_2 H_2\right)\tan^2\left(45° - \varphi_2/2\right) - 2c_2\tan\left(45° - \varphi_2/2\right) \\
&= \left(17 \times 2 + 19 \times 3\right) \times \tan^2\left(45° - 16°/2\right) - 2 \times 10 \times \tan\left(45° - 16°/2\right) \approx 36.6\text{(kPa)}
\end{aligned}$$

由计算结果绘得主动土压力分布图，如图 8.15（b）所示。根据压力分布图可求得每延米墙长的主动土压力合力 E_a 及其作用点位置。

$$E_a = \frac{1}{2} \times 10.45 \times 2 + 4.24 \times 3 + \frac{1}{2} \times (36.6 - 4.24) \times 3 = 71.71 (\text{kN/m})$$

E_a 距墙底面的高度 y 为

$$y = \frac{10.45 \times \left(\frac{2}{3} + 3\right) + 12.72 \times \frac{3}{2} + 48.54 \times 1}{71.71} \times = 1.477 (\text{m})$$

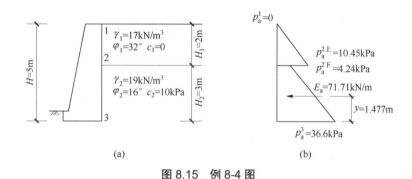

图 8.15　例 8-4 图

8.3　库仑土压力理论

基本原理

库仑土压力理论，也称滑楔土压力理论，它是根据挡土墙后的土体处于极限平衡状态并形成一滑动楔体时，从楔体的静力平衡条件出发，按平面问题解得作用在挡土墙上的土压力的方法。该理论能够考虑墙背面与填土之间存在摩擦力以及墙背倾斜的影响，适用于各种填土面和不同的墙背条件，且计算方法简便，至今仍然是一种被广泛采用的土压力理论。

库仑土压力理论假定如下。

刚性挡土墙墙后的填土是均匀的无黏性土。

当墙背离开土体向外移动或推向土体时，墙后滑动土楔沿着墙背 *AB* 和土体中某一通过墙踵的平面 *BC* 发生滑动，如图 8.16 所示。

假定滑动土楔 *ABC* 是刚体，即不考虑土楔内部的应力和变形。因此，当遇到挡土墙墙背倾斜、墙面粗糙及墙后填土面不是水平等复杂情况时，运用库仑土压力理论能得到与实际比较接近的土压力。

库仑土压力理论的破坏（或滑动）面为平面，当墙背背离或推向墙后土体移动，使墙后填土达到破坏时，填土将沿着两个平面同时下滑或上滑，即形成主动和被动极限平衡状态（图 8.16 中虚线）。

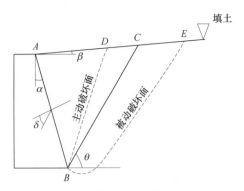

图 8.16　库仑土压力理论的破坏面

8.3.2　库仑主动土压力计算式

如图 8.17（a）所示挡土墙，已知墙背面 AB 倾斜，与竖直线的夹角为 α，填土表面 AC 是与水平面的夹角为 β 的平面，墙背与填土之间的摩擦角为 δ。若挡土墙在填土压力作用下离开填土向外移动，使墙后土体达到主动极限平衡状态时，土体中产生两个通过墙脚 B 的滑动面 AB 和 BC，形成滑动楔体 ABC。假定破坏面 BC 与水平面的夹角为 θ，取单位长度挡土墙受力分析，考虑静力平衡条件，则作用在滑动楔体 ABC 上的力如下。

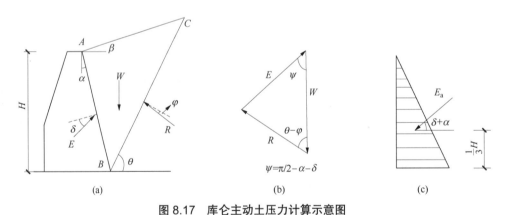

图 8.17　库仑主动土压力计算示意图

① 滑动楔体 ABC 的重力 W。若 θ 值已知，则 W 的大小已知。由图 8.17（a）可得，设土的重度为 γ，墙高为 H，则其大小根据几何关系得到：

$$\overline{AD} = \overline{AB}\sin(90°+\alpha-\theta) = H\frac{\cos(\alpha-\theta)}{\cos\alpha} \tag{8-29}$$

$$\overline{BC} = \overline{AB}\frac{\sin(90° + \beta - \alpha)}{\sin(\theta - \beta)} = H\frac{\cos(\beta - \alpha)}{\cos\alpha \cdot \sin(\theta - \beta)} \tag{8-30}$$

$$W = S_{ABC}\gamma = \frac{1}{2}\overline{AD} \cdot \overline{BC} \cdot \gamma = \frac{1}{2}\gamma H^2 \frac{\cos(\beta - \alpha)cos(\alpha - \theta)}{\cos^2\alpha \cdot \sin(\theta - \beta)} \tag{8-31}$$

其方向向下，作用点位于滑动楔体的形心处。

② 土体作用在破坏面 BC 上的反力 R。该力是楔体滑动时在滑动面 BC 上产生的土与土之间的摩擦力与法向反力的合力。其方向已知，但大小未知。它与 BC 面的法线夹角等于土的内摩擦角 φ。由于滑动楔体 ABC 相对于滑动面 BC 右边的土体向下移动，故摩擦力方向向上，R 位于法线的下侧，如图 8.17（a）所示。

③ 挡土墙墙背面 AB 对滑动楔体的反力 E。它与作用于挡土墙上的土压力大小相等，方向相反，即主动土压力 E_a。E 的方向与墙背面 AB 的法线夹角等于墙背与填土间的外摩擦角 δ。当土体下滑时，该力位于法线的下侧，其方向已知，大小未知。

楔体整体处于极限平衡状态，根据静力平衡条件，三力 W、R、E 应构成封闭的力三角形，如图 8.17（b）所示，可求得反力 E、R 的大小。

根据正弦定律可写出土压力的表达式为

$$\frac{E}{\sin(\theta - \phi)} = \frac{W}{\sin[180° - (\theta - \phi + \psi)]}$$

故

$$E = \frac{W\sin(\theta - \varphi)}{\sin(\theta - \varphi + \psi)} \tag{8-32}$$

根据几何关系由图 8.17（a）可知，W 与 E 之间的夹角为 $\psi = \pi/2 - \delta - \alpha$，因为 α 和 δ 为已知量，故 ψ 为常数；W 与 R 之间的夹角为 $\theta - \varphi$。

由式（8-32）可知，当墙的倾角 α、填土表面的倾角 β 以及填土的性质 φ、δ 都已知时，土压力 E 的大小仅取决于破坏面的倾角 θ。当 $\theta = \varphi$ 时，W 与 R 共线，则 $E = 0$；当 $\theta = 90° + \alpha$ 时，AB 与 BC 面重合，$W = 0$，则 $E = 0$，所以，当 θ 在 φ 和 $90° + \alpha$ 之间变化时，E 将有一个极大值，这个极大值 E_{max} 即为所求的主动土压力 E_a。

事实上也可以把 E 看作滑动楔体在自重作用下克服滑动面 AC 上的摩擦力而向前滑动的力，当 E 值越大，楔体向下滑动的可能性也越大，所以产生最大 E 值的滑动面就是实际发生的真正滑动面。由于主动土压力是假定一系列破坏面计算出的土压力中的最大值，因此，将式（8-32）对 θ 求导数，并令其为零，即

$$\frac{\mathrm{d}E}{\mathrm{d}\theta} = 0 \tag{8-33}$$

将解出的 θ 值代回式（8-33）中，则得到墙背上总主动土压力大小，其表达式为

$$E_a = E_{max} = \frac{1}{2}\gamma H^2 K_a \tag{8-34}$$

$$K_{a} = \frac{\cos^{2}(\varphi - \alpha)}{\cos^{2}\alpha\cos(\alpha + \delta)\left[1 + \sqrt{\dfrac{\sin(\varphi + \delta)\sin(\varphi - \beta)}{\cos(\alpha + \delta)\cos(\alpha - \beta)}}\right]^{2}} = f(\alpha, \beta, \delta, \varphi) \qquad (8\text{-}35)$$

式中　K_{a}——库仑主动土压力系数。

可以看出，K_{a}只与α、β、φ、δ有关，而与γ、H无关，因而可编成相应的表格（表 8-1）供计算时查用，详见有关设计手册。

γ、φ——墙后填土的重度（kN/m³）与内摩擦角（°）。

H——挡土墙的高度（m）。

α——墙背面与竖直线间夹角（°），墙背俯斜时为正，如图 8.19 所示，墙背仰斜时为负。

β——填土表面与水平面的夹角（°），在水平面以上为正，如图 8.19 所示，在水平面以下为负。

δ——墙背与填土间的摩擦角（°），决定于墙背粗糙程度、填土性质、墙背面倾斜形状等，其值可由试验确定；无试验资料时，查表 8-2 确定。

必须注意的是，库仑土压力理论所得的E_{a}是作用在墙背上的总主动土压力。由式（8-34）可知，E_{a}的大小与墙高的平方成正比，可通过对式（8-34）求导得深度z处的主动土压力强度表达式为

$$p_{az} = \frac{\mathrm{d}E_{a}}{\mathrm{d}z} = \frac{\mathrm{d}}{\mathrm{d}z}\left(\frac{1}{2}\gamma z^{2}K_{a}\right) = \gamma z K_{a} \qquad (8\text{-}36)$$

土压力强度沿墙高呈三角形分布，如图 8.17（c）所示。值得注意的是，这种分布形式只表示土压力的大小，并不代表实际作用于墙背上的土压力方向。土压力合力E_{a}的作用方向仍在墙背法线上方，并与法线成δ角或与水平面成（$\delta + \alpha$）角，E_{a}的作用点在距墙底 1/3 墙高处。

作用在墙背上的主动土压力E_{a}可以分解为水平分力E_{ax}和竖向分力E_{ay}。

$$E_{ax} = E_{a}\cos(\delta + \alpha) = \frac{1}{2}\gamma H^{2}K_{a}\cos(\delta + \alpha) \qquad (8\text{-}37)$$

$$E_{ay} = E_{a}\sin(\delta + \alpha) = \frac{1}{2}\gamma H^{2}K_{a}\sin(\delta + \alpha) \qquad (8\text{-}38)$$

E_{ax}、E_{ay}都是线性分布的。

若墙背竖直光滑、填土面水平时，即当$\alpha = 0$、$\beta = 0$、$\delta = 0$时，

$$K_{a} = \frac{\cos^{2}\varphi}{(1 + \sin\varphi)^{2}} = \frac{1 - \sin^{2}\varphi}{(1 + \sin\varphi)^{2}} = \frac{1 - \sin\varphi}{1 + \sin\varphi} = \tan^{2}\left(45° - \frac{\varphi}{2}\right)$$

由式（8-32）可得$E_{a} = \dfrac{1}{2}\gamma H^{2}\tan^{2}\left(45° - \dfrac{\varphi}{2}\right)$，此式与无黏性土的朗肯主动土压力计

算公式相同。所以可以说，朗肯主动土压力理论是库仑主动土压力理论的一个特例。

表 8-1 库仑主动土压力系数 K_a（$\beta=0$ 时）

α	δ / φ	15°	20°	25°	30°	35°	40°	45°	50°
1.4	0°	0.589	0.490	0.406	0.333	0.271	0.217	0.172	0.132
	5°	0.556	0.465	0.387	0.319	0.260	0.210	0.166	0.129
	10°	0.533	0.447	0.373	0.309	0.253	0.204	0.163	0.127
	15°	0.518	0.434	0.363	0.301	0.248	0.201	0.160	0.125
	20°			0.357	0.297	0.245	0.199	0.160	0.125
	25°				0.296	0.245	0.199	0.160	0.126
10°	0°	0.652	0.560	0.478	0.407	0.343	0.288	0.238	0.194
	5°	0.622	0.536	0.460	0.393	0.333	0.280	0.233	0.191
	10°	0.603	0.520	0.448	0.384	0.326	0.275	0.230	0.189
	15°	0.592	0.511	0.441	0.378	0.323	0.273	0.228	0.189
	20°			0.438	0.377	0.322	0.273	0.229	0.190
	25°				0.379	0.325	0.276	0.232	0.193
20°	0°	0.736	0.648	0.569	0.498	0.434	0.375	0.322	0.274
	5°	0.709	0.627	0.553	0.485	0.424	0.368	0.318	0.271
	10°	0.695	0.615	0.543	0.478	0.419	0.365	0.316	0.271
	15°	0.690	0.611	0.540	0.476	0.419	0.366	0.317	0.273
	20°			0.543	0.479	0.422	0.370	0.321	0.277
	25°				0.488	0.430	0.377	0.329	0.284
−10°	0°	0.540	0.433	0.344	0.270	0.209	0.158	0.117	0.083
	5°	0.503	0.406	0.324	0.256	0.199	0.151	0.112	0.080
	10°	0.477	0.385	0.309	0.245	0.191	0.146	0.109	0.078
	15°	0.458	0.371	0.298	0.237	0.186	0.142	0.106	0.076
	20°			0.291	0.232	0.182	0.140	0.105	0.076
	25°				0.228	0.180	0.139	0.104	0.075
−20°	0°	0.497	0.380	0.287	0.212	0.153	0.106	0.070	0.043
	5°	0.457	0.352	0.267	0.199	0.144	0.101	0.067	0.041
	10°	0.427	0.330	0.252	0.188	0.137	0.096	0.064	0.039
	15°	0.405	0.314	0.240	0.180	0.132	0.093	0.062	0.038
	20°			0.231	0.174	0.128	0.090	0.061	0.038
	25°				0.170	0.125	0.089	0.060	0.037

表 8-2　墙背与填土间的摩擦角 δ

挡土墙情况	摩擦角
墙背平滑，排水不良	$(0 \sim 0.33)\varphi$
墙背粗糙，排水良好	$(0.33 \sim 0.50)\varphi$
墙背很粗糙，排水良好	$(0.50 \sim 0.67)\varphi$
墙背与填土间不可能滑动	$(0.67 \sim 1.00)\varphi$

注：φ 为墙背填土的内摩擦角。

8.3.3　库仑被动土压力计算式

当挡土墙在外力作用下推向填土，使墙后土体达到被动极限平衡状态时，填土中产生的滑动土体 ABC 将向上挤出隆起。故在滑动面 AB 和 BC 上的摩阻力的方向与主动土压力相反，是向下的 [图 8.18（a）]。此时作用在挡土墙背面上的土压力就是被动土压力。自重 W 和反力 R、E 平衡，组成封闭的力矢量三角形，如图 8.18（b）所示，于是由正弦定律可得

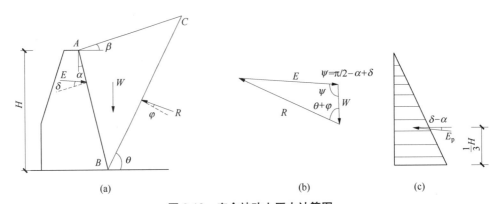

图 8.18　库仑被动土压力计算图

$$E = W \frac{\sin(\theta + \varphi)}{\sin\left(\dfrac{\pi}{2} + \alpha - \delta - \theta - \varphi\right)} \tag{8-39}$$

同样，E 值是滑动面 BC 的倾角 θ 的函数，令

$$\frac{\mathrm{d}E}{\mathrm{d}\theta} = 0 \tag{8-40}$$

由此可求出库仑被动土压力 E_p 的计算式为

$$E_p = \frac{1}{2}\gamma H^2 K_p \tag{8-41}$$

$$K_p = \frac{\cos^2(\varphi+\alpha)}{\cos^2\alpha\cos(\alpha-\delta)\left[1-\sqrt{\dfrac{\sin(\varphi+\delta)\sin(\varphi+\beta)}{\cos(\alpha-\delta)\cos(\alpha-\beta)}}\right]^2} \tag{8-42}$$

式中　K_p——库仑被动土压力系数；

其他符号意义均同前。

通过对式（8-40）求导可得深度 z 处的被动土压力强度表达式为

$$p_{pz} = \frac{\mathrm{d}E_p}{\mathrm{d}z} = \frac{\mathrm{d}}{\mathrm{d}z}\left(\frac{1}{2}\gamma z^2 K_p\right) = \gamma z K_p \tag{8-43}$$

可见被动土压力强度 p_{pz} 沿墙高也呈三角形线性分布，如图 8.18（c）所示，其合力 E_p 的作用方向在墙背法线下方，与法线成 δ 角，与水平面成（δ–α）角，作用点在距离墙底 $H/3$ 处。

若墙背垂直（α=0）光滑（δ=0），填土面水平（β=0）且与墙齐高时，被动土压力系数为

$$K_p = \tan^2\left(45°+\frac{\varphi}{2}\right) \tag{8-44}$$

此时被动土压力的合力为

$$E_p = \frac{1}{2}\gamma H^2 \tan^2\left(45°+\frac{\varphi}{2}\right) \tag{8-45}$$

该式与无黏性土的朗肯被动土压力公式一样。

【例 8-5】已知某挡土墙墙高 H=5m，墙背倾角 α=10°，填土为细砂，填土表面水平（β=0），γ=19kN/m³，φ=30°，δ=15°。按库仑土压力理论计算作用在墙背上的主动土压力 E_a。

解：当 β=0，α=10°，φ=30°，δ=15° 时，由表 8-1 查得或利用式（8-34）计算得库仑主动土压力系数 K_a=0.378。由式（8-33）、式（8-37）和式（8-38）求得作用在每延米挡土墙上的库仑主动土压力为

$$E_a = \frac{1}{2}\gamma H^2 K_a = 0.5\times19\times5^2\times0.378 \approx 89.78(\mathrm{kN/m})$$

$$E_{ax} = E_a\cos(\delta+\alpha) = 89.78\times\cos(15°+10°) \approx 81.37(\mathrm{kN/m})$$

$$E_{ay} = E_a \sin(\delta + \alpha) = 89.78 \times \sin(15° + 10°) \approx 37.92 \, (\text{kN/m})$$

E_a 的作用点距墙脚为

$$y_a = \frac{H}{3} \approx 1.67 (\text{m})$$

【例 8-6】某挡土墙如图 8.19 所示。已知墙高 H=4m，墙背仰斜角 α=-20°，填土为细砂，填土面水平（β=0），重度 γ=18.5kN/m³，φ=30°，δ=15°。试用库仑土压力理论求主动土压力 E_a，并画出其作用方向和作用点位置、主动土压力强度的分布图。

解： 由 β=0，α=-20°，δ=15°，φ=30° 查表 8-1 得库仑主动土压力系数为

$$K_a = 0.180$$

则

$$E_a = \frac{1}{2}\gamma H^2 K_a = \frac{1}{2} \times 18.5 \times 4^2 \times 0.180 = 26.64 (\text{kN/m})$$

E_a 的作用点位置距墙底 H_1=H/3=1.33m，作用方向如图 8.19 所示。

主动土压力强度 p_a 为

1 点：$p_a^1 = 0$

2 点：$p_a^2 = \gamma H K_a = 18.5 \times 4 \times 0.180 = 13.32 (\text{kPa})$

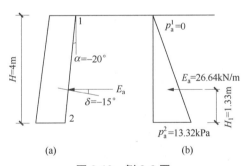

图 8.19　例 8-6 图

8.3.4 《建筑地基基础设计规范》推荐公式

《建筑地基基础设计规范》（GB 50007—2011）指出，对重力式挡土墙（图 8.20）而言，其土压力计算应符合下列规定。

（1）对土质边坡，边坡主动土压力应按式（8-46）进行计算。当填土为无黏性土时，主动土压力系数可按库仑土压力理论确定。当支挡结构满足朗肯条件时，主动土压力系数可按朗肯土压力理论确定。黏性土或粉土的主动土压力也可采用楔体试算法图解求得。

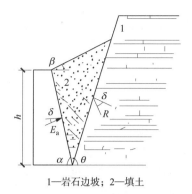

1—岩石边坡；2—填土

图 8.20　有限填土挡土墙土压力计算示意图

$$E_a = \psi_a \frac{1}{2}\gamma h^2 K_a \qquad (8\text{-}46)$$

式中　ψ_a——主动土压力增大系数，挡土墙高度小于 5m 时宜取 1.0；高度为 5～8m
　　　　　　时宜取 1.1；高度大于 8m 时宜取 1.2；

　　　γ——填土的重度（kN/m^3）；

　　　h——挡土结构的高度（m）；

　　　K_a——主动土压力系数，按式（8-47）计算；

$$K_a = \frac{\sin(\alpha+\beta)}{\sin^2\alpha\sin^2(\alpha+\beta-\varphi-\delta)}\{K_q[\sin(\alpha+\beta)\sin(\alpha-\delta)+\sin(\varphi+\delta)\sin(\varphi-\delta)]+$$
$$2\eta\sin\alpha\cos\varphi\cos(\alpha+\beta-\varphi-\delta)-2[K_p\sin(\alpha+\beta)\sin(\varphi-\delta)+ \qquad (8\text{-}47)$$
$$\eta\sin\alpha\cos\varphi(K_q\sin(\alpha-\delta)+\sin(\varphi-\beta)+\eta\sin\alpha\cos\varphi]^{\frac{1}{2}}\}$$

$$K_q = 1 + \frac{2q\sin\alpha\cos\beta}{\gamma h\sin(\alpha+\beta)} \qquad \eta = \frac{2c}{\gamma h}$$

　　　q——地表均布荷载（kPa）（以单位水平投影面上的荷载强度计）。

（2）当支挡结构后缘有较陡峻的稳定岩石坡面，岩坡的坡角 $\theta > 45°$（45°+$\varphi/2$）时，
应按有限范围填土计算土压力，取岩石坡面为破裂面。根据稳定岩石坡面与填土间的摩
擦角按下式计算主动土压力系数。

$$K_a = \sin(\alpha+\theta)\sin(\alpha+\beta)\sin(\theta-\delta_r)/\sin^2\alpha\sin(\theta-\beta)\sin(\alpha-\delta+\theta-\delta_r) \qquad (8\text{-}48)$$

式中　θ——稳定岩石坡面倾角（°）；

　　　δ_r——稳定岩石坡面与填土间的摩擦角（°），根据试验确定，当无试验资料时，
　　　　　可取 $\delta_r = 0.33\varphi_k$，φ_k 为填土的内摩擦角标准值（°）。

8.3.5　土压力理论的比较

　　朗肯土压力理论和库仑土压力理论都是研究土压力问题的一种简化方法，均属于极

限状态土压力理论。但是，两者在分析方法上存在着较大的差别，主要表现在研究的出发点和途径的不同。

朗肯土压力理论是从研究土中一点的极限平衡应力状态出发，设 $\alpha=0$、$\beta=0$、$\delta=0$，使之符合半空间无限体，首先求出的是作用在土中竖直面上的土压力强度 p_a 或 p_p 及其分布形式，然后计算出作用在墙背上的总土压力 E_a 或 E_p，因而朗肯土压力理论属于极限应力法。朗肯土压力理论概念比较明确，公式简单，便于记忆，黏性土和无黏性土都可以用该公式直接计算，故在工程中得到广泛应用。但是，由于其忽略了墙体与土之间存在的摩擦力，所以只适用于墙体垂直、墙后填土面水平的情况，应用范围受到限制，计算出的主动土压力偏大，被动土压力偏小。

库仑土压力理论是按照工程实际的边界条件，假定墙背后形成滑动楔体，用静力平衡条件先求出作用在墙背上的总土压力 E_a 或 E_p，需要时再计算土压力强度 p_a 或 p_p 及其分布形式，因而库仑土压力理论属于滑动楔体法。其优点是适用于各类工程形成的不同挡土墙，因而被工程广泛应用。但它也存在局限性。库仑土压力理论假设墙后填土破坏时，破裂面是一平面，而实际上却是一曲面。实验证明，在计算主动土压力时，只有当墙背的斜度不大、墙背与填土间的摩擦角较小时，破裂面才接近于一个平面。因此，计算结果与按曲线滑动面计算的有出入。通常情况下，这种偏差在计算主动土压力时为 2% ~ 10%；在计算被动土压力时，由于破裂面接近于对数螺线，因此计算结果误差较大，有时可达 2 ~ 3 倍，甚至更大。

上述两种土压力理论中，朗肯土压力理论在理论上比较严密，但只能计算理想简单边界条件下的土压力，在应用上受到限制。库仑土压力理论是一种简化理论，但由于其能适用于较为复杂的各种实际边界条件，且在一定范围内能得出比较满意的结果，因而应用广。

8.4 普通重力式挡土墙的设计

在山区的道路工程和建筑场地上，挡土墙的应用十分广泛。挡土墙的构造必须满足强度和稳定性的要求。因此，挡土墙截面尺寸的确定通常按试算法。首先根据挡土墙所处的条件（工程地质、填土性质以及墙体材料和施工条件等）初步拟定截面尺寸，然后进行挡土墙验算。如果不满足要求，须改变截面尺寸或采用其他措施，直至满足要求。下面主要以重力式挡土墙为例，逐步介绍挡土墙的断面尺寸和验算内容。

8.4.1 断面形式

挡土墙的断面形式必须满足墙身构造的要求。对于重力式挡土墙其墙胸（墙面）坡度直接影响挡土墙的高度。因此在地形陡峻的山区工程中，墙胸坡度一般取 1∶0.20 ~ 1∶0.05 或采用直立墙面；在平缓地段则采用 1∶0.35 ~ 1∶0.20 的坡度较为经济。墙背坡度应根据施工开挖与回填数量、地形地质条件以及回填前墙身的稳定性等因素确定，可做成垂直的或倾斜的或台阶形的，但坡度不宜过大。对于仰斜墙其墙背坡度应尽量与墙面坡度一致，一般不宜缓于 1∶0.25；俯斜墙背坡度一般不应大于 1∶0.36。对于衡重式挡土墙多采用陡立的胸坡；其墙背坡度上墙通常为 1∶0.45 ～ 1∶0.25，下墙一般为 1∶0.25；上下墙高之比多采用 2∶3。

重力式挡土墙适用于高度小于 8m、地层稳定、开挖土石方时不会危及相邻建筑物的地段。毛石挡土墙的顶宽不宜小于 400mm；混凝土挡土墙的顶宽不宜小于 200mm。如果为路肩式挡土墙，墙顶应以粗料石或 150# 混凝土作一厚 40cm 的帽石，并突出墙顶外 20cm。基底的宽度与墙高之比为 1/3 ～ 1/2，地基松软和墙高较小时采用前者。重力式挡土墙可在基底设置逆坡，一般土质地基取逆坡不宜大于 1∶10；岩石地基逆坡坡度不宜大于 1∶5。对于墙高较大时，为了使基底压力不超过地基土的容许承载力，可在基底墙趾处设台阶，以便扩大基底宽度；也可在墙背设减压平台，以减小主动土压力。若平台伸至滑动面附近效果最好。对一处挡土墙而言，其断面形式不宜变化过多，以免造成施工困难和影响外观。

此外，为使墙后积水易于排出，在墙身一定高度处应设置一定数量的泄水孔，其间距为 2 ～ 3m，外斜 5%，孔眼尺寸不宜小于 $\phi100mm$，并在孔附近用粗粒材料填筑，以免堵塞。重力式挡土墙还应每间隔 10 ～ 20m 设置一道伸缩缝，当地基有变化时为避免地基的不均匀沉降引起墙身开裂，还应根据地质条件、墙高和土压力的变化设置沉降缝。在挡土结构的拐角处，应采取加强的构造措施。

8.4.2　稳定性验算

1. 抗滑稳定验算

挡土墙的断面尺寸根据经验和构造要求初步拟定后，便可进行各种验算，作用在挡土墙上的力如图 8.21 所示。《建筑地基基础设计规范》（GB 50007—2011）规定，抗滑安全系数 K_s 应满足

$$K_s = \frac{(G_n + E_{an})\mu}{E_{at} - G_t} \geq 1.3 \tag{8-49}$$

$$\begin{cases} G_n = G\cos\alpha_0 \\ G_t = G\sin\alpha_0 \end{cases} \tag{8-50}$$

$$\begin{cases} E_{an} = E_a\cos\left(\frac{\pi}{2} - \alpha - \alpha_0 - \delta\right) \\ E_{at} = E_a\sin\left(\frac{\pi}{2} - \alpha - \alpha_0 - \delta\right) \end{cases} \tag{8-51}$$

式中　　G——挡土墙每延米自重（kN/m）；

G_n、G_t——挡土墙每延米自重 G 在沿基底面法向和切向的分力（kN/m）；

E_{an}、E_{at}——主动土压力 E_a 在沿基底面法向和切向的分力（kN/m）；

α_0——挡土墙基底面与水平面的倾角（°）；

α——挡土墙墙背与垂直方向的倾角（°）；

δ——土对挡土墙墙背的摩擦角（°），可按表 8-2 选用；

μ——土对挡土墙基底的摩擦系数，由试验确定，也可按表 8-3 选用。

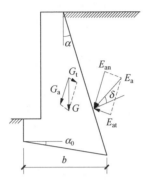

图 8.21　挡土墙抗滑稳定验算示意图

表 8-3　土对挡土墙基底的摩擦系数 μ 值

土的类别		摩擦系数 μ
黏性土	可塑	$0.25 \sim 0.30$
	硬塑	$0.30 \sim 0.35$
	坚硬	$0.35 \sim 0.45$
粉土	$S_r \leqslant 0.50$	$0.30 \sim 0.40$
中砂、粗砂、砾砂		$0.40 \sim 0.50$
碎石土		$0.40 \sim 0.60$
软质岩		$0.40 \sim 0.60$
表面粗糙的硬质岩		$0.65 \sim 0.75$

注：①对易风化的软质岩和塑性指数 I_p 大于 22 的黏性土，基底摩擦系数应通过试验确定。

②对碎石土，可根据其密实程度、填充物状况、风化程度等确定。

2. 抗倾覆稳定验算

设挡土墙在自重 G 和主动土压力 E_a 作用下，可能绕墙趾倾覆，抗倾覆稳定性应按下列公式验算（图 8.22）。《建筑地基基础设计规范》（GB 50007—2011）规定，抗倾覆稳定安全系数 K_t 为

$$K_t = \frac{Gx_0 + E_{ay}x_f}{E_{ax}y_f} \geqslant 1.6 \tag{8-52}$$

$$\begin{cases} E_{ax} = E_a \sin\left(\dfrac{\pi}{2} - \alpha - \delta\right) \\[3mm] E_{az} = E_a \cos\left(\dfrac{\pi}{2} - \alpha - \delta\right) \end{cases}$$ （8-53）

$$\begin{cases} x_f = b - y \cot\left(\dfrac{\pi}{2} - \alpha\right) \\[3mm] y_f = y - b \tan\alpha_0 \end{cases}$$ （8-54）

式中　y ——土压力作用点距墙踵的垂直高度（m）；

x_0 ——挡土墙重心距墙趾的水平距离（m）；

x_f ——土压力作用点距墙趾的水平距离（m）；

y_f ——土压力作用点距墙趾的垂直高度（m）；

b ——基底的水平投影宽度（m）。

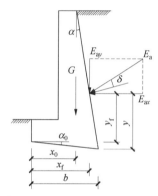

图 8.22　挡土墙抗倾覆稳定验算示意图

3. 地基稳定性验算

当地基比较软弱，或者软弱夹层上荷载较大时，地基土可能发生剪切破坏，使墙基墙背填土沿地基内某一滑动面发生破坏，如图 8.23 所示。这时可利用第 5 节中提到的圆弧滑动法进行稳定性验算。

8.4.3　地基承载力验算

在挡土墙自重及土压力的垂直分力作用下，假定基底压力按直线分布。则地基承载力验算可按条形基础在偏心荷载作用下计算基底压力的公式进行验算（图 8.24）。

$$\begin{cases} p_{\substack{max \\ min}} = \dfrac{G + E_{ay}}{b}\left(1 \pm \dfrac{6e}{b}\right) \\[4mm] p = \dfrac{p_{max} + p_{min}}{2} = \dfrac{G + E_{ay}}{b} \end{cases}$$ （8-55）

要求：

$$\begin{cases} p_{max} \leqslant 1.2f_a \\ p \leqslant f_a \end{cases} \tag{8-56}$$

式中　p_{max}、p_{min}——墙趾、墙踵的基底压力（kPa）；

　　　　p——基底平均压力（kPa）；

　　　　b——挡土墙基底宽度（m）；

　　　　f_a——修正后的地基承载力特征值（kPa）；

　　　　e——荷载作用于基础底面上的偏心距（m），按式（8-57）计算。

$$e = \frac{b}{2} - k_e = \frac{b}{2} - \frac{Gx_0 + E_{az}x_f - E_{ax}y}{G + E_{az}} \tag{8-57}$$

地基承载力计算除应符合式（8-56）的规定外，基底合力的偏心距不应大于0.25倍基础的宽度。当基底下有软弱下卧层时，尚应进行软弱下卧层的承载力验算。

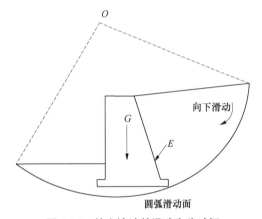

图8.23　挡土墙地基滑动失稳破坏

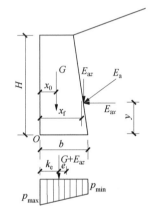

图8.24　挡土墙基底压力验算

8.4.4 墙身材料的强度验算

挡土墙本身还必须满足任意断面上的法向应力和剪应力均小于墙身材料的抗压设计强度和抗剪设计强度。因此常需取墙身最不利位置进行强度验算，如断面急剧变化或转折处，一般在墙身与基础接触处应力可能最大。其验算方法按《混凝土结构设计规范（2015年版）》（GB 50010—2010）和《砌体结构设计规范》（GB 50003—2011）操作。

根据上述土压力理论分析和挡土墙设计，对于挡土墙后的回填土也有一定的质量要求。理想的回填土为透水性较强的卵石、砾石、粗砂和中砂，并要求砂砾料洁净，含泥量小。用这类填土能使挡土墙产生较小的主动土压力；能用的回填土有粉土、粉质黏土，其含水量应接近最优含水量，易于压实，同时宜掺入适量的块石；不能用的回填土为软黏土、成块的硬黏土，膨胀土和耕植土，因这类土产生的土压力大，在冬季冰冻时或吸水膨胀会产生额外压力，对挡土墙的稳定不利。

8.5 土的边坡稳定分析

8.5.1 土坡稳定影响因素

边坡是指具有倾斜坡面的岩土体。由自然地质作用所形成的土坡，如山坡、江河的岸坡等，称为天然边坡。由人工开挖或回填而形成的土坡，如渠道、基坑、路堤等的边坡，称为人工边坡。其外形和各部分名称如图 8.25 所示。

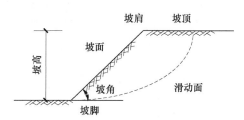

图 8.25　边坡外形和各部分名称

土建、道路、桥梁及水利工程中，经常会遇到天然土坡或人工填筑的堤岸、路堑以及基坑开挖时的边坡失稳问题。边坡失稳常常是切应力增大和抗剪强度降低两方面因素综合作用的结果，其中引起切应力增大的因素常常包括边坡不当加载或开挖、爆破或地震等引起的冲击或震动荷载、渗透力的作用等。引起土体抗剪强度降低的因素常常有：浸水、孔隙水压力增加、冲击或振动荷载或周期性荷载、岩土体自身的风化作用、干裂、冻融和软化因素等。边坡失稳从而发生滑坡、坍塌的事故所造成的危害是很大的。因此进行边坡稳定性分析的学习，对于如何选择合理的边坡断面，确定工程建设中的边坡、路堤、土坝、基坑开挖等工程的安全坡度及验算边坡的稳定性，设计合理的挡土构筑物等非常重要。

工程中经常遇到土坡失稳问题，如果处理不当，土坡失稳产生滑动，不仅影响工程进展，甚至危及生命安全和导致工程事故，应当引起高度重视。下面简要阐述影响边坡稳定性的主要因素。

影响边坡稳定的主要因素如下。

（1）边坡坡角 β，一般边坡坡角 β 越小、边坡越缓，边坡越安全，但在基坑开挖中越不经济；若 β 太大，边坡越陡，则经济但不安全。

（2）坡高 H，在其他条件相同的情况下，坡高 H 越大越不安全。

（3）土的性质（重度 γ 和抗剪强度指标 φ、c 值），若重度 γ 越大，土坡内切应力增加，越不安全；若 φ、c 值越大，则土坡抗剪强度越大，边坡越安全。但有时由于地震、降雨、地下水位上升等原因，使 φ、c 值降低或产生孔隙水压力，可能使原来稳定的边坡失稳而滑动，给土坡稳定性带来不利影响。

（4）雨水的渗入和地下水的渗透力，雨水的渗入使土湿化，且水在岩、土的薄弱夹层处起到润滑作用，若有水流下渗，土极易在薄弱夹层处产生滑动；边坡中有地下水渗透时，渗透力与滑动方向相反则安全，而两者方向相同则不安全。大量的实践也已证明，滑坡和边坡坍塌经常发生在雨季或暴雨之后。

（5）震动作用的影响，如土坡附近因打桩、强夯等施工，以及工程爆破，车辆行驶等引起的震动，地震力的作用等引起边坡土的液化或触变，也会使土的强度降低。特别是饱和、松散的粉、细砂极易因震动而液化。

（6）人类活动和生态环境的影响，比如人为的在坡顶堆载或开挖坡体下部，河流冲淘坡脚，以及气候等自然条件的变化，使土时干时湿，收缩膨胀，冻结融化，从而土体变松软强度降低。

由此可见，土坡失稳通常是在外界的不利因素影响下触发和加剧的，一方面外界力的作用破坏了土体内部原来的应力平衡状态；另一方面外界各因素的影响使土体的抗剪强度降低。因此，保证土坡的稳定性要特别注意外界不利因素对其的影响。

8.5.2 无黏性土边坡稳定分析

1. 无渗流时无黏性土边坡稳定分析

根据实际观测，由均质砂性土构成的土坡，破坏时滑动面多近于平面；由成层非均质砂类土构成的土坡，破坏时滑动面也往往近于一个平面。这些滑动面在断面上近似呈一条直线。因此，为了简化计算，对于砂、砾石、卵石、碎石、块石等没有黏聚力，而有较大内摩擦角的无黏性土边坡，在进行土坡稳定性验算时，常采用平面滑动面法。

图 8.26 为一均质的无黏性土边坡，假设土坡的顶面和底面都是水平的，并伸至无穷远，坡角为 β。则无论是干坡还是在完全浸水条件下，由于无黏性土土粒间缺少黏结力，因此，只要位于坡面上的土单元体能够保持稳定，则整个土坡就是稳定的。现从坡面上任取一侧面竖直、底面与坡面平行的土单元体，假定不考虑该单元体两侧应力对稳定性的影响，沿土坡长度方向截取单位长度土坡，作为平面应变问题分析。在不考虑渗流的情况下，设单元体的自重为 W，则使它下滑的切向力就只有 W 在沿坡面方向上的分力

$$T = W\sin\beta \qquad (8\text{-}58)$$

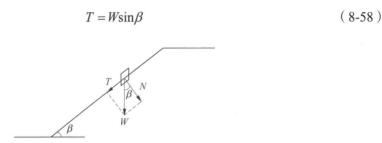

图 8.26　无渗流的无黏性土边坡

抵抗土体下滑的力是此单元体与下面土体间的抗剪力，根据库仑定律，其所能发挥的最大值为

$$T_{\mathrm{f}} = N \tan\varphi = W \cos\beta \tan\varphi \tag{8-59}$$

式中　N ——土单元体自重在坡面法线方向的分力（kN）；

　　　φ ——土的内摩擦角（°）。

无黏性土边坡稳定安全系数定义为最大抗剪力与切向力之比，即

$$K_{\mathrm{s}} = \frac{T_{\mathrm{f}}}{T} = \frac{W \cos\beta \tan\varphi}{W \sin\beta} = \frac{\tan\varphi}{\tan\beta} \tag{8-60}$$

由此可见，对于均质无黏性土边坡，其稳定安全系数理论上与坡高无关，仅取决于坡角，只要坡角小于土的内摩擦角，土坡就是稳定的。当 $\beta=\varphi$ 时，$K_{\mathrm{s}}=1$，土体处于极限平衡状态。故无黏性土边坡稳定的极限坡角就等于无黏性土的内摩擦角，也称为自然休止角。

2. 有渗流时无黏性土边坡稳定分析

水库蓄水或水库水位突然下降，会对坝体砂壳产生一定的渗透力作用，这对坝体稳定性带来不利影响。此时，在坡面上渗流逸出处取一单元体，其除了自重外，还受到渗透力 J 的作用，如图 8.27 所示。若渗流为顺坡出流，则逸出处渗流方向与坡面平行，渗透力的方向也与坡面平行，此时使土体下滑的切向力为

$$T + J = W\sin\beta + J \tag{8-61}$$

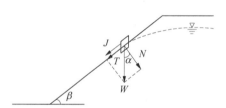

图 8.27　有渗流的无黏性土边坡

土单元体所能发挥的最大抗剪力仍为 T_{f}，于是稳定安全系数就成为

$$K_{\mathrm{s}} = \frac{T_{\mathrm{f}}}{T + J} = \frac{W \cos\beta \tan\varphi}{W \sin\beta + J} \tag{8-62}$$

对于单位土体来说，当直接用渗透力来考虑渗流影响时，土体有效自重就是浮重度 γ'，而渗透力 J 等于 $\gamma_{\mathrm{w}} i$，式中 γ_{w} 为水的重度，i 则是渗流逸出处的水力梯度。因为假设是顺坡出流，i 近似等于 $\sin\beta$，于是上式即可写成

$$K_{\mathrm{s}} = \frac{\gamma' \cos\beta \tan\varphi}{(\gamma' + \gamma_{\mathrm{w}})\sin\beta} = \frac{\gamma' \tan\varphi}{\gamma_{\mathrm{sat}} \tan\beta} \tag{8-63}$$

式中　γ_{sat} ——土的饱和重度（kN/m³）。

上式和没有渗流作用的式（8-51）相比，相差 $\gamma'/\gamma_{\mathrm{sat}}$ 倍，此值接近于 1/2。因此，当坡面有顺坡渗流作用时，无黏性土边坡的稳定安全系数将近乎降低一半。

【例 8-7】有一均质无黏性土边坡，土的饱和重度为 γ_{sat}=19.0kN/m³，土的内摩擦角 φ=32°，坡比为 1/3。求：（1）干坡或完全浸水时的稳定安全系数；（2）当有顺坡渗流时土坡的稳定性如何？

解：（1）干坡或完全浸水时土坡的稳定安全系数，根据式（8-60）得

例题 8-7
讲解

$$K = \frac{\tan\varphi}{\tan\beta} = \frac{\tan 32°}{1/3} \approx 1.87$$

（2）有顺坡渗流时土坡的稳定安全系数，根据式（8-63）得

$$K = \frac{\gamma'\tan\varphi}{\gamma_{\text{sat}}\tan\beta} = \frac{(19-10)\times\tan 32°}{19\times 1/3} \approx 0.89$$

可见，当有渗流存在时，稳定安全系数约为无渗流时的 50%，边坡稳定性降低。

【例 8-8】有一均质无黏性土边坡，土的饱和重度为 γ_{sat}=19.0kN/m³，土的内摩擦角 φ=31°，若要求这个边坡的稳定安全系数 K_s=1.25，试问在干坡或完全浸水情况下，以及坡面有顺坡渗流时其稳定坡角应为多少？

解：干坡或完全浸水时，根据式（8-60）得

$$\tan\beta = \frac{\tan\varphi}{K_s} = 0.48$$

$$\beta = 25.6°$$

当有顺坡渗流时，根据式（8-63）得

$$\tan\beta = \frac{\gamma'\tan\varphi}{\gamma_{\text{sat}}K_s} = 0.228$$

$$\beta = 12.8°$$

通过上述算例可见，当有渗流存在时，无论是稳定安全系数还是稳定坡角均约为无渗流时的 50%。因此，渗流使得边坡更不安全，稳定性受到严重的影响，应引起足够的重视。

8.5.3 黏性土边坡稳定分析

边坡滑动面的确定是边坡稳定分析的关键问题之一。由大量的观察调查证实，无黏性土正如上述其滑动面近似平面，在横断面上呈现直线；而黏性土边坡破坏时的滑动面多呈一曲面，常常在理论分析上将其近似为圆柱面，则在横断面上呈现圆弧形，即假设土坡沿着圆弧滑动面来简化验算方法，这一规律为黏性土边坡稳定分析提供了简捷的分析途径，称为圆弧滑动面法。用圆弧滑动面法进行土坡稳定分析首先是彼德森（K. E. Petterson）提出，此后费伦纽斯（W. Fellenius）和泰勒（D.W.Taylor）作了研究和改进。具体方法有瑞典圆弧法、瑞典条分法、摩擦圆法、总应力法、有效应力法、泰勒稳定数图表法以及若干半图解法等。

1. 圆弧滑动面的瑞典条分法

（1）瑞典条分法的概念。

当黏性土边坡的 φ 大于零时，滑动面上各点的抗剪强度大小与该点的法向应力密切相关。而滑动面上各点的上覆土层重量（包括外荷载）不同，使得滑动面上各点因土重引起的法向应力也不同，从而造成滑动面上各点的抗剪强度不同。为了确定滑动面上法向应力的大小，或者说滑动面上的应力分布情况，常用的方法是将滑动土体分成若干条块，分析每一条块上的作用力，然后利用每一条块上的力和力矩的静力平衡条件，求出安全系数的表达式，这种方法称为条分法。该方法由瑞典铁路工程师彼德森和费伦纽斯提出并完善，可用于圆弧滑动面，也可用于非圆弧滑动面，并可用来考虑各种复杂地形、成层土坡以及某些特殊外力（如渗透力、地震力）作用等复杂情况的求解。计算时可按平面应变问题取出单位长度的天然边坡或人工设计边坡来考虑。

（2）基本假定。

圆弧滑动面的瑞典条分法假定。

① 滑动面为圆柱面、滑动土体为不变形的刚体。

② 假定不考虑土条两侧面上的作用力。

（3）圆弧滑动面的瑞典条分法计算公式推导。

下面以一均质土坡（假定 c、φ、γ 相同）来说明瑞典条分法的公式推导过程。

如图 8.28（a）为按一定比例绘出的土坡横断面，AC 是一假定的可能破坏的圆弧滑动面，其圆心为 O，半径为 R，并视滑动土体 ABC 同时整体滑动，且沿 AC 面绕圆心 O 向下转动。现将圆弧滑动面以上的土体 ABC 分成若干个垂直等宽的土条。一般来说，土条的宽度越小，计算精度越高，但是为了避免计算过于烦琐，且能满足设计要求，常取 $2\sim6m$ 或 $0.1R$ 的宽度。

如图 8.28（b）所示，取其中任一土条 i 来分析其受力情况。根据圆弧滑动面条分法的基本假定，不考虑土条两侧面上的作用力，则土条 i 上作用的力有：土条自重 W_i（若有作用在土条上的荷载，则应包括进去）、作用在土条底面上的法向反力 $\bar{N}_i$ 以及作用在土条底面的切向反力 $\bar{T}_i$。

根据库仑定律，滑动面上的抗剪强度应为

$$\tau_{fi} = c_i + \sigma_i \tan\varphi_i = \frac{c_i l_i + \bar{N}_i \tan\varphi_i}{l_i} \qquad (8-64)$$

式中　　l_i——土条 i 滑动面的弧长（m）；

　　　　c_i——土条滑动面上土的黏聚力（kPa）

　　　　φ_i——条滑动面上土的内摩擦角（°）。

根据稳定安全系数的定义和式（8-63），有

$$K_s = \frac{T_f}{\bar{T}_i} = \frac{\tau_{fi} l_i}{\bar{T}_i} = \frac{c_i l_i + \bar{N}_i \tan\varphi_i}{\bar{T}_i} \qquad (8-65)$$

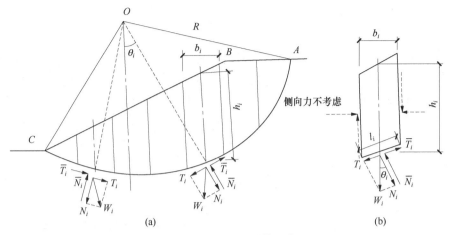

图 8.28　瑞典条分法计算示意图

于是就可以求出 $\overline{T}_i$ 与 $\overline{N}_i$ 的关系为

$$\overline{T}_i = \frac{\tau_{fi} l_i}{K_s} = \frac{c_i l_i + \overline{N}_i \tan\varphi_i}{K_s} \qquad (8\text{-}66)$$

按整体滑动土体力矩平衡方程，滑动体 ABC 上所有作用的外力对圆心的力矩之和应为零，即 $\sum M_{oi} = 0$。

由各个土条自重 W_i 产生的下滑力矩之和为

$$\sum M_{si} = \sum W_i R \sin\theta_i = \sum \gamma b_i h_i R \sin\theta_i \qquad (8\text{-}67)$$

圆弧滑动面上的法向反力 $\overline{N}_i$ 通过圆心不会引起力矩。

由圆弧滑动面上的切向反力 $\overline{T}_i$ 产生的抗滑力矩，根据式（8-66）为

$$\begin{aligned} \sum M_{ri} = \sum \overline{T}_i R &= \frac{\sum(cl_i + \overline{N}_i \tan\varphi)}{K_s} R \\ &= \frac{\sum(cl_i + W_i \cos\theta_i \tan\varphi)}{K_s} R = \frac{\sum(cl_i + \gamma b_i h_i \cos\theta_i \tan\varphi)}{K_s} R \end{aligned} \qquad (8\text{-}68)$$

由于下滑力矩和抗滑力矩相平衡，所以令式（8-67）和式（8-68）相等，得

$$K_s = \frac{\sum(cl_i + \gamma b_i h_i \cos\theta_i \tan\varphi)}{\sum \gamma b_i h_i \sin\theta_i} \qquad (8\text{-}69)$$

若取各土条宽度均相同，则上式可简化为

$$K_s = \frac{c\widehat{L} + \gamma b \tan\varphi \sum h_i \cos\theta_i}{\gamma b \sum h_i \sin\theta_i} \qquad (8\text{-}70)$$

式中　$\widehat{L}$——圆弧滑动面 AC 的弧长。

另外，在计算时还要注意土条的位置，如图 8.28（a）所示，当土条底面中心在圆弧滑动面的圆心 O 的垂线之右侧时，切向力 T_i 的方向与滑动方向相同，起下滑作用，应取正号；而当土条底面中心位于圆心 O 的垂线之左侧时，切向力 T_i 的方向与滑动方向相反，起到抗滑作用，应取负号；切向反力 $\bar{T_i}$ 则无论何处其方向均与土体滑动方向相反。

上述边坡稳定的计算方法是通过假定许多不同的圆弧滑动面来试算的，求出不同的稳定安全系数 K_s 值，从而找出最危险滑裂面的稳定安全系数（最小的稳定安全系数 K_{smin} 值），此即土坡的稳定安全系数，此时工作才算完成。如果此稳定安全系数达不到设计要求，对人工设计边坡必须改变坡度重新进行边坡稳定性分析；对天然边坡就必须处理或增设挡土结构进行边坡加固。通常 K_{smin} 应大于 1.25。

若边坡土体中存在孔隙水压力，进行边坡稳定分析时，条分法也可用有效应力法表示，此时式（8-67）和式（8-68）的下滑力矩和抗滑力矩分别表示为

$$\sum M_{si} = \sum W_i R \sin\theta_i = \sum \gamma' b_i h_i R \sin\theta_i \tag{8-71}$$

$$\sum M_{ri} = \frac{\sum[c'l_i + (\gamma' b_i h_i \cos\theta_i - u_i l_i)\tan\varphi')]}{K_s} R \tag{8-72}$$

故得

$$K_s = \frac{\sum[c'l_i + (\gamma' b_i h_i \cos\theta_i - u_i l_i)\tan\varphi']}{\sum \gamma' b_i h_i \sin\theta_i} \tag{8-73}$$

式中　　c' ——土的有效黏聚力（kPa）；

φ' ——土的有效内摩擦角（°）；

γ' ——土的浮重度（kN/m³）；

u_i ——第 i 条土条底面中点处的孔隙水应力（kPa）；

其余符号意义同前。

圆弧滑动面的瑞典条分法由于忽略了土条侧面的相互作用力，不满足静力平衡条件，只满足整体力矩平衡，由此计算出的稳定安全系数比其他严格方法可能偏低 10% ～ 20%。

2. 费伦纽斯确定最危险滑动面的方法

由于瑞典条分法需要假定很多的滑动面并通过试算分析，才能找到最小的边坡稳定安全系数，进而找到相应的最危险滑动面。因此，进行一次边坡设计，工作量极为繁重，尤其是寻找最危险滑动面的圆心位置。费伦纽斯（W.Fellenius）针对坡面单一、无变坡、土质均匀、无分层的简单土坡，提出了以下快速求出最危险滑动面的经验方法。它也是在实际工程的稳定分析中，迄今使用较普遍的一种基本方法。

（1）当土的内摩擦角 $\varphi=0$ 时，费伦纽斯提出此时土坡的最危险滑动面通过坡脚，且其圆心在图 8.29 中的 D 点。D 点为根据坡角 β 的大小，从表 8-4 中查得角 β_1、β_2 后作出的交点。

（2）当土的内摩擦角 $\varphi>0$ 时，费伦纽斯提出此时土坡的最危险滑动面也通过坡脚，其圆心位置在图8.29中 ED 的延长线上，且 φ 值愈大，圆心愈向上移。E 点的位置由坡脚 C 点向下坡高 H、向右水平距离 $4.5H$ 来确定。计算时，可自 D 点向外在 ED 延长线上取若干点 O_1，O_2，O_3，…，作为试算圆心，通过坡脚 C 分别作圆弧滑动面，并求出相应的滑动稳定安全系数 K_1，K_2，K_3，…，用比例尺标在相应的圆心上，并连成安全系数 K 值曲线，得到 K 线的最低点即最小稳定安全系数对应的圆心 O_m。但真正的最危险滑动面圆心不一定在 ED 线上，通过 O_m 点作 ED 的垂线 FG，在 FG 线上再取若干试算圆心 O_1'，O_2'，O_3'，…，同样计算出相应的滑动稳定安全系数 K_1'，K_2'，K_3'，…，作出稳定安全系数 K' 值曲线，找出 K' 线的最小稳定安全系数对应的圆心 O 点，该点就是最危险滑动面的圆心。

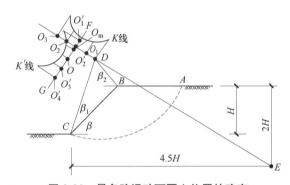

图 8.29　最危险滑动面圆心位置的确定

表 8-4　坡角 β、β_1、β_2

土坡坡角	坡角 β	坡角 β_1	坡角 β_2
1：0.58	60°	29°	40°
1：1.0	45°	28°	37°
1：1.5	33°41′	26°	35°
1：2.0	26°34′	25°	35°
1：3.0	18°26′	25°	35°
1：4.0	14°03′	25°	36°

可见，上述半解析半图解的方法能使试算工作量减少很多，但只是把最危险滑动面的圆心位置缩小到一定范围，故还需一定的计算工作。

3. 圆弧滑动面的毕肖普法

毕肖普（A. N. Bishop）于1954年提出了一种考虑土条侧面作用力的土坡稳定分析方法。图8.30（a）为按一定比例绘出的土坡横断面，假设滑动面是一以 O 为圆心，R 为半径的圆弧面。任取一土条 i，如图8.30（b），其上的作用力有土条自重 W_i、作用于土条底面滑动面上的切向反力 $\overline{T_i}$，若考虑孔隙水压力的存在，则土条底面滑动面上还作用有有效法向反力 $\overline{N_i'}$ 及孔隙水应力 $u_i l_i$，假定这些力的作用点都在土条底面滑动圆弧的中点处。除此以外，毕肖普法还考虑土条两侧分别作用有法向力 E_i 和 E_{i+1} 及切向力 X_i 和 X_{i+1}，并记 $(X_{i+1}-X_i)$ 等于 ΔX_i。

取第 i 土条竖直方向合力的平衡，则有

$$\bar{N}_i' \cos\theta_i = W_i + \Delta X_i - \bar{T}_i \sin\theta_i - u_i b \qquad (8\text{-}74)$$

当土坡尚未破坏时，土条滑动面上的抗剪强度只发挥了一部分，若以有效应力表示，在稳定状态下土条滑动面上的切向反力为

$$\bar{T}_i = \frac{\tau_{fi} l_i}{K_s} = \frac{c' l_i}{K_s} + \bar{N}_i' \frac{\tan\varphi'}{K_s} \qquad (8\text{-}75)$$

代入式（8-74）中可以解得

$$\bar{N}_i' = \frac{1}{m_{\theta_i}}(W_i + \Delta X_i - u_i b - \frac{c' l_i}{K_s}\sin\theta_i) \qquad (8\text{-}76)$$

$$m_{\theta_i} = \cos\theta_i + \frac{\tan\varphi'}{K_s}\sin\theta_i = \cos\theta_i(1 + \frac{\tan\varphi'\tan\theta_i}{K_s}) \qquad (8\text{-}77)$$

然后就整个滑动土体对圆心 O 求力矩平衡，此时相邻土条之间侧壁作用力的力矩将相互抵消，而作用在各土条上的 $\overline{N_i'}$ 及 $u_i l_i$ 的作用线均通过圆心，故有

$$\sum W_i x_i - \sum \bar{T}_i R = 0 \qquad (8\text{-}78)$$

将式（8-76）代入式（8-75）得出切向反力 $\bar{T}_i$ 后，再代入上式，因 $x_i = R\sin\theta_i$，得

$$K_s = \frac{\sum \dfrac{1}{m_{\theta_i}}[c'b + (W_i - u_i b + \Delta X_i)\tan\varphi']}{\sum W_i \sin\theta_i} \qquad (8\text{-}79)$$

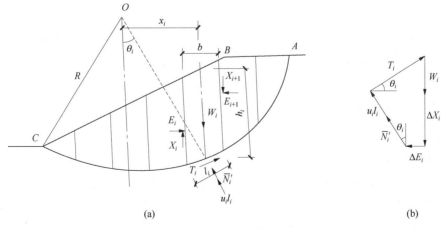

(a)　　　　　　　　　　(b)

图 8.30　毕肖普法计算示意图

这是毕肖普求土坡稳定安全系数的普遍公式，式中 ΔX_i 仍是未知的。为了求出 K_s，须估算 ΔX_i 值，这可以用曲线通过逐次逼近的方法来解决，而 X_i 及 E_i 的值均应满足每个土条的平衡条件，且整个滑动土体的 $\sum \Delta X_i$ 及 $\sum \Delta E_i$ 均等于零，但毕肖普已证明，若令各土条的 ΔX_i 均等于零，所产生的误差仅为 1%，此时式（8-79）可化简为

$$K_s = \frac{\sum \frac{1}{m_{\theta_i}}[c'b + (W_i - u_i b)\tan \varphi']}{\sum W_i \sin \theta_i} \qquad (8-80)$$

这就是国内外使用相当普遍的简化毕肖普公式。土条底面上的孔隙水压力 u_i 可近似用 $\gamma h_i \overline{B}$ 求出，$\overline{B}$ 为孔隙应力系数。因为 m_{θ_i} 中也有 K_s，所以仍要进行试算。在试算时可先假设 K_s 等于 1，由式（8-77）算出 m_{θ_i}，再按式（8-80）求 K_s，如果算出的 K_s 不等于 1，则用此 K_s 求出新的 m_{θ_i} 及 K_s，如此反复迭代，直至前后两次 K_s 非常接近为止。通常只要迭代 3～4 次就可满足工程精度要求，而且迭代通常总是收敛的。

必须指出，对于 θ_i 为负值的那些土条，要注意会不会使 m_{θ_i} 趋近于零。如果是这样，简化毕肖普法就不能使用，因为此时，$\overline{N}_i'$ 会趋近于无限大，这显然是不合理的。根据国外某些学者的建议，当任一土条其 m_{θ_i} 小于或等于 0.2，就会使求出的 K_s 产生较大的误差，此时最好采用别的方法。另外，当坡顶土条的 θ_i 很大时，会使该土条的 $\overline{N}_i'$ 出现负值，此时可取 $\overline{N}_i'$ 等于零。

毕肖普法同样可用于总应力分析，此时略去孔隙水压力 u_i，强度指标用总应力强度指标 c、φ、m_{θ_i}，也应按 $\tan \varphi$ 求出。

在有渗流的情况下，土条两侧除土压力外，还应有渗流水压力作用，式（8-73）基于瑞典条分法建立，没有考虑土条两侧的作用力，也没有考虑渗透力对抗剪力的影响。若采用毕肖普法，则边坡稳定安全系数的表达式为

$$K_s = \frac{\sum \frac{1}{m_\theta}\{c'b + [W_i - (u_i - \gamma_w z_i)b]\tan \varphi'\}}{\sum W_i \sin \theta_i} \qquad (8-81)$$

式中　　z_i——坡外水位高出土条底面中点的距离（m）；

　　　　其余符号意义同前。

式（8-81）中虽然没有直接出现渗透力，但它的影响是通过土的总重（水下用饱和重度计算）与周界水压力组合来反映的。

4. 稳定数法

为减少土坡稳定分析的计算量，泰勒（Taylor）对此作了进一步研究，提出了均质简单土坡稳定性分析的图表法。特别对高度在 10m 以下的均质简单土坡，适宜采用泰勒稳定数图表法进行稳定分析，或采用俄国洛巴索夫图解法。下面分别介绍这两种方法。

（1）洛巴索夫图解法。

洛巴索夫依据极限平衡理论，采用摩擦圆法，按总应力分析的概念，导出土坡的临界高度 H_{cr} 为

$$H_{cr} = \frac{c}{\gamma N_s} \tag{8-82}$$

式中　H_{cr}——土坡的临界高度（m）；

　　　c——土的黏聚力（kPa）；

　　　γ——土的重度（kN/m³）；

　　　N_s——稳定数，量纲为 1 的量，只与坡角 β 和土的 φ 值有关，如图 8.31 所示。

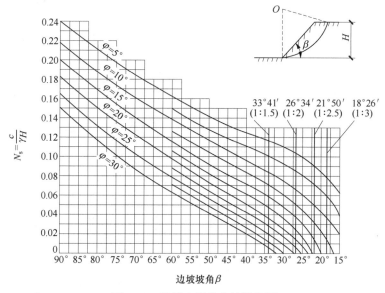

图 8.31　黏性土简单土坡计算图

（2）泰勒稳定数图表法。

对于均质土构成的简单边坡，其物理指标，如重度 γ 和抗剪强度指标 φ、c 皆为常数。假定其滑动面为圆弧形，当边坡达到破坏时，滑动土体各个力的平衡关系实际上是由土的抗剪强度指标 φ、c 和重度 γ、边坡坡角 β、坡高 H 五个参数确定的。若其中四个为已知，则另一个即可算出。泰勒通过大量计算，将上述五个参数的相互关系用曲线图表示，为了简化表达，又将其中 c、γ 和 H 组成一个无量纲的参数 N_s，称为稳定数，即

$$N_s = \frac{\gamma H}{c} \tag{8-83}$$

图 8.32 为泰勒稳定数图表，纵坐标表示稳定数 N_s，横坐标表示边坡坡角 β。根据泰勒方法计算制成的图表，可以很快地解决简单土坡稳定计算中的两个基本问题。

已知 β、φ、c、γ，求最大边坡高度 H。这时，可先由 β、φ 查图表得 N_s，再由 c、γ 计算 H。

已知 c、φ、γ、H，求稳定土坡坡角 β。这时可由 c、γ、H 计算 N_s，再由 N_s、φ 查图表得 β。

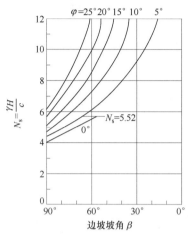

图 8.32　泰勒稳定数图表

对于饱和软黏土地基，其在快剪条件下 $\varphi=0$，泰勒根据理论分析得出 β-N_s 关系图（图 8.33）。通过图 8.33，若已知 β 和 n_d，可查出 N_s，从而计算出土坡的临界高度 H_{cr}。

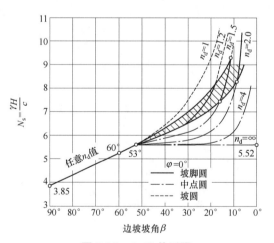

图 8.33　β-N_s 关系图

稳定数法及
例题 8-9
讲解

临界高度 H_{cr} 表明，黏性土边坡稳定与坡高 H 有关，H 过高易失稳，实际高度 H 应小于 H_{cr}，土坡才稳定安全，因此稳定安全系数 K 定义为 H_{cr}/H_o。

【例 8-9】已知某工程基坑开挖深度 $H=5\text{m}$，地基土的天然重度 $\gamma=19\text{kN/m}^3$，内摩擦角 $\varphi=15°$，黏聚力 $c=12\text{kPa}$，求边坡坡角。

解：（1）用洛巴索夫图解法求解，根据式（8-82），由已知条件计算，得

$$N_s = \frac{c}{\gamma H} = 0.126$$

查图 8.31，得 $\varphi=15°$，$N_s = 0.126$ 时的边坡坡角 $\beta = 64°$。

（2）用泰勒稳定数图表法计算稳定系数，即

$$N_s = \frac{\gamma H}{c} = 7.92$$

查图 8.33，得 $\varphi=15°$，$N_s = 7.92$ 时的边坡坡角 $\beta = 64°$。

习 题

一、单项选择题

1.关于作用在挡土墙背上的主动土压力说法正确的是（　　）。

A.挡土墙离开填土体位移时作用于挡土墙上的土压力就是主动土压力

B.挡土墙向填土体位移时作用于挡土墙上的土压力就是主动土压力

C.主动土压力是当墙后填土处于主动极限平衡状态时的土压力

D.主动土压力是最大的土压力

2.朗肯土压力理论计算挡土墙土压力时，基本假设包括（　　）。

A.墙背竖直　　　　　　　　B.填土面倾斜

C.墙背倾斜　　　　　　　　D.墙背粗糙

3.在影响挡土墙土压力的各种因素中，（　　）是产生不同土压力的一个重要条件。

A.挡土墙填土类型　　　　　　B.挡土墙的刚度

C.挡土墙的高度　　　　　　　D.挡土墙的位移方向及大小

4.以下关于影响边坡稳定的因素，说法正确的是（　　）。

A.边坡中，土的内摩擦角和黏聚力越大，边坡越安全

B.当边坡坡脚受到不合理的切削，越安全

C.黏性土边坡坡高越大，越安全

D.边坡坡角越大，越安全

5.有一无黏性的干燥土坡，其坡角为 26°，根据现场勘探得到，该土的内摩擦角为31°，则该土坡的稳定安全系数为（　　）。

A. 1.19　　　　　B. 0.84　　　　　C. 0.81　　　　　D. 1.23

二、填空题

1.挡土墙按其刚度和位移方式不同可分为_____、柔性挡土墙和临时支撑三类。

2. 根据挡土结构物的水平位移方向、大小及墙后填土所处的应力状态的不同，可分成静止土压力、_____和被动土压力三种。

3. 黏性土边坡破坏时的滑动面的形状多为_____。

4. 对于无黏性土边坡，$K_s=1$ 时边坡坡角和土的内摩擦角的大小关系为_____。

5. 边坡在其他条件相同的情况下，坡高越大，边坡越_____。

三、名词解释题

1. 挡土墙
2. 土压力
3. 主动土压力
4. 边坡稳定性
5. 圆弧滑动面法

四、简答题

1. 根据挡土墙的位移状况，土压力有哪几种类型？
2. 朗肯土压力理论的基本假定有哪些？
3. 影响边坡稳定的因素主要有哪些？
4. 什么叫瑞典条分法？毕肖普法与它有什么不同？
5. 无黏性土与黏性土的滑动面有何不同？

五、计算题

第8章计算题1讲解

1. 已知某挡土墙高度 $H=4.0$m，墙背竖直光滑，墙后填土面水平，填土为干砂，重度 $\gamma=18$kN/m³，$\varphi=36°$，计算作用在墙背上的静止土压力合力 E_0 及主动土压力合力 E_a 及其作用点位置。

2. 一砂砾土坡，饱和重度 20kN/m³，内摩擦角为 32°，坡比为 1：3。试问在干坡或完全浸水时，其稳定安全系数为多少？又问当有顺坡渗流时土坡还能保持稳定吗？

在线答题

拓展习题

附 录

主要符号表

a_v	压缩系数
c	黏聚力
C_c	压缩指数
C_s	膨胀指数
C_v	固结系数
D_r	相对密实度
d_s	土粒相对密度
d_{10}	有效粒径
d_{30}	连续粒径
d_{50}	平均粒径
d_{60}	控制粒径
e	孔隙比
E	弹性模量
E_s	侧限压缩模量
E_0	变形模量
f_a	修正后的地基承载力特征值
f_{ak}	地基承载力特征值
g	重力加速度
G_d	动水压力
i	水力梯度
i_{cr}	临界水力梯度
I_L	液性指数
I_P	塑性指数

k	渗透系数
K_a	主动土压力系数
K_p	被动土压力系数
K_s	安全系数
K_0	静止土压力系数
K_c	均布竖向荷载附加应力系数
K_h	均布水平荷载附加应力系数
K_t	三角形分布荷载的附加应力系数
M_r	抗滑力矩
M_s	下滑力矩
m_v	体积压缩系数
n	孔隙率
N_c、N_q、N_γ	地基承载力系数
N_c'、N_q'、N_γ'	修正后的地基承载力系数
N_s	稳定数
OCR	超固结比
p	基底压力
p_a	主动土压力
p_{cr}	临塑荷载
p_{max}	最大基底压力
p_{min}	最小基底压力
p_p	被动土压力
p_u	极限承载力
p_0	静止土压力
$p_{1/4}$、$p_{1/3}$	临界荷载
q_u	原状试样的无侧限抗压强度
q_u'	重塑试样的无侧限抗压强度
S	地基最终沉降量
S_r	饱和度
S_t	黏性土的灵敏度
u	孔隙水压力
U_t	固结度
v	渗透速度
w	含水量
w_L	液限
w_P	塑限
w_S	缩限

γ	重度
γ_d	干重度
γ'	有效重度
γ_{sat}	饱和重度
δ	墙背与填土间的摩擦角
η_b、η_d	地基承载力修正系数
μ	泊松比
ρ	天然密度
σ'	有效应力
σ_z	附加应力
σ_1	大主应力
σ_3	小主应力
τ_f	抗剪强度
φ	内摩擦角
ψ_a	主动土压力增大系数

参考文献

陈仲颐，周景星，王洪瑾，2007. 土力学 [M]. 北京：清华大学出版社.

冯国栋，1986. 土力学 [M]. 北京：水利水电出版社.

黄定华，2004. 普通地质学 [M]. 北京：高等教育出版社.

黄志全，2011. 土力学 [M]. 郑州：黄河水利出版社.

廖红建，党发宁，2014. 工程地质及土力学 [M]. 武汉：武汉大学出版社.

廖红建，柳厚祥，2013. 土力学 [M]. 北京：高等教育出版社.

李镜培，梁发云，赵春风，2008. 土力学 [M]. 2 版. 北京：高等教育出版社.

璩继立，张鹏飞，李国际，2009. 土力学学习指导及典型习题解析 [M]. 武汉：华中科技大学出版社.

宋春青，邱维理，张振春，2005. 地质学基础 [M]. 4 版. 北京：高等教育出版社.

孙家齐，2001. 工程地质 [M]. 武汉：武汉工业大学出版社.

侍倩，2010. 土力学 [M]. 2 版. 武汉：武汉大学出版社.

田明中，程捷，2009. 第四纪地质学与地貌学 [M]. 北京：地质出版社.

王成华，2010. 土力学 [M]. 武汉：华中科技大学出版社.

王大纯，张人权，史毅虹，等，1995. 水文地质学基础 [M]. 北京：地质出版社.

王丽琴，党发宁，2022. 土力学 [M]. 北京：科学出版社.

王铁儒，陈云敏，2001. 工程地质及土力学 [M]. 武汉：武汉大学出版社.

夏建中，2012. 土力学与工程地质 [M]. 杭州：浙江大学出版社.

杨进良，2006. 土力学 [M]. 3 版. 北京：中国水利水电出版社.

袁聚云，钱建固，张宏鸣，等，2009. 土质学与土力学 [M]. 4 版. 北京：人民交通出版社.

杨小平，2004. 土力学及地基基础（2004 版）[M]. 武汉：武汉大学出版社.

赵树德，1998. 工程地质与岩土工程 [M]. 西安：西北工业大学出版社.

赵树德，2009. 土木工程地质 [M]. 北京：科学出版社.

赵树德，廖红建，2010. 土力学 [M]. 2 版. 北京：高等教育出版社.

赵树德，廖红建，徐林荣，等，2005. 高等工程地质学 [M]. 北京：机械工业出版社.

后　记

经全国高等教育自学考试指导委员会同意，由土木水利矿业环境类专业委员会负责高等教育自学考试《工程地质及土力学》教材的审稿工作。

本教材由西安交通大学廖红建教授、西安理工大学党发宁教授担任主编，西安交通大学李杭州副教授、西安交通大学城市学院黎莹副教授担任副主编，清华大学建筑设计研究院有限公司宁苑工程师参加编写。本教材由西安建筑科技大学王铁行教授担任主审，广州大学童华炜教授和长安大学胡志平教授参加审稿，提出修改意见，谨向他们表示诚挚的谢意。

全国高等教育自学考试指导委员会土木水利矿业环境类专业委员会最后审定通过了本教材。

全国高等教育自学考试指导委员会

土木水利矿业环境类专业委员会

2023 年 5 月